JN256861

ブレインサイエンス・レクチャー **3**

脳のイメージング

宮内　哲・星　詳子・菅野　巖・栗城眞也 著
徳野博信 編

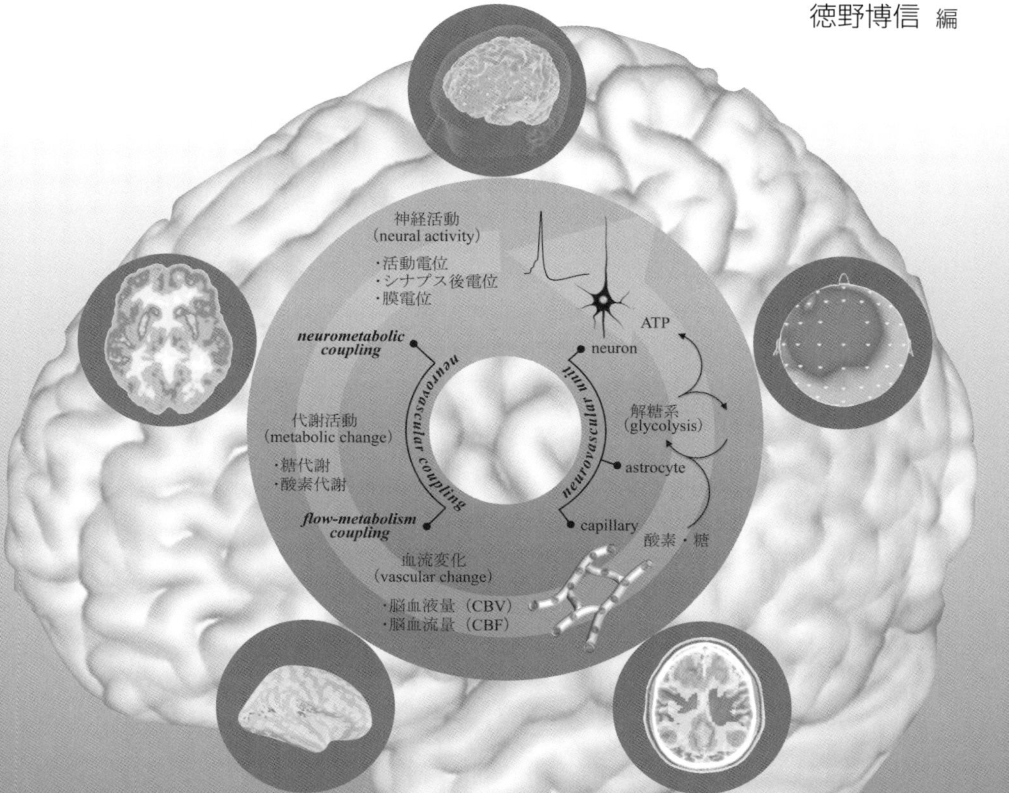

共立出版

故　徳野博信氏に捧ぐ

本シリーズの刊行にあたって

脳科学とは，脳についての科学的研究とその成果としての知識の集積です．脳科学は，紆余曲折や国ごとの栄枯盛衰があったとはいえ，全世界的に見ると20世紀はじめから21世紀にかけて確実に，そして大いに進んできたといえるでしょう．さまざまな研究技術の絶えまない発展が，そのあゆみを強く後押ししてきました．また，研究の対象領域の広がりも進んでいます．人間や動物の営みのほぼすべてに脳がかかわっている以上，これも当然のことなのです．

反面，著しい進歩にはマイナス面もあります．一個人で脳科学の現状の全体像を細かなところまで把握するのは，いまやとても難しいことになってしまっています．脳のあるひとつの場所についての専門家であっても，そのほかの脳の場所についてはほとんど何も知らないといったことも，それほど驚くべきことではありません．また，新たに脳について学ぼうとする人たちからの，どこから手をつければいいのかさっぱりわからない，という声も（いまにはじまったことではありませんが）よく理解できます．

こういった声に応えることを目標として，今回のシリーズを企画しました．このシリーズは，脳科学の特定のテーマについての一連の単行本からなります．日本語訳すれば「脳科学講義」となりますが，あえてちょっとだけしゃれてみて「ブレインサイエンス・レクチャー」と名づけました．1冊ごとに興味深いテーマを選んで，ごく基本的なことから，いま実際に行われている先端の研究で明らかになっていることまで，広く紹介するような内容構成になっています．通して読むことによって，読者が得られるものは大きいであろうと期待しています．

本シリーズの編集にあたっては，脳科学研究の最前線にたって多忙をきわめている研究者の方々に，たいへんな無理をいってご執筆いただきました．執筆の依頼に際しては，できるだけ初心者にもわかりやすいように，そして大事な点については重複をいとわず，繰り返し書いていただくようにお願いしてあります．加えて，読みやすさとわかりやすさのために，できるだけ解説図を増やすことと，特に読者の関心を引きそうな点や注目すべき点についてはコラムなどで別に解説してもらうことも要請しました．さらに各章末では，Q&A 形式による著者との質疑応答も，内容に広がりをもたせるために企画してみました．

このシリーズによって脳の実際の「しくみ」と「はたらき」や，脳の研究の面白さが，読者の皆さんにわかっていただけるように願ってやみません．入門者や学生のみなさんにとっては，最先端研究の理解への近道として役立つことと思います．また，脳の研究者や研究を志している方々にとっても，自らの専門外の知識の整理になり，新しい研究へのヒントがどこかで必ず得られるものと信じています．

今回のシリーズ企画にあたっては共立出版の信沢孝一さんに，また実際の編集作業と Q&A 用の質問の作成については，同社の山内千尋さんにお世話になりました．たいへんありがとうございました．

東京都医学総合研究所　脳構造研究室長
徳野博信

まえがき

生きているヒトの脳の活動を，脳波として初めて計測できたのが 1920 年代です．その後数十年にわたって，ヒトの脳活動の計測といえば脳波のことでした．その後，1970 年代に PET が開発され，80 年代に MEG と脳の断層像を高い空間分解能で撮像できる MRI，90 年代には MRI 装置を使って脳血流を測る fMRI や NIRS など，さまざまな脳機能計測法が登場してきました．そして，計測法の進歩とコンピュータの処理能力増大に伴い，MRI で撮った二次元の脳の断層像や，断層像をもとに再構築した三次元画像上に，特定の刺激やタスク（課題）時の脳活動の解析結果を重ねて表示するようになり，「脳機能イメージング」あるいは「脳機能マッピング」という表現が使われるようになりました．計測に際しヒトの脳を傷つけることはできないので，ヒトの脳機能計測を「非侵襲脳機能イメージング（あるいはマッピング）」と呼んでいます．

この本は，ヒトの非侵襲脳機能イメージングについて，4 名の著者がそれぞれ専門とする計測法について書き，お互いの原稿を持ち寄って討論しながらまとめた本です．4 名の内訳は，医学 1 名，工学 2 名，心理学 1 名です．この本の前身となる『脳のイメージング―脳のはたらきはどこまで画像化できるか（ブレインサイエンス・シリーズ 12）』（柴崎・米倉，1994）[1)] の著者は 2 名とも医学出身でした．このことが，この 20 年間における脳研究の変化を如実に物語っています．一昔前までは，脳の研究といえば，少数の例外を除いて医学部出身者が行うものでした．今では医学，実験心理学，情報工学から物理学，数学まで，あらゆる自然科学分野の研究者が集まって研究を進めています．そ

1）　柴崎　浩・米倉義晴（1994）『脳のイメージング：脳のはたらきはどこまで画像化できるか（ブレインサイエンス・シリーズ 12）』共立出版

の背景に，計測法の多様化と複雑化があります．

脳活動を計測する最も確実な方法は，微小電極を脳内に刺入して１つ１つの神経細胞の電気的活動を記録する，すなわち活動を計測したい対象に電極というセンサを直接当てて計測する方法です．しかし脳を傷つけてしまうので，一部の例外を除いてはヒトに用いることができません．非侵襲脳機能計測の歴史とは，直接計測できない脳活動を，脳の外から，脳を傷つけずに計測して，多様な精神活動や行動と対応させながら，脳のどの部位がいつ活動しているかを調べる歴史にほかなりません．医師が私たちの胸に聴診器を当てる時，心臓の収縮による音自体を調べるのが目的ではありません．「音」という物理現象を介して心臓の活動を調べるためです．脳活動も同じです．個々の神経細胞の電気的活動を直接計測することはできなくても，神経細胞の電気的活動に伴って多くの生理的現象が脳内で生じます．それを，磁場，光，放射能などさまざまな物理現象・エネルギーを利用して計測し，計測結果から間接的に脳活動をとらえるのが非侵襲脳機能イメージングです．微小電極で直接神経細胞の電気的活動を調べる侵襲的方法と比べると，どうしても信号が微弱で，脳活動以外の信号（ノイズ）も混入してきます．そこから正確に脳活動をとらえるためには，それぞれの計測法の計測原理や，どのようなノイズがどういった場合に混入してくるかを理解した上で，計測・解析をする必要があります．近年の非侵襲脳機能イメージングの進歩はめざましく，計測装置も解析方法もどんどん複雑化し，医学を専攻した医師だけで研究を進めることは困難になってきました．この本の目的は，医学に限らず脳神経科学に関連した多くの分野で脳研究を志す方々に，さまざまな非侵襲脳機能計測法の計測原理と，それらの計測法がどのように脳研究で使われているのかをできるだけわかりやすく説明することです．

本書は次のような構成となっています．まず第１章では，非侵襲脳機能計測全般に関してすべての計測法に共通する内容や用語を解説し，第２章は，第４章以降の解説を理解する上で必要な脳の構造，機能の局在化について簡単に説明します．第３章では，PET，fMRI，NIRS など，脳血流の変化に基づいて脳活動を計測する方法の基礎となる神経血管カップリングについて説明します．第４～９章で，現在の脳神経科学や医療で用いられているさまざまな脳機能イメージングについて説明します．第10章では，脳機能イメージングに関する最新の動向についてまとめます．

2015年12月　　著者一同

目　次

1 非侵襲脳機能計測とは

1.1 脳活動の一次信号と二次信号

ヒトの脳機能計測によって知りたいのは，私たちの精神活動・行動の生物学的基盤となる脳の神経活動です．その最小単位は 100 億とも 200 億ともいわれる脳の神経細胞（ニューロン：neuron）の電気的活動です．ヒトの脳の個々のニューロンの活動をすべて記録できればいいのですが，非侵襲的に個々のニューロンの電気的活動を計測することは不可能です．さまざまな生理学的活動は，このニューロンの活動に伴って生じます．詳細は第 3 章で説明しますが，ニューロンが電気的に活動するには当然エネルギーを必要とします．脳に限らず，私たちの身体を構成する細胞のエネルギーはアデノシン三リン酸（adenosine triphosphate: ATP）です．ATP をつくるには，酸素によって糖（グルコース）を解糖する必要があります．ところが，酸素とグルコースは脳内にほとんど貯蔵されていないので，血液を介して酸素とグルコースを供給しています．すなわち，神経活動（脳活動の一次信号：primary signal）に伴って代謝活動や血流の増大が生じます（二次信号：secondary signal）．この一連の過程をまとめて神経血管カップリング（neurovascular coupling）と呼び，neuro-vascular unit を介して必要なエネルギーを血液からニューロンに供給しています（図 1.1）．神経血管カップリングについては第 3 章で詳しく説明します．

狭義の非侵襲脳機能計測とは，

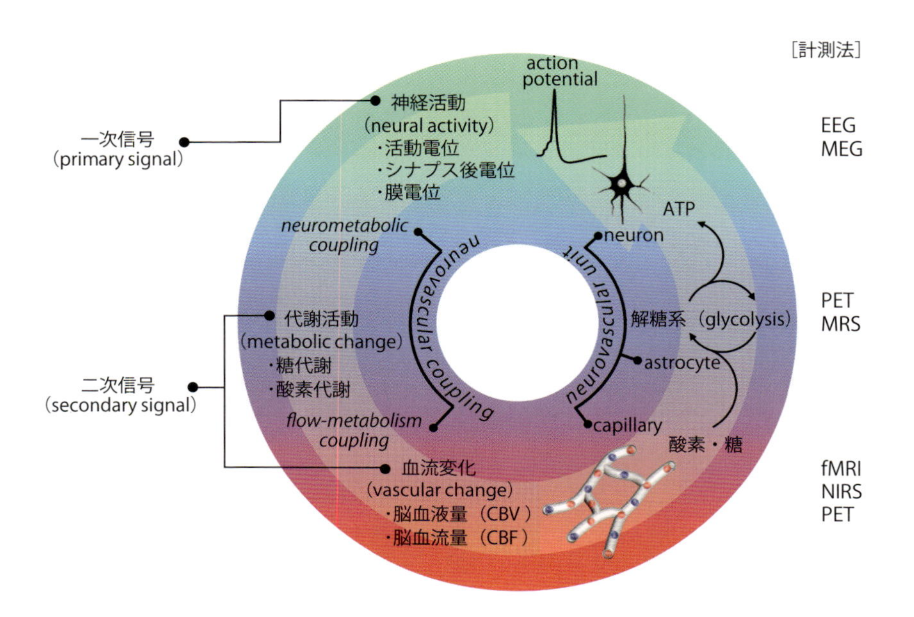

図 1.1　脳活動の一次信号，二次信号と脳活動計測法

(1) 脳に不可逆的な変化を与えずに刺激やタスクを与えた時に発生する一次的あるいは二次的な信号を計測して，

(2) その信号の空間的・時間的パタンから，神経活動が生じた脳の部位および時間を推定し，与えた刺激・タスクの特性や被験者の行動との対応関係から，その部位の機能や精神活動との対応を調べる

方法です．主要な計測法として，

①脳波（electroencephalography: EEG）および脳磁図（magnetoencephalography: MEG）

②機能的磁気共鳴画像（functional magnetic resonance imaging: fMRI）

③ fMRI 以外の MRI による脳計測（diffusion tensor imaging: DTI, voxel based morphometry: VBM, magnetic resonance spectroscopy: MRS．ただし DTI と VBM は，上記の（1），（2）の定義からは外れます）

④陽電子放射断層法（positron emission tomography: PET）と単光子法放射断層法（single-photon emission computed tomography:

SPECT，解説「トポグラフ（topograph）とトモグラフ（tomograph）」参照）

⑤近赤外分光法（near-infrared spectroscopy: NIRS）

があります．図1.1に示したように，EEG・MEGは脳活動の一次信号，PET，MRS，fMRI，NIRSは二次信号を計測しています．

また，本来は脳活動の計測法ではありませんが，

⑥経頭蓋磁気刺激（transcranial magnetic stimulation: TMS）

によっても特定の脳部位の機能を調べることができます（解説「-gram, -graph, graphy」参照）．

解説 **トポグラフ（topograph）とトモグラフ（tomograph）**

PETはpositron emission tomographyの略語です．またNIRSは，光トポグラフィー（topography）と呼ばれることもあります．topo-とはギリシャ語のtoposに由来し，「場所（place）」を意味します．topographyの原義は地勢図を指し，概念としては地図上の各点にもう一次元の情報を載せたものです．tomo-とはギリシャ語のtomosに由来し，「切る（cut, slice）」を意味します．したがって，tomographは一般に断層像に対して用い，三次元情報を含むのに対し，topographは二次元情報を意味します（小泉ら，2004）．NIRSでは大脳表面の活動しか計測できないのでtopographになります．コンピュータ画像処理のサーフェースレンダリングとボリュームレンダリングに対応していると考えればわかりやすいでしょう．

解説 **-gram, -graph, -graphy**

多くの計測法の英語名称には，たとえば脳波のelecgtroencephalographyのように“graph”がついています．脳波はelectroencephalogramと呼ばれることもありますし，脳波を計測する装置，脳波計をelectroencephalographと表します．これらの接尾辞はギリシャ語の「$\gamma\rho\alpha\phi\omega$（グラフォー）＝書く・記述する」という動詞に由来しています．gramは，$\gamma\rho\alpha\mu\mu\alpha$（グランマ，“that which is drawn, written character letter”）を語源とし，「（ルールに従って）記述された文字など」を意味します．graphとgraphyは，$\gamma\rho\alpha\phi o s$（グラフォス）あるいは$\gamma\rho\alpha\phi\epsilon\iota o\nu$（グラフェイオン）を語源としています．$\gamma\rho\alpha\phi o s$は英語のwrittenの意味，$\gamma\rho\alpha\phi\epsilon\iota o\nu$にはpencilやpaint-brushの意味があります．そこからgraphは，「書く道具，記録する機械」を意味し，graphyは，「描

く（記録するなどの）方法・形式」やそれに関係のある「…術」,「…学」を意味します.

図 1.2 は，各装置による計測風景の写真です.「脳活動のイメージング」というと，どうしても写真のような高価で精密な装置を使って計測すると考えてしまいますが，実は脳活動を計測しなくても脳の研究はできます．本書では触れませんが，脳損傷患者の損傷部位と欠損した精神機能の関連を心理実験で調べる神経心理学（neuropsychology）や，刺激の物理量と内的な感覚量の対応関係を調べる心理物理学（psychophysics）の一部，たとえば知覚学習（perceptual learning）の成立に一次視覚野の可塑性が関与することを示した研究（Karni and Sagi, 1991）や，両眼視野闘争（binocular rivalry）の機序が網膜から第一次視覚野の単眼性領域だけではないことを示した研究（Logothetis *et al.*, 1996）のように，直接脳活動を計測しなくても，精神活動・行動と脳の特定の領域の活動・機能との関連を調べた研究を広義の非侵襲脳機

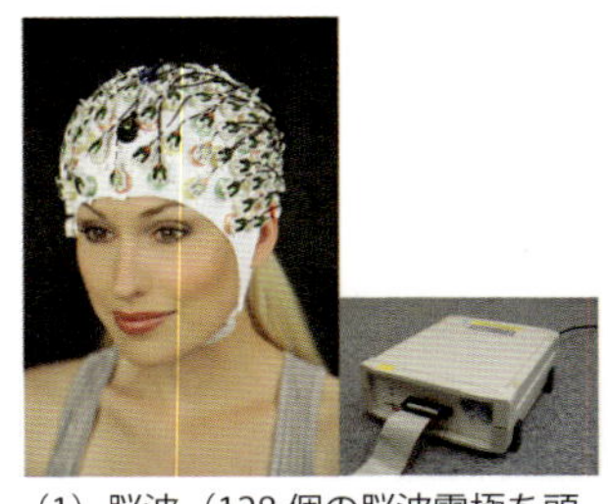

（1）脳波（128 個の脳波電極を頭部につけた被験者と脳波計）

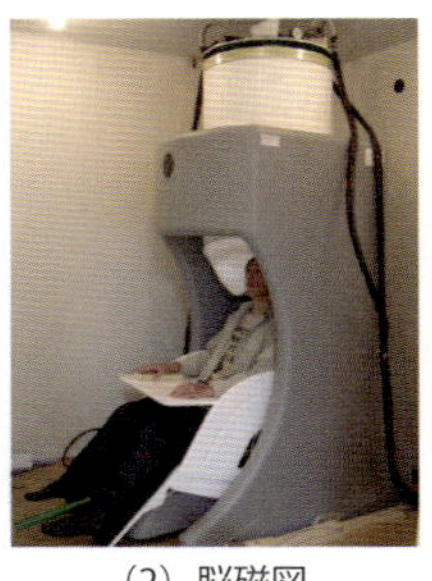

（2）脳磁図

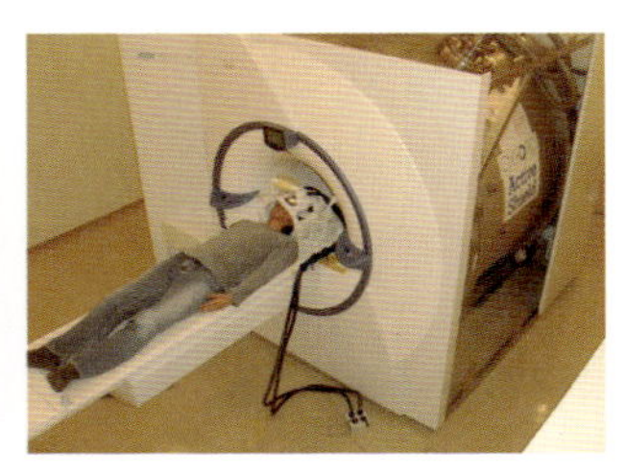

（3）MRI（実際には，被験者は装置のもっと奥まで入ります）

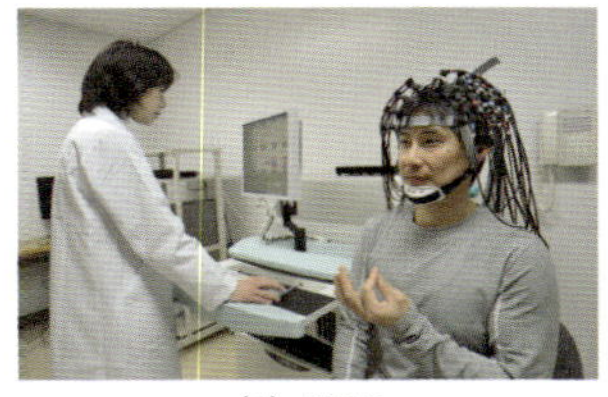

（4）NIRS

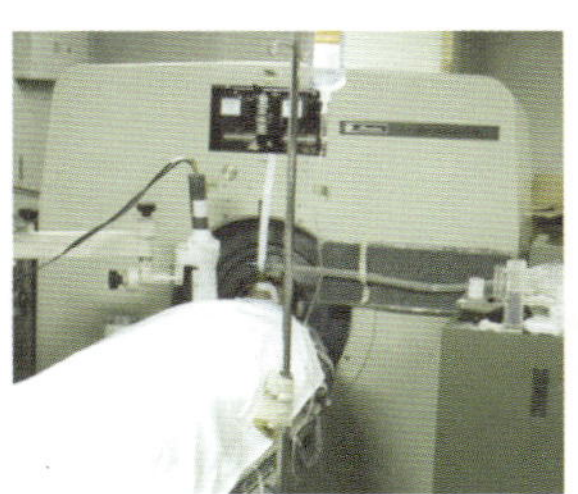

（5）PET

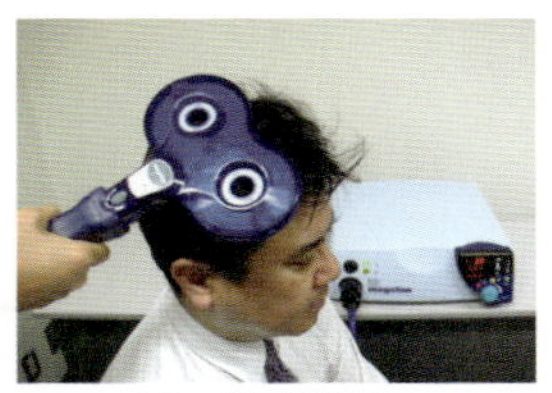

（6）磁気刺激装置

図 1.2　各計測装置による計測風景

能研究法に含めて考えることができます（宮内，2013）．

1.2　非侵襲脳機能計測における空間分解能と時間分解能

脳機能計測に関する成書や解説などを読むと，しばしば「脳波や脳磁界は時間分解能は高いが空間分解能は低い．逆に fMRI は空間分解能は高いが時間分解能は低い……」という表現が出てきます．簡単にいえば，空間分解能は脳のどこが活動したかをどこまで細かく計測できるか，時間分解能は脳のある領域がいつ活動したかをどこまで精確に計測できるかということですが，もう少し正確に空間分解能（spatial resolution）と時間分解能（time resolution または temporal resolution）を定義しておきます．脳機能計測における空間分解能とは，脳の異なる部位が同時に 2 ヵ所以上活動した場合に，それぞれを活動部位が異なる独立した脳活動として計測できる最小の距離です（図 1.3 *d*）．時間分解能とは，脳の同一の場所が短期間に 2 回以上活動した場合に，それぞれを時間的に独立した脳活動として計測できる最短の時間間隔です（図 1.3 *t*）．通常の計測では計測装置の空間分解能，時間分解能は測定対象に依存しませんが，脳機能計測の分解能は，その計測法が計測している現象の時空間特性，脳活動の強さ，活動領域の部位等に依存し，計測装置の分解能とは分けて考えるべきです．したがって非侵襲脳機能計測では，どのような現象をどの

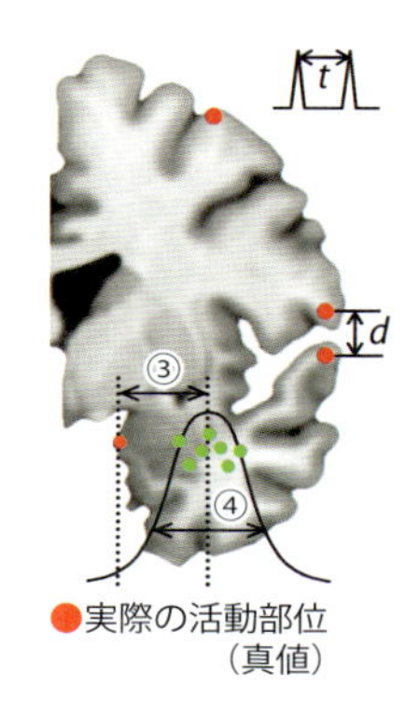

●実際の活動部位（真値）

●計測値

①時間分解能（temporal resolution）
1 カ所が短期間に 2 度続けて活動した場合，それらを 2 回の活動として計測できる最短の時間

②空間分解能（spatial resolution）
2 カ所が同時に活動した場合，それらを 2 カ所の活動として計測できる最短の距離

③確度（accuracy）
真値と計測値の平均の差

④精度（precision）
計測値の分散

図 1.3　脳活動計測における時間分解能，空間分解能，確度，精度

ように計測しているかの理解が特に重要となります．一般に装置の仕様書に書かれている EEG・MEG・NIRS のセンサ数・チャンネル数やデータのサンプリングレート（1 秒間に何回データをサンプルするか），fMRI や PET の画素サイズなどは計測装置の分解能であって計測法の分解能ではありません．

すなわち，脳機能計測法の空間分解能と時間分解能は，

①その計測法が図 1.1 に示した脳内のどのような生理学的・生化学的現象を計測し，その現象が局所の神経活動に対してどの程度の空間スケール・時間スケールで生じるかという生理学的に規定される要因（spatial specificity, temporal specificity）と，

②その現象をどの程度空間的・時間的に分離して計測・解析できるか，そしてどの程度微弱な信号を計測できるかという計測装置側の要因

の両方に依存しています．

非侵襲計測法は，空間分解能と時間分解能の観点から，脳の電気的な神経活動を計測する方法（EEG, MEG）と局所脳血流変化を計測する方法（fMRI, NIRS, PET）に大別することもできます．上述のように，時間分解能・空間分解能は，その計測法が計測している現象の時空間特性に依存します．血流の変化を記録する方法は，空間分解能・精度・確度は高いのですが，血流が神経細胞の電気的活動のように速く変化しないので，時間分解能・精度・確度は低くなります．また現在までのところ，血流制御に関連する生体信号を非侵襲的に直接計測する方法はなく，電磁波・放射能・光などのエネルギーを外部から与えることによって脳血流を計測しているので，完全に非侵襲と断言することはできません．一方，脳の電気的な活動を計測する方法は，外部からエネルギーを与えずに微弱な信号としてニューロンの電気的活動を計測するため完全に非侵襲で，時間分解能・精度・確度は高く，空間分解能・精度・確度が低くなります（小泉ら，2004）．さらに別の分類法として，脳活動に伴って生じる信号を頭部に装着したセンサによって測る計測法（EEG, NIRS）と，センサが外部に固定されている計測法（fMRI, PET, MEG）があります．前者は頭部が動いても脳とセンサの相対的な位置関係は変わらないため，計測中の被験者の自由度が比較的高く，日常生活に近い状態での計測が可能です．一方後者は，仰向けあるいは座った状態で，計測中に頭部を動かすことはできません．

脳機能計測に関連したその他の用語も説明しておきます．実際の計測では計測・解析の過程において生じる誤差があり，これを精度（precision）と確度（あるいは正確度，accuracy）で表します．確度とは真の値（空間でいえば実際に脳が活動した位置）と複数回の計測で得られた計測値の平均との差であり（図1.3 ③），精度とは複数回の計測における計測値の分散の大きさです（図 1.3 ④）．分解能と確度・精度は独立した概念であり，計測装置の高い分解能は，計測法の高い確度・精度にとって必要条件ではありますが十分条件ではありません．各計測法の確度と精度は，同じ計測法でも，たとえばEEGあるいはMEGの短潜時成分か長潜時成分か，活動部位が脳表か脳深部かなど，対象と

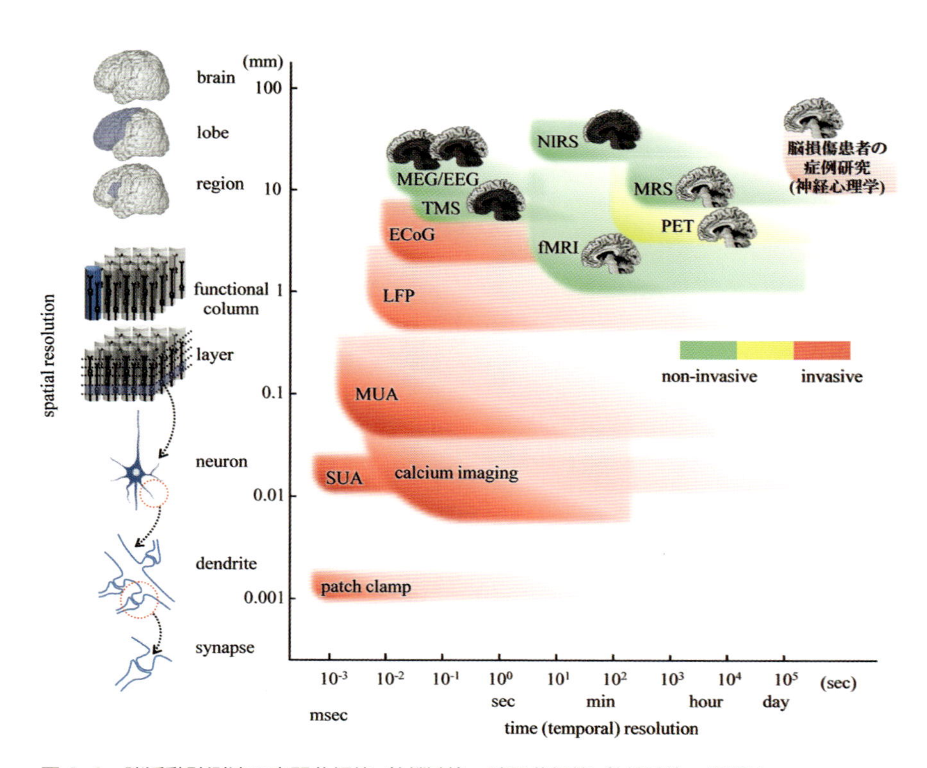

図 1.4　脳活動計測法の空間分解能（対数軸），時間分解能（対数軸），侵襲性

縦軸の左側の図は，対応する脳の構造（構成単位）を示しています。グラフ中の脳断面で黒い領域は，その計測法では計測できない脳領域を示しています（解説「ECoG, LFP, MUA, SUA, カルシウムイメージング」参照）。

する脳活動により異なり一概には決められませんが，以上の要素を総合して，主要な計測法の空間分解能，時間分解能，侵襲性，計測可能な脳領域を図 1.4 に示しました．

この図からわかるように，fMRI は脳表—脳深部を問わず最も高い空間分解能，空間精度と確度を有しています．最新の装置では 1 × 1 × 1 mm（1 mm^3）よりもさらに細かく脳活動を計測できます．「ヒトの脳活動を 1 mm^3 単位で調べられる」というと，非常に精密に脳活動を調べられると思うかもしれません．それでも図 1.5 に示したように，大脳皮質 1 mm^3 の中には，数万個のニューロン，数十億個のシナプス，400 m の樹状突起と 4,000 m に及

解説｜ECoG, LFP, MUA, SUA, カルシウムイメージング

これらはいずれも侵襲的な脳活動の計測法です．SUA, MUA, LFP は，主に動物を用いた研究で使われますが，ECoG はてんかんなどの脳疾患の患者で，EEG よりさらに正確に脳の電気的活動を知りたい場合に，脳の表面に直接電極を置いて記録します．それぞれの計測法の電極の位置や記録している脳活動を比較したのが下の表です．

計測法	SUA (single unit activity)	mUA (multi unit activity)	LFP (local field potential)	ECoG (electro-corticogram)	EEG (electroen-cephalogram)
日本語	単一ニューロン活動	マルチニューロン活動	局所電場電位	皮質脳波	（頭皮）脳波
電極の位置	皮質内部	皮質内部	皮質内部	硬膜下	頭皮上
記録している活動	活動電位	活動電位	主にシナプス後電位	主にシナプス後電位	主にシナプス後電位
周波数	> 300 Hz	> 300 Hz	< 300 Hz	< 300 Hz	< 300 Hz
活動を拾う範囲(半径)	< 50 μm	50 ～ 350 μm	0.5 ～ 3 mm	5 mm	> 10 mm

吉田（2008）より改訂して引用

カルシウムイメージングは，神経細胞の活動に伴って変化する細胞内のカルシウムイオン濃度をカルシウムに感受性のある蛍光指示薬を用いて計測する方法で，数百～数千の個々の神経細胞の活動を画像として計測します．（木村・池谷，2008）

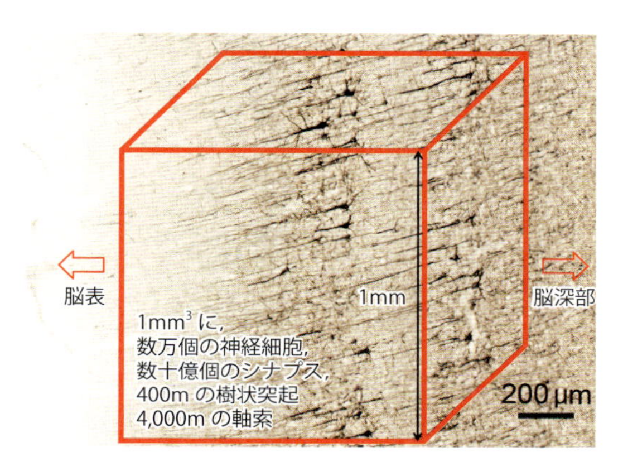

図 1.5　サルの大脳皮質の写真に 1 × 1 × 1 mm の立方体を表示したもの
東京都医学総合研究所　脳構造研究室，徳野博信氏提供.

ぶ軸索が存在します（Logothetis, 2008）．他の計測法では，より多くの神経細胞が同時に活動しなければ活動を記録できません，たとえば EEG の頭皮上電極で電位として記録するためには，最低でも 6 cm^2 の灰白質にある 60,000,000 個のニューロンが同期して活動する必要があります（Nunez and Srinivasan, 2006）．すなわち個々のニューロンの活動から見れば，まだまだ非常に大雑把な情報にすぎません．

1.3　非侵襲脳機能計測におけるノイズ

計測に関するもう 1 つの重要な概念として，信号対雑音比（S/N 比，signal-to-noise ratio）があります．S/N 比によって，識別可能な最小の信号の大きさが決まります．非侵襲計測では，脳内の信号源から離れた頭皮あるいは頭蓋の周囲にセンサを設置するので，信号そのものが微弱な上に，周囲からの電磁気ノイズやセンサ自体が発生する熱雑音など，さまざまなノイズが混入します．したがって，一般的に非侵襲計測での S/N 比は，electrocorticography（ECoG）や SUA（single-unit activity）記録のように脳内に電極・センサを設置した侵襲的計測や，*in vitro*（解説「*in vivo* と *in vitro*」参照）での計測に比べて非常に低くなります．非常に低い S/N 比から意味のある信号を取り出すには，各計測法の計測原理を理解した上で，信号に混入してくるノイズを識別し，可能な限り除去することが大切です．

解説 ***in vivo と in vitro***

どちらもラテン語が起源です．*in vitro*（イン・ビトロ）は，ラテン語の「*vitro* ＝ガラス」から「試験管内で」という意味で，試験管などの中で体内と同様の環境を人工的につくり，ヒトや動物の生体組織を調べる場合に用います．試験管内の内容物の種類や量，環境条件がすべて明らかで，わからない条件はほとんどありません．反対の意味として使われるのが *in vivo* で，ラテン語の「*vivo* ＝生きる」から「生体内で」という意味です．ヒトやマウスなどの動物を生体のままで組織や活動を調べる場合を指します．たとえば，血液検査や尿検査等，ヒトの検体を体外に取り出して検査する方法は *in vitro* diagnostics ですし，体外受精は *in vitro* fertilization です．非侵襲脳機能計測は典型的な *in vivo* の研究法の１つで，MRI や PET でヒトの脳や身体をそのまま画像診断する方法は *in vivo* diagnostics になります．当然 *in vitro* のほうが厳密な実験が可能ですが，*in vitro* の結果をそのまま *in vivo* に適用できるとは限りません．特に，生体や脳全体を１つのシステムとして考えた場合，*in vitro* で研究できることは極めて限られます．

1.4 非侵襲脳機能イメージングとインフォームドコンセント

実験で被験者の脳活動を記録する際に，被験者から「この装置は安全ですか？」と聞かれることがあります．脳波，脳磁図は神経細胞の電気的活動を電位・磁場として記録するだけなので，計測そのものが脳に悪影響を及ぼす可能性はありません．しかし他の計測法は，さまざまな形で脳や身体にエネルギーを与えます（PET：放射能，fMRI：静磁場・変動磁場・高周波磁場，NIRS：近赤外光，TMS：変動磁場）．fMRI では地磁気の数万倍という，通常ではあり得ない非常に強い磁場の中に入って，頭部に電磁波を照射します．PET では，ごくわずかですが放射能に被曝します．それぞれの装置は主に医療用として開発され，薬事法等によって定められた基準内で使用すれば，計測自体が直接の原因となって脳や身体に悪影響を及ぼす可能性は極めて低いです．しかし，「絶対に安全です」と断言することはできません．たとえば，現在多くの病院に設置されているヒト用の MRI 装置は開発されてからまだ 30 年しか経っていません．MRI 装置の強い磁場の中に入ったことによる影響が，40 年後，50 年後も絶対に出ないとは誰にもいえないのです．断言できるのは「計測が直接の原因となって，脳や身体に悪影響を及ぼした報告は現在までのところない」ということだけです．そこで，非侵襲脳機能イメージングを行う際には，想定される危険性，個人情報の扱いや実験の途中で参加を中止する権利などを，被験者が納得するまで説明した上で，インフォームドコンセントを得ることが義務づけられています．また，日本のほとんどすべての大学や主要な研究機関では，人体実験に対する倫理規範を定めたヘルシンキ宣言（日本医師会，2013）に基づいて，倫理的な観点から研究に問題がないかどうかを審査する倫理審査委員会が設けられています．インフォームドコンセントの取得および倫理審査委員会の承認なしに実験を行ったり，研究成果を学術論文として投稿することは認められません．非侵襲脳機能イメージング研究を行う際の倫理的問題については，日本神経科学学会や日本心理学会の指針や規定もあわせて読むことをおすすめします（日本神経科学学会，2009；日本心理学会，2011）．

1.5　脳のイメージングの歴史―Hans Berger による脳波の発見―

それぞれの計測法の歴史は，第 4 章以降の各計測法の説明の中で述べますが，非侵襲脳機能イメージングを語る上で，ヒトの脳波を最初に記録したドイツ人，ベルガー（Hans Berger, 1873-1941）を忘れるわけにはいきません（図 1.6）．ベルガーは，1924 年に頭蓋骨が欠損した患者の脳の表面から脳波を記録し，その後健常者の頭皮上からも脳波を計測して，それらを 1929 年に発表しました（図 1.7）．ところがベルガーは精神科医で，神経生理学や電気的知識は乏しかったため，当初は多くの研究者がベルガーの発表に対し，「本当に脳の活動なのか．心拍に伴う脳の血管の動きや網膜の電気的活動ではないか？」と懐疑的でした．動物の神経細胞における電気的活動の研究で 1932 年にノーベル医学・生理学賞を受賞したイギリスの神経生理学者，エイドリアン（Adrian ED, 1889-1977）とマシュース（Matthews BHC, 1906-

図 1.6　Jena 大学で講義中のベルガー（1920 年代）
Millet（2001）より引用.

a

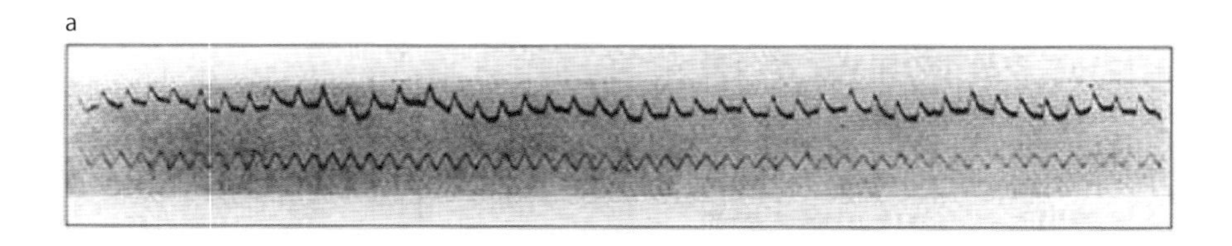

b

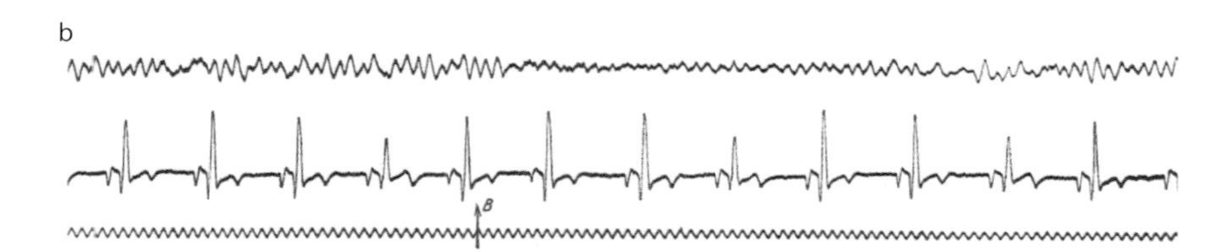

図 1.7　a：ベルガーが最初に報告したヒトの脳波記録，b：ベルガーが 1930 年の論文で発表した，頭皮上から記録した脳波と心電図
a：左半球の硬膜上に置いた針電極からの記録．下段は 10 Hz の正弦波．この記録をヒトの脳の電気的活動といっても当時は誰も信用しなかったでしょう．b：下段は 10 Hz のサイン波．こちらは現在の脳波計による記録と遜色がありません．Gloor（1969）より引用.

図 1.8　1938 年のクリスマスに，ヤスパーがベルガーに送ったクリスマスカード
Deuches Museum（München）所蔵.

1986）が 1934 年に追試によってベルガーの結果を確認し，認められるようになりました（Adrian and Matthews, 1934）.

エイドリアンらの追試により脳波が脳の電気的活動として認められた後，脳研究者の脳波に対する期待は非常に大きいものとなりました．図 1.8 は，著名な神経生理学者で，現在でも脳波の電極配置法として用いられている国際 10-20 法を提唱したヤスパーが，1938 年のクリスマスにベルガーに送ったクリスマスカードです．ヤスパーの頭から記録された脳波が文字に変わり（“Wishing you a Pleasant Yuletide (Christmas) And New year as you like it”），また脳波に戻っています．自分が考えていることが脳波という脳の電気的活動として表されること，裏返していえば，脳波を研究すればヒトの精神活動がわかるだろうという，当時の脳研究者の期待を巧みに表現しています．

ベルガーが最初にヒトの脳波を記録したことは比較的知られていますが，彼がヒトの脳波の研究を始める前に，イヌに多様な刺激を見せた際の脳血流や脳の温度変化を調べたり，頭蓋骨が欠損した患者の脳に直接電極を当てて弱い電流を流して刺激し，その影響を調べたりしていたことはあまり知られていません（Millett, 2001）．さらにベルガーの研究で特筆すべき点は，当時の研究者の多くが純粋な生理学的現象として脳活動を記録していたのに対し，ベルガーはイヌの脳温を測っていた時からすでに，脳活動と精神活動の関連を考えていたことです．彼の最初期の脳波の研究でも，心理学の祖といわれるヴント

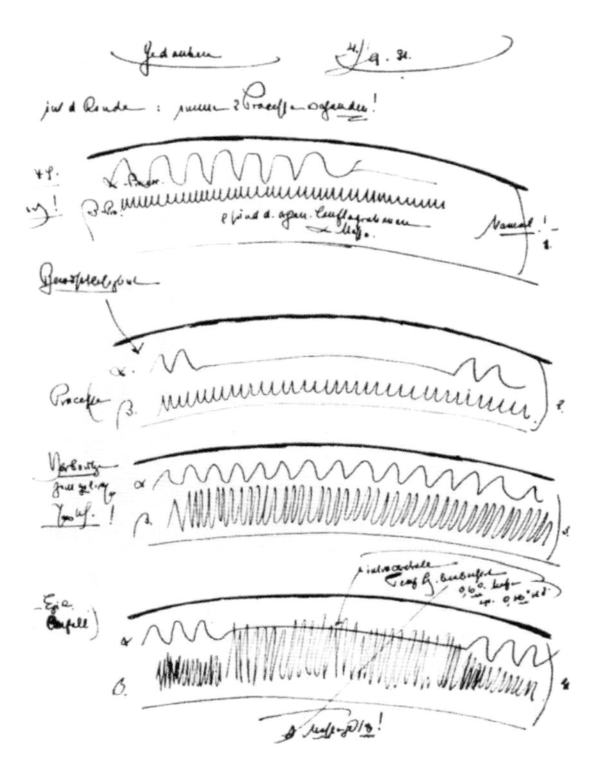

図 1.9　1931 年 4 月 9 日のベルガーの日誌
Gloor1969 より引用.

(Wundt W, 1832-1920) が提唱していた注意や, 知覚, 感情, 情動, 思考などの精神活動を, 脳波の変化と対応づけようとしていました. 図 1.9 は 1931 年の彼の日誌の一部です. 1929 年にヒトの脳波に関する最初の論文を発表したにもかかわらず, ほとんどの研究者から信用されていなかった時期です. 脳の活動を彼が発見した α 波と β 波に対応させて, それらの脳波がさまざまな精神活動や代謝活動と関連しているという仮説がイラストとメモ書きで記されています.

残念ながら, ベルガーはうつ病を患った後, 1941 年に自殺しています. その原因はナチスに非協力的だったために圧力を受けたこと, 持病が悪化したことなど諸説あり, 真相はわかりませんが, 研究を続けていたならば間違いなくノーベル賞を受賞していたでしょう．今から 100 年近く前にヒトの脳波を最初に記録しただけでなく，この本で説明する fMRI，PET，NIRS が計測している脳血流を測り，さらに現在の経頭蓋磁気刺激に相当する脳への電気刺激まで用いていたベルガーは，まさしく非侵襲脳機能イメージングの始祖といっていいでしょう．

非侵襲脳機能計測，脳波（EEG），脳磁図（MEG），陽電子放射断層像（PET），単光子放射断層法（SPECT），近赤外分光法（NIRS），機能的磁気共鳴画像（fMRI），経頭蓋磁気刺激（TMS），空間分解能，時間分解能

→いずれも本文中で詳細な説明を行います．

▶▶▶ Q & A ◀◀◀

下世話な質問ですが，各装置のだいたいの価格を教えてください．

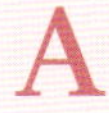

下表に各装置のおおよその価格を示しました．同じ装置でも規模や仕様によって大きく異なるので，この表の価格はあくまで目安です．また脳磁波，MRI，PET，SPECT は，装置の維持に毎年数百～ 1 千数百万かかります．

	計測装置の価格
脳波	100 ～ 1000 万円
脳磁波	1 ～ 3 億円
MRI	1 ～ 3 億円
NIRS	数百～数千万円
PET	1 ～ 5 億円，このほか，サイクロトロンと薬剤合成設備と建屋に 10 億円
SPECT	0.5 ～ 1 億円，このほか，核医学管理建屋に 1 億円
TMS	数百～ 1000 万円

未来予測になりますが，将来どれか 1 つの測定法が大きく発展し，他を駆逐して，他の方法が廃れてしまう可能性はありますか．

ある計測法，計測装置が普及・発展するかしないかは，

①その計測法でしか計測できない脳活動があるか

②その脳活動が臨床医学や脳神経科学でどれだけ重要か

③それを計測するためにどれくらいの費用がかかるのか

に依存します．このような観点から見ると，将来的にますます発展するのは MRI でしょう．6.1 節で述べますが，脳を構成するさまざまな組織から脳活動まで，1 台の装置でいろいろな情報が得られるからです．逆に，脳波の重要性は 20 年前，30 年前と比べれば明らかに低下しています．脳波は疾患特異性が低く（一部の疾患を除いて，脳波の計測結果から特定の脳疾患であるとは診断できません），脳腫瘍や脳出血の診断は，X 線 CT や MRI などの脳画像に取って代わられました．しかし，てんかんの診断には欠かせませんし，睡眠や麻酔時の意識低下に対しては最も鋭敏に変化するので，今後も臨床医学と脳神経科学の両方で使われていくでしょう．また今後，脳神経科学の成果は，病院での検査や実験室の中での基礎研究のためだけではなく，日常生活の中でも活用されていくようになると考えられます．その 1 つが 10.2 節で説明する BCI/BMI です．日常生活で使われる場合には，装置が小型で価格が安く，計測時に被験者の頭部を固定する必要がない脳波が最も有望です．一方，PET は高価で，計測の際に放射能に被曝する問題がありますが，他の計測法では困難な脳血流や神経伝達物質の定量的計測が可能なため，今後も臨床医学では重要な計測法として使われていくでしょう．

違う機器を同時に使い，計測することはありますか．もしそれができる場合，よく使われる計測方法の組み合わせや，ハードルとなることを教えてください．

1.1，1.2 節で述べたように，脳活動計測あるいは脳機能計測といっても，計測している脳活動が異なります（図 1.1）．大ざっぱにいえば，脳波・脳磁図など，脳の電気的活動を計測している方法は時間分解能が高いのですが，空間分解能・精度が低かったり，脳深部の活動が計測できないという欠点があります（図 1.4）．一方 fMRI や PET は，脳血流を計測しているので脳深部の活動も計測できますが，血流は電気的活動のように速くは変化しないので，時間分解能・精度は低くなります．また眠気などで意識水準が低下しても，血流を計測する方法ではよくわかりません．したがって，両者を組み合わせて同時に計測することがあります．fMRI と脳波の同時計測が代表的な例です．ただし磁気共鳴装置からは地磁気の数万倍という非常に強い磁場が発生していて，さらに撮像時にはその磁場

を変化させます（第 6 章参照）．一方脳波は，数 μV ～数十 μV という非常に微弱な電位です（第 4 章参照）．そのため fMRI と脳波の同時計測は，専用の脳波計と高度な技術を必要とします．

計測の際に，最も被験者の負担となるのはどんなことですか．

被験者が最も負担に感じるのは眠気でしょう．脳波や NIRS は座位で記録する場合が多く，少しであれば計測中に動くこともできます．ところが fMRI，PET は仰臥位で計測します．しかも計測中に頭を動かすことはできないので，どうしても眠くなります．眠気と戦いながら実験者に要求されたタスクを行うのは，かなりつらいことです．

計測しやすい被験者，計測しにくい被験者の特性は各機器によってあったりしますか．

あります．理由は各計測法の詳細と関連するので省略しますが，fMRI は男性よりも頭の小さい女性のほうがきれいな画像が撮れます．NIRS は髪の毛が黒い人より黒くない人のほうが計測しやすくなります（毛根の色も関係するので，染めても意味はありません）．

引用文献

Adrian ED, Matthews BHC（1934）The Berger rhythm: potential changes from the occipital lobes in man. *Brain*, **57**: 355-385

Jasper HH（1938）Christmas Reverie. Deutsches Hygiene-Museum Dresden（http://www.dhmd.de/index.php?id=1113）

Karni A, Sagi A（1991）Where practice makes perfect in texture discrimination: evidence for primary visual cortex. *Proc Natl Acad Sci USA*, **88**: 4966-4970

木村梨絵・池谷裕二（2008）多ニューロン活動の可視化．*BRAIN and NERVE*, **60**: 747-754

小泉英明・牧　敦・山本　剛・山本由香里・川口英夫（2004）脳と心を観る—無侵襲高次脳機能イメージング—．電子情報通信学会誌，**87**: 207-214

Gloor P（1969）*Hans Berger on the Electroencephalogram of Man*（*Hans Berger and the Discovery of the Electroencephalogram*）. Electroencephalography and clinical Neurophysiology, Suppl. 28, Elsevier, 1-36

Logothetis NK, Leopold DA, Sheinberg DL（1996）What is rivalling during binocular rivalry? *Nature*, **380**: 621-624

Logothetis NK（2008）What we can do and what we cannot do with fMRI. *Nature*, **453**: 869-878

Millett D（2001）Hans Berger: from psychic energy to the EEG. *Perspect Biol Med*, **44**: 522-542

宮内　哲（2013）脳を測る―改訂ヒトの脳機能の非侵襲的測定―. 心理学評論, **56**: 414-454

日本医師会（2013）ヘルシンキ宣言（http://dl.med.or.jp/dl-med/wma/helsinki2013j.pdf）

日本神経科学学会「ヒト脳機能の非侵襲的研究」に関する倫理小委員会（2009）「ヒト脳機能の非侵襲的研究」の倫理問題等に関する指針（http://www.jnss.org/wp-content/uploads/2012/02/rinri.pdf）

日本心理学会倫理委員会 編（2011）公益社団法人日本心理学会倫理規定（第 3 版）公益社団法人日本心理学会（http://www.psych.or.jp/publication/inst/rinri_kitei.pdf）

Nunez PL, Srinivasan R（2006）*Electric fields of the brain. The neurophysics of EEG. 2nd edition.* New York: Oxford University Press. 21

吉田正俊（2008）細胞外電極は何を見ているか（http://www.nips.ac.jp/~myoshi/yoshida.pdf）

2 脳の構造と機能局在

2.1 脳の構造

脳は，大脳・間脳・小脳・中脳・橋・延髄から構成されています．厳密にいうと，大脳は大脳半球と間脳に分けられ，大脳半球は発生学的には終脳（神経管の最も吻側に形成される脳）で，間脳は視床と視床下部からなっていますが，一般的に大脳は大脳半球を指しています．脳の重量は，成人で体重の約 2%（1200 ～ 1400 g くらい）で，神経細胞数は 140 億～数百億個で全脳細胞数の約 10%と見積もられています．神経細胞以外の脳細胞はグリア細胞と呼ばれ，アストロサイト，ミクログリア，オリゴデンドロサイトなどがあり，神経栄養因子の合成・分泌や神経伝達物質の取り込みなど，神経細胞のはたらきをサポートする役割を担うと考えられてきました．ところが近年，グリア細胞が神経細胞と同様のはたらきをもつことが報告されてきています（アストロサイトについては，後述の 3.3.3 項を参照）．

脳は，3 層の髄膜（軟膜・クモ膜・硬膜）に覆われています．軟膜は脳表に密着していて，その外側にあるクモ膜との間には間隙がありますが，クモ膜から伸びる小柱という繊維の束によってつながっています．この間隙はクモ膜下腔と呼ばれ，脳脊髄液で満たされています．硬膜は頭蓋骨の骨膜と癒着していて，正中で大脳鎌を形成し，左右の大脳半球を隔てています．また，後頭側で左右に分かれて小脳と大脳の間に小脳テントを形成します．

大脳半球は，前頭葉，頭頂葉，後頭葉，側頭葉に分けられますが，脳表には

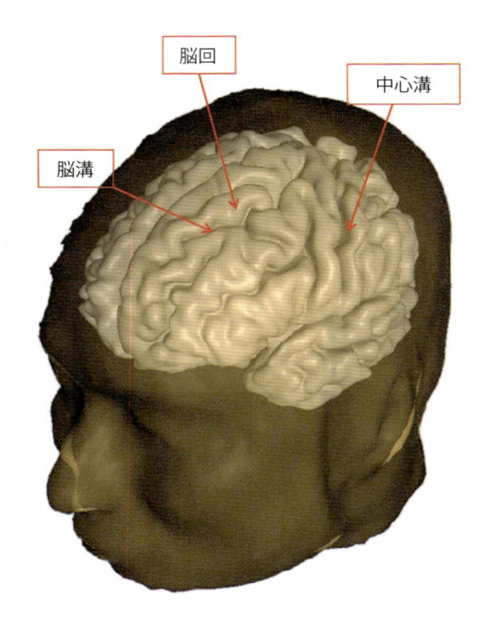

図 2.1　ヒトの大脳半球

多くの皺（脳溝）と脳回（脳溝と脳溝の間の凸部）が形成されており，これらの脳溝・脳回は脳領域同定のランドマークになります．たとえば，中心溝によって前頭葉と頭頂葉が分けられています（図 2.1）．

脳の内部構造は灰白質と白質に大別されます．前者は神経細胞が存在するために灰白色を呈し，後者は神経線維から構成されて白く見えます．大脳表面は，灰白質から成り立つ大脳皮質によって覆われていますが，大脳皮質の厚さは領域によって異なり，1.5 mm（視覚野）～ 4.5 mm（中心前回）までさまざまな厚さを呈します．Brodmann により大脳皮質は組織学的に 6 つの基本的な層（外側から分子層，外顆粒層，外錐体層，内顆粒層，内錐体層，多形細胞層）に分けられています（Brodmann, 1909）．さらに Brodmann は，大脳皮質について，細胞構築学的に組織構造が均一である部分を 1 つの領域として番号をふり，脳地図を作成しました．神経機能イメージング研究において，この Brodmann の領域番号は機能局在領域を示すのによく用いられています（図 2.2）．

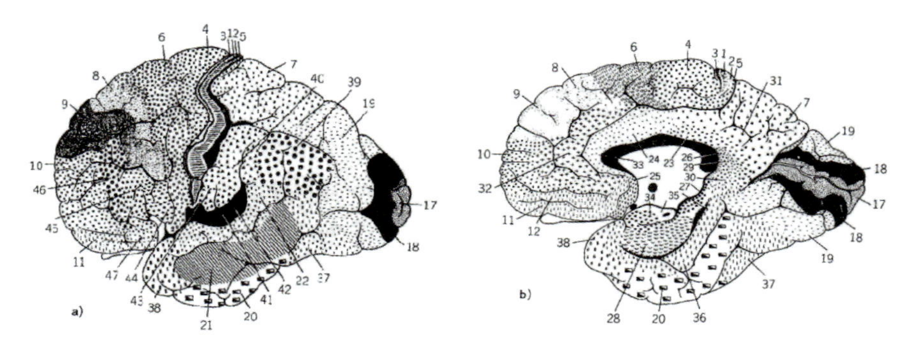

図 2.2　ヒト大脳の細胞構築学的分類・Brodmann の脳地図
a：左大脳半球側面，b：右大脳半球内側面．Bargmann W（1967）より引用．

2.2 脳の機能局在

大脳における機能局在は，かなり古くから興味がもたれていましたが，1800 年代に臨床家によってさまざまな研究がなされ，機能局在論が実証されてきました．このような研究には，Broca や Wernicke による失語症患者での脳障害領域同定の研究などが含まれます（Broca, 1861; Wernicke, 1874）．1900 年代には，Kleist が第一次世界大戦中の数百の脳損傷患者における神経解剖・神経病理研究をもとに“脳の構造図と機能図”をつくりました．ここでは，側頭葉に聴覚野，後頭葉に視覚野，頭頂葉に知覚野などが考えられており，さらに Kleist は Brodmann の細胞構築に基づく分類と結びつけて，1934 年に“構築学的基礎に基づく大脳皮質機能の局在”の模式図を発表しました（Kleist, 1934）．また，Penfield はてんかん患者の手術中に脳を電気刺激して，運動野と体性感覚野の機能局在地図を作成しましたが（Penfield, 1950），これは現在でも用いられています．1980 年以降は，PET（positron emission tomography：ポジトロン断層法），fMRI（functional magnetic resonance imaging：機能的核磁気共鳴画像法），NIRS（near-infrared spectroscopy：近赤外線スペクトロスコピー）など，本書で扱う神経機能イメージング法が開発され，非侵襲的に脳機能マッピングが行われて機能局在の詳細が明らかにされてきています．

2.3 脳の活動

脳の活動は，神経細胞の興奮によって生じますが，この興奮は電気的現象で説明されています．神経細胞は細胞内と細胞外で電位差があり，安静時の細胞内は細胞外に比べて電気的に負の状態です（静止膜電位と呼ばれ，−70mV くらいです）．刺激を受けて細胞が興奮し，膜電位が上昇してある閾値以上になると正の値をもつ活動電位が発生します．神経細胞は，図 2.3 に示すように細胞体，樹状突起，軸索から構成され，樹状突起には，他の細胞からの情報を受け取るシナプス（解説「シナプス」参照）が多数形成されています．樹状突起で受けた入力によって，膜電位変化（シナプス電位）がもたらされます．シナプス電位は細胞体に伝わり，軸索が細胞体から出るところ（軸索丘）で統合されて，活動電位が発生するか否かが決まります．軸索丘で活動電位が発生すると，軸索末端に電気的信号が伝わり，電位依存型 Ca^{2+} チャンネルが開いて Ca^{2+} が細胞外から流入し，神経伝達物質が放出されます．

したがって，神経細胞の電気的変化をとらえることによって脳の活動状態を観察することができますが，直接脳内に電極を挿入するのではなく，非侵襲的に計測する方法として脳波計測法（electroencepharography: EEG）と脳磁図計測法（magnetoencephalography: MEG）が開発されました．EEG と MEG の詳細については第 4 章と第 5 章を参照してください．一方，神経細胞の興奮は，電気的変化だけでなく脳循環代謝の変化も伴います．1970 年代にキセノン（Xe）の放射性同位体である ^{133}Xe を用いた脳血流計測法が開発さ

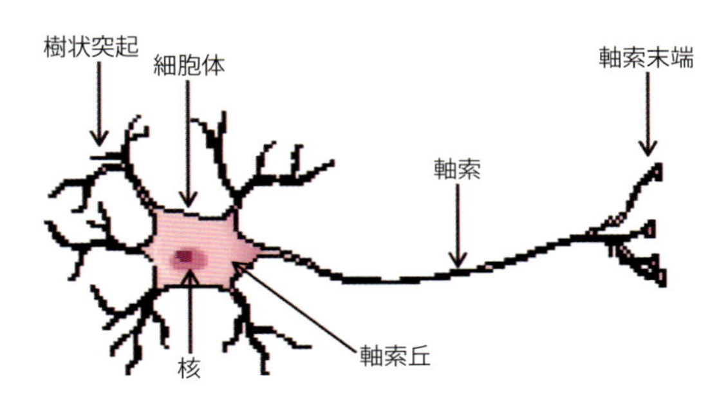

図 2.3　神経細胞の構造

解説 シナプス

神経細胞間や神経細胞—筋肉間など，神経情報を送る側と受け取る側の間に存在する構造で，情報を送る側をシナプス前細胞，情報を受け取る側をシナプス後細胞と呼びます．シナプスは，化学シナプスと電気シナプスに大別されます．中枢神経系のシナプスのほとんどは化学シナプスで，活動電位が軸索末端まで伝わると，シナプス前細胞から神経伝達物質がシナプス前細胞と後細胞間（シナプス間隙）に放出され，シナプス後細胞にある神経伝達物質受容体に結合し，直接膜電位が変化することによって，あるいはセカンドメッセンジャーを介することによって情報が伝わります．電気シナプスは，膜電位変化を直接シナプス後細胞に伝えます．

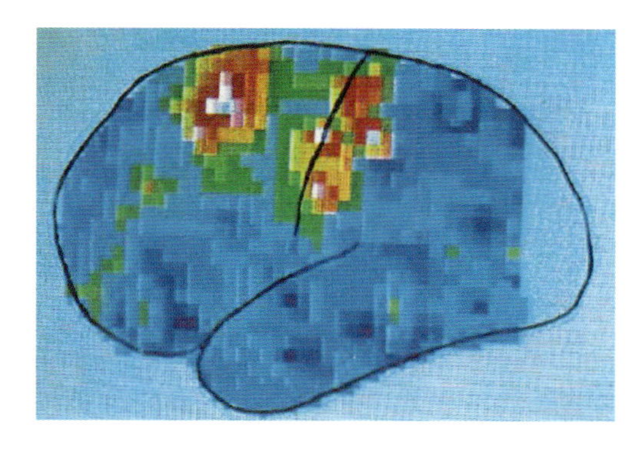

図 2.4 随意運動時の ^{133}Xe で測定した左側頭部の脳血流増加部位
右手指の随意運動によって手指に関連する運動野・体性感覚野と運動連合野の血流量が増加しています．Lassen *et al.*（1978）より引用．

れると，ヒト脳で局所脳血流変化から機能局在の推定が可能になり（Lassen *et al.*, 1978；図 2.4），その後 PET・SPECT の出現によって，神経機能イメージング研究は発展していきました（第 8 章参照）．また，1990 年代に入ると MRI や NIRS でも脳循環代謝変化の計測が可能になり，近年は，脳の機能局在だけでなく各脳部位間における解剖学的・機能的つながりも明らかにされつつあります（fMRI については第 6 章，NIRS については第 7 章を参照）．しかし，神経活動に伴う脳循環代謝変化のメカニズムについては異論が多く，未だ結論は出ていません．次の第 3 章では特に神経活動と脳血流の関係について概要をまとめます．

引用文献

Bargmann W（1967）*Histologie und mikroskopische Anatomie des Menschen. 6th Edition.* Thieme

Brodmann K（1909）*Vergleichende Lokalisationslehre der Grosshirnrinde.* Leipzig: Johann Ambrosius Barth（Brodmann K. Gary LJ（2006）*Brodmann's localisation in the cerebral cortex: the principles of comparative localization in the cerebral cortex on cytoarchitectonics.* Springer)

Broca P（1861）Remarques sur le siège de la faculté du language articulé, suivies d'une observation d'aphémie（perte de la parole）. *Bull Soc Anat Paris*, **6**: 330-357

Kleist K（1934）*Gehirnpathologie*. Barth, Leipzig

Lassen NA, Ingvar DH, Skinhøl E（1978）Brain function and blood flow. *Scientific American*, **239**: 50-59

Penfield W, Rasmussen T（1950）*The cerebral cortex of man*, Macmillan, New York

Wernicke C（1874）*Der aphasische Symptomenkomplex*: eine psychologische Studie auf anatomischer Basis. Max Cohn & Weigert, Breslau

3 神経活動と脳血流反応

3.1 神経血管カップリング

局所脳活動の増加はその領域の血流増加を伴い，神経血管カップリング (neurovascular coupling: NVC)，あるいは functional hyperemia と呼ばれています．NVC を初めて報告したのは Roy と Sherrington であると一般的に思われていますが（Roy and Sherrington, 1890），実は彼らより 10 年も前にイタリアの生理学者である Mosso によって NVC は発見されました (Mosso, 1880)．この現象は，直接神経活動を計測することなく脳活動をとらえることができる PET，fMRI，NIRS などの神経機能イメージング法の生理学的基盤です．PET では，神経賦活に連動して増加する血流，酸素代謝，グルコース代謝を指標としていますが，これらは同程度の割合で増加する訳ではなく，脳血流の増加が酸素消費の増加を上回る結果，静脈血の脱酸素化ヘモグロビン（deoxy-Hb）が減少することが，1980 年代に明らかにされました（3.4 節参照）．このような，血流と酸素代謝のアンカップリングによって生じる deoxy-Hb の減少は，fMRI の BOLD（blood oxygenation level dependent）信号として検出されます．また，NIRS は酸素化ヘモグロビン (oxy-Hb) と deoxy-Hb の両方を計測することができますが，oxy-Hb は脳血流変化をよく反映しています．

これまで，NVC のメカニズムについて主として動物を用いた研究が多くなされてきましたが，その詳細についてはまだ十分には解明されていません．本書では，最近の知見を中心に NVC について解説しますが，NVC 機構に関してはさまざまな実験結果が次々と報告されていて，数年後には異なる説が一般的になっている可能性もあります．

column

19 世紀の脳血流計測

第６～８章で説明する，fMRI，NIRS，PET がない時代にどのようにして脳血流を測ったのでしょうか？　イタリアの Mosso は，脳の手術などで頭蓋骨に欠損のある患者の欠損部をゴム製の樹脂（ガッタパーチャ）で密閉し，脳の拍動および脳血流の増大に伴う脳容量の変化を，空気圧の変化として取り出し，ペン書きする方法を考案しました（Zago *et al.*,2009；図 1）．しかしこの方法では，頭蓋骨に欠損がある患者の脳血流しか測れませんでした．そこで Mosso は，健常者をシーソーのような台に固定してバランスをとり，暗算などの課題を与えました（図 2）．精神活動により脳血流が増えた分だけシーソーが頭部側に傾き，その傾きをシーソーの端に取り付けたペンで記録するというものでした（Sandrone *et al.*, 2014）．この方法で本当に脳血流の変化が測れたかどうかは疑問ですが，さまざまな創意工夫をしてヒトの脳活動を測ろうとしていた当時の研究者の熱意が伝わってきます．

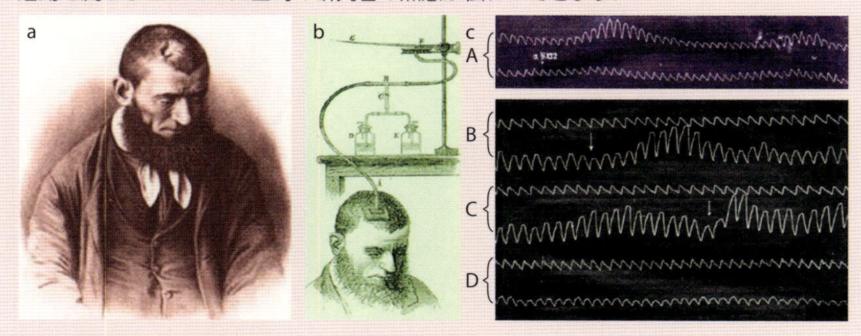

図 1　頭蓋骨が欠損した被験者（a），Mosso が考案した脳血流の計測装置（b），血流記録（c）

(C)－A：8 × 12 の暗算をした時の脳血流の変化（上段）と前腕の血流（下段）．(C)－B：時計の鐘が鳴った時の前腕の血流（上段）と脳血流（下段）．(C)－C：教会の鐘の音を聞いて，正午のお祈りを忘れていたことに気づいた時（矢印）の脳血流（上段）と前腕の血流（下段）．(C)－D：安静時の前腕の血流（上段）と脳血流（下段）．Zago *et al.*（2009）より改訂して引用．

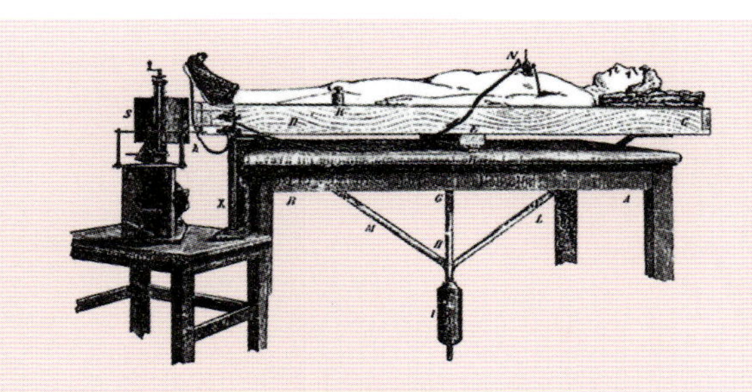

図 2　Mosso が考案した健常者の脳血流計測装置
脳血流の変化によるシーソーの傾きを，シーソーの足側にあるペンで記録した。
Sandrone *et al.*（2014）より引用.

3.2 神経活動増加に伴う血流反応

ラットの頭蓋骨に小さい骨窓を作成するか，あるいは骨を削って薄くすることにより，顕微分光システム下で脳血流反応と神経活動を同時に観察することができます．たとえば，血液成分である赤血球に含まれているヘモグロビン（Hb）は可視光領域の光を吸収します．その吸収スペクトルは Hb の酸素化状態によって異なり，波長が 570 nm の光は oxy-Hb と deoxy-Hb に同程度に吸収されるため（等吸収点），570 nm の吸収の増減は血液量（血流）の増減を反映しています．また，波長が 610 nm の光は oxy-Hb による吸収が deoxy-Hb に比べて非常に小さく，610 nm で吸収が増加した場合は，deoxy-Hb 濃度が増加したと見なすことができます．したがって，570 nm と 610 nm の光を用いることによって，前者で脳内の血液量（血流）の分布を，後者で deoxy-Hb（第 6 章で記述される fMRI の BOLD 信号に対応）の分布をイメージングすることができます（図 3.1）.

チンチラに聴覚刺激を与えて，聴覚野で 540 nm の光を用いて神経賦活に伴う内因性シグナル（540 nm の光の変化は，Hb による吸収以外に散乱やフラビンタンパクからの自家蛍光などにも起因していると考えられ，これらを総称して内因性シグナルと呼びます）と電気的活動を計測したところ，内因性シグナルの領域と活動電位が記録された領域はほぼ一致することが確認されまし

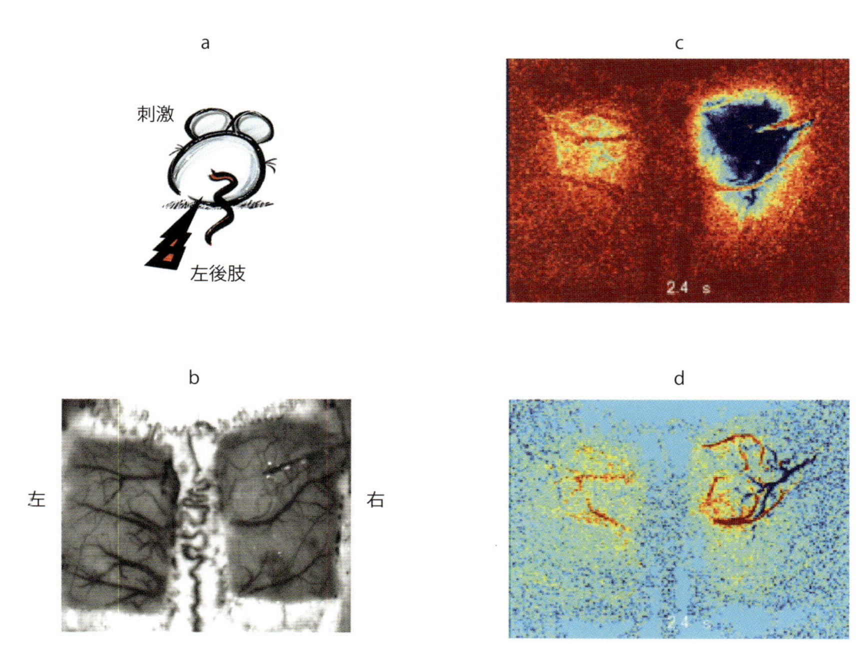

図 3.1　神経―血管カップリングの観察
a：ラットの左後肢を電気刺激，b：骨窓から観察されたラット脳表，c：570 nm で観察された脳血流変化，d：610 nm で観察された deoxy-Hb の変化.

た（Harrison *et al.,* 2002）．さらに内因性シグナルは，毛細血管網から外れた領域では観察されず，毛細血管内での血行動態変化を反映していると結論されました.

また，ラットの坐骨神経刺激により体性感覚野に分布する軟膜の細動脈が拡張すること見出されましたが（Ngai *et al.,* 1998），このように神経の活動部位から数百 μm 離れた軟膜動脈が拡張する理由として，賦活した神経細胞の近傍にある血管（細動脈）がまず拡張し，血管内平滑筋の拡張情報が逆行性に伝わって，軟膜動脈の拡張を引き起こすというメカニズムが考えられています（Iadecola, 2004; Itoh and Suzuki, 2012）．毛細血管は平滑筋をもたないため血管拡張には関与しないと考えられてきましたが，毛細血管壁を取り囲むように存在する pericyte（周辺細胞）は収縮性をもち微小循環コントロールに寄与し，さらに毛細血管径を制御することが *in vitro* 実験では観察されています．一方で *in vivo* では，毛細血管の NVC への関与についてまだ結論が出ていません（Fernández-Klett *et al.*, 2010; Hall *et al.*, 2014）.

神経活動の増加に対する血流反応は若干遅れ，その時間遅れは計測条件（麻酔，刺激の種類，血流計測法など）によって異なりますが，刺激開始から約 0.5 秒以内に血流増加が始まるのが一般的です（Masamoto and Kanno, 2012）.

3.3　神経血管カップリングのメカニズム

3.3.1　脳血管拡張因子

ヒトの脳重量は体重の 2%程度であるにもかかわらず，安静時の酸素消費量は総酸素消費量の約 20%で，そのほとんどが膜電位変化（シナプス電位と活動電位）によってイオンを細胞内外へ出し入れすることに用いられています．脳賦活時にはエネルギーをより必要とするため，以前は NVC のメカニズムとして，神経細胞の酸素消費増加に対する血流反応の遅れによって生じる組織低酸素や，代謝亢進によって産生された二酸化炭素，その二酸化炭素増加に伴う PH の低下（H^+ の増加），エネルギー源であるアデノシン三リン酸（ATP）の分解産物のアデノシンなどが血管を拡張させると考えられていました（negative-feedback control hypothesis）．しかし，比較的速やかに生じる血管反応をこれらの血管拡張因子では説明することができず，また，脳賦活時の酸素消費をはるかに上回る血流増加が認められる（Fox and Raichle, 1986; Fox *et al.*, 1988）ことなどから，最近はエネルギー消費に伴う代謝シグナル（metabolic signal：組織中の酸素やグルコースの低下や二酸化炭素などの代謝産物の増加）によって血流が増加するのではなく，神経細胞の活動増加に随伴して生じるさまざまな生化学的変化が，賦活細胞周辺の血管拡張を引き起こすと考えられています（feedforward regulation hypothesis; Attwell *et al.*, 2010）.

また，グルタミン酸は主たる脳内の興奮性神経伝達物質であることから，グルタミン酸作動性神経細胞を対象とした NVC メカニズム解明研究が進んでいます．本書でもグルタミン酸作動性神経細胞で明らかにされたメカニズムを紹

1. カルシウムを介する酵素反応活性化による産物
①一酸化窒素（NO）
アルギニン $\xrightarrow{\text{一酸化窒素合成酵素}}$ NO
②エポキシエイコサトリエン酸（EET）
アラキドン酸 $\xrightarrow{\text{チトクローム P450 エポキシゲナーゼ}}$ EET
③プロスタグランジン E_2（PGE_2）
リン脂質 $\xrightarrow{\text{ホスホリパーゼ } A_2}$ アラキドン酸 $\xrightarrow{\text{シクロオキシゲナーゼ}}$ プロスタグランジン E_2

2. カリウムイオン（K^+）

3. 乳酸

4. アデノシン

図 3.2　神経血管カップリング機構に関連する血管拡張因子

介しますが，これらは他の神経伝達物質（ドーパミンやセロトニンなど）作動性神経でも生じうる現象です．図 3.2 は現在考えられている主な血管拡張因子を示していますが，中でもカルシウムイオン（Ca^{2+}）依存の酵素反応系によって産生される一酸化窒素（NO）やアラキドン酸（AA）代謝産物が注目されています．

3.3.2　神経細胞による局所血流調節

神経細胞（介在ニューロンが関与するとする報告が多いのですが，錐体細胞や皮質下あるいは他の皮質の神経細胞などの関与も示唆されています (Hamel, 2006; Lauritzen *et al.*, 2012; Lecrux *et al.*, 2011; Lourenço *et al.*, 2014）では，グルタミン酸受容体の 1 つである NMDA（N-methyl-D-asparate）受容体にグルタミン酸が結合すると，細胞外から細胞内へ Ca^{2+} が流入して Ca^{2+} の細胞内濃度が上昇します（NMDA 受容体はイオンチャンネル共役型受容体で，Ca^{2+} 以外にも非特異的に Na^+ や K^+ の陽イオンを透過します）．Ca^{2+} 濃度の増加によって一酸化窒素合成酵素（neuronal nitric oxide synthase: nNOS）が活性化し一酸化窒素（NO）が合成され，それが細胞外に遊離して血管を拡張させる機序が考えられています（Busija *et al.*, 2007）．しかし，NO には血管拡張以外にも複数の生理的機能があることが報告されており，神経細胞から遊離された NO が直接血管に作用するのではなく，アストロサイトからの血流調節シグナルを NO が修飾している可能性もあります（Attwell, 2010）．また，神経細胞内 Ca^{2+} の増加は，シクロオキシゲナーゼ 2（cyclooxygenase 2: COX 2）を活性化して血管拡張作用のある代謝産物を増加させることが実験的に確認されていますが，血管拡張には代謝的に活性化したアストロサイトの存在が必要で，神経細胞が血管に直接作用するだけでなくアストロサイトを介する機序も提案されています（Lecrux *et al.*, 2011）．

3.3.3　アストロサイトを介する局所血流調節

アストロサイトは，古くから脳組織の恒常性を維持するために存在すると考えられていましたが，アストロサイトにもグルタミン酸をはじめとしてドーパミンなどさまざまな神経伝達物質受容体があります（Poter and McCarthy, 1997）．また，グルタミン酸トランスポーター（グリア型は，glutamate-aspartate transporter: GLAST と glutamate type I transporter: GLT の 2 種類があります）によってアストロサイト内に取り込まれたグルタミン酸をグルタミンに変換して神経細胞に戻す機能の存在が示唆されるなど（Bacci *et al.*, 1999），神経情報伝達においてもアストロサイトが関与することが報告されています．さらに，Pellerin と Magistretti によって，神経細胞賦活時のエネルギー供給にアストロサイトが直接関与していることが示され，astrocyte-neuron lactate shuttle hypothesis（ANLSH）が提唱されました（ANLSH については 3.6 節を参照；Pellerin and Magistretti, 1994）．解剖学的にアストロサイトが血管壁に近接していることは，1880 年代に組織学研究によりすでに報告されていましたが，近年計測技術が進歩し，血管外壁がほぼ完全にアストロサイトのエンドフィート（解説「エンドフィート」参照）に取り囲まれていることが確認されました（Simard *et al.*, 2003）．これらの結果から，現在は神経細胞以上にアストロサイトが NVC において重要な役割を担うと考えられています（Petzold and Murthy, 2011）．

解説　エンドフィート
アストロサイトは突起をもち，神経細胞，他のアストロサイト，血管に接しています．それらの突起の中で血管に接する構造をエンドフィートと呼びます．

アストロサイトを介する血流調節メカニズムを最初に報告したのはZontaらです（Zonta *et al.*, 2003）．彼らの説によると，神経細胞から放出されたグルタミン酸が，アストロサイトの代謝型グルタミン酸受容体（metabolic glutamate receptor: mGluR）に結合して細胞内のCa^{2+}濃度が上昇，ホスホリパーゼA_2を活性化して細胞膜のリン脂質からアラキドン酸（arachidonic acid: AA）を遊離します．さらにシクロオキシゲナーゼ1（cyclooxygenase 1: COX1）によってAAからプロスタグランジンE_2（prostaglandin E_2: PGE_2）が産生され，血管に密接するアストロサイトのエンドフィート部分からPGE_2が放出されて血管拡張が生じます．

一方，アストロサイトを介する点ではZontaらと同じでありましたが，血管平滑筋へはAAの段階で移動し，血管平滑筋内に存在するチトクローム P450 ω-ハイドロキシラーゼ（cytochrome P450 (CYP) ω-hydroxylase: CYP4A）によって，収縮作用をもつ20-ヒドロキシエイコサテトラエノイン酸（20-hydroxy-eicosatetranoic acid: 20-HETE）が合成されるという，相反するメカニズムが別の研究グループから引き続いて発表されました（Mulligan and MacVicar, 2004）．しかし，その後の実験で，このグループはアストロサイトを介して血管収縮と拡張の両方が起こりうることを確認し，低酸素状態では細胞外に乳酸が蓄積し，PGの取り込みが抑制されるために血管拡張が生じると説明しています（Gordon *et al.*, 2008）．

アストロサイトでは，増加したAAがチトクローム P450 エポキシゲナーゼ（cytochrome P450 epoxygenase）によってエポキシエイコサトリエン酸（epoxyeicosatrienoic acids: EETs）へ代謝される経路もあり，EETsには血管拡張作用があります（Peng *et al.*, 2004）．分離したラット網膜では光刺激によって酸素化状態にかかわらず血管拡張・収縮の両方が生じることが見出され，拡張にはEETsが，収縮には20-HETEが関与し，さらにNOのレベルも重要なコントロール因子で，70 nMより低レベルでは拡張が，1 μMより高レベルでは収縮が生じたことが報告されています（Metea and Newman, 2006）．

そのほかのメカニズムとして，アストロサイトからもNOが産生されることが *in vitro* の実験では示唆されています（Chisari *et al.*, 2004）．また，アストロサイトのエンドフィートにおける Ca^{2+} 増加によってBKチャンネル（large-conductance calcium-sensitive K^+ channel）から K^+ が放出され，血管平滑筋が過分極した結果，Ca^{2+} の平滑筋内への流入が減少して血管が拡張する機序（Dunn and Nelson, 2010）や，低酸素状態でアストロサイトが産生したアデノシンと乳酸が血管拡張にはたらく可能性が考えられています（Attwell *et al.*, 2010）．

3.4　血流変化に反映される神経活動

通常，動物実験では，神経細胞外に電極を挿入して神経活動を記録しますが，細胞外電位はその周波数によって300 Hz以上の速い成分である活動電位（スパイクとも呼ばれる，通常は複数の神経細胞の活動電位；multiunit activity: MUA）と，100 Hz以下の遅い成分である局所場電位（local field potential: LFP）に大別されます．前者は電極に近い複数の神経細胞が同期した活動電位で，後者は電極周辺に存在する神経細胞における閾値以下のシナプス活動を反映しています（図3.3）．

脳の賦活部位では，MUAならびにLFPと脳血流増加が観察されますが，神経回路の中には抑制性神経細胞も存在し，興奮性と抑制性両方の神経細胞が活動した結果，スパイクを伴わない血流増加がラット小脳で観察され，さらに薬物でシナプス活動が持続的に抑制されたラット小脳では，LFPと脳血流反応にも解離が生じることが報告されて（Caesar *et al.*, 2003），脳血流はMUAとLFPのどちらと関連があるのかということが問題になりました．これまで多くの研究がなされてきて，よりLFPとの関連を示唆する報告が多いのですが，ラット後肢の電気刺激モデルでは刺激条件によって（刺激強度，1秒間の刺激頻度，刺激回数の組み合わせで複数の刺激条件を設定），同じLFPが誘発されても血流反応は異なることが見出されました（Nemoto *et al.*, 2004）．その

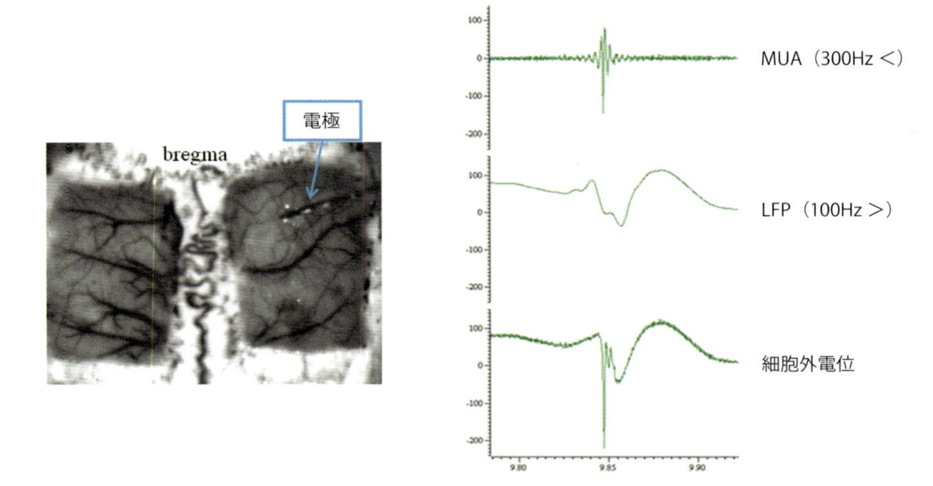

図 3.3　細胞外電極で記録される電位

左図のようにラット脳に電極を挿入すると，右下のような細胞外電位が安静時に記録されます．これにローパスあるいはハイパスフイルターをかけて 300 Hz 以上の早い電位変化または 100　Hz 以下の遅い電位変化を抽出します．前者が MUA で後者が LFP です．

後，ラットの一次体性感覚野での神経活動に対する血管応答が入力の神経経路によって異なることが報告されていますが（Enager *et al.*, 2009），抑制性の神経活動も考慮した実験系での検討では，血流反応は MUA とより相関があり，また LFP の中で高周波数（30 Hz 以上）の γ 帯域（解説「γ 帯域」参照）の活動とも関連していました（Nemoto *et al.*, 2012）．血流反応と LFP の γ 帯域の活動との相関は，ネコの視覚野でも観察されており（Niessing *et al.*, 2005），聴覚野や視覚野で計測された fMRI 信号（BOLD 信号）が，それぞれ γ 帯域の LFP（Mukamel *et al.*, 2005）あるいは皮質脳波（ECoG; Privman *et al.*, 2007）と関連していたとする結果とも一致します．さらに，視覚刺激に対する NIRS 信号と脳波の γ 帯域のパワーの変化に相関が認められたという報告もあります（Koch *et al.*, 2009）．したがって近年は，γ 帯域の活動が脳血流変化と密接に関係しているという説が支持されています．しかし，γ 波は知覚や意識に関連することが示唆されていますが，γ 波の生理学的意味はまだ不明です．

解説 **γ帯域**

LFPは後述の脳波のようにリズムをもって出現し，その出現パターンは周波数で特徴づけることができます．通常30～80 Hzの高周波数帯域をγ帯域と呼んでいます．

3.5 NVCの恒常性

神経活動に対する血流応答は，刺激条件が同じで神経細胞の賦活が同程度であっても，神経細胞を取り巻く環境によって変化します．たとえば，高酸素濃度の吸気ガスで呼吸をしているラットは，安静時の脳血流がコントロール状態（正常の酸素濃度ガスによる呼吸）に比べてやや低下します．この状態で後肢を電気刺激した場合，誘発されるLFPはコントロール状態と同じですが，脳血流のピーク値は高いことが報告されています（Matsuura *et al.*, 2000）．

一方神経細胞は，特別に刺激を加えなくても自発発火をして膜電位は変動しており，ラットの体性感覚野の細胞は，膜電位の状態によって刺激に対する反応が異なることが見出されました（Petersen *et al.*, 2003）．この実験では，低めの膜電位の状態で刺激を加えると，高めの状態に比べて神経細胞の活動電位の振幅が大きく，その継続時間は長く，より広い皮質領域で神経賦活が観察されました．この結果は，神経機能イメージング研究において，神経賦活に対する血流応答関数を求める場合や，血流反応の再現性を評価する時に，考慮されるべき重要な所見です．

3.6 神経代謝カップリング

賦活された脳領域ではエネルギー需要（ATP産生量）が高まり，その領域の酸素代謝・グルコース代謝が亢進します．しかし，酸素消費の増加は比較的小さい（約12～17%）のに対して，それをはるかに上回る脳血流増加（約52～65%）とグルコース消費の増加（約50%以下）が生じ（Fox *et al.*, 1988; Lin *et al.*, 2010; Mangia *et al.*, 2009），さらに乳酸が増加することが報告されています（Sappey-Marinier *et al.*, 1992）．これらの所見は，以

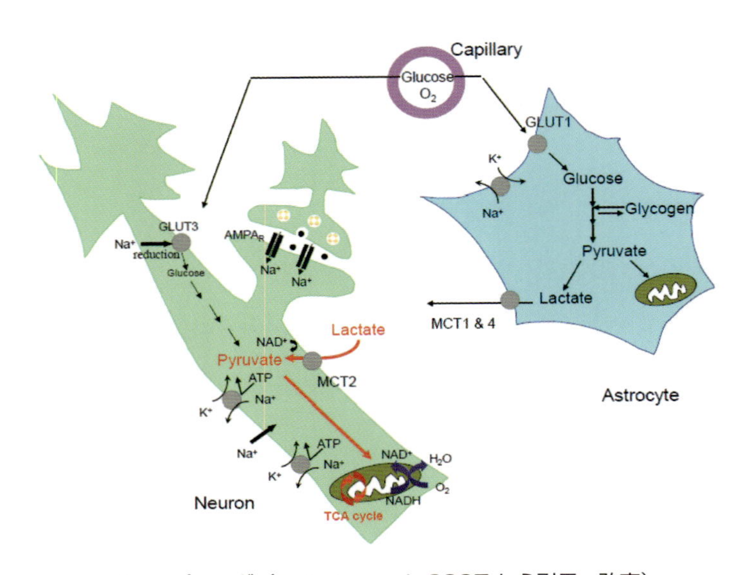

図 3.4a　神経代謝カップリング（Pellerin *et al.,* 2007 から引用・改変）
神経賦活初期相：神経細胞の賦活により細胞外へ流出した N^+ と流入した K^+ をもとに戻すために N^+/K^+ ATPase が活性化し，エネルギー需要が高まりますが，イオンチャンネル共役型グルタミン酸受容体の中で非 NMDA 受容体の AMPA 受容体活性化と Na^+ 流入は，神経細胞におけるグルコースの取り込みと利用を減少させます（Porras *et al.,* 2004）．一方，細胞外から MCT（monocarbonate transporter，乳酸のトランスポーター）によって乳酸が神経細胞内に取り込まれ，ピルビン酸に変換されてミトコンドリアで ATP 産生は亢進します．

前考えられていた神経細胞が好気的代謝によってグルコースから ATP を産生するという機序では説明が難しいのですが，1994 年に発表されたアストロサイトと乳酸が神経細胞における ATP 産生に重要な役割を担うとする仮説 (Pellerin and Magistretti, 1994) を支持するものです．彼らは，アストロサイトがグルタミン酸を取り込み，それに伴う N^+ の流入が N^+/K^+-ATPase を活性化させ，結果，解糖系が亢進して毛細血管から取り込んだグルコースを乳酸へ代謝して神経細胞へ渡し，神経細胞は乳酸からピルビン酸を経て TCA サイクルで必要なエネルギーを産生するという経路を提唱しました (astrocyte-neuron lactate shuttle hypothesis: ANLSH；図 3.4b)．神経細胞内で産生されるエネルギーは，細胞外に流出した N^+ を取り込み，流入した K^+ を汲み出すポンプ機構（N^+/K^+-ATPase）に使われ，アストロサイト内

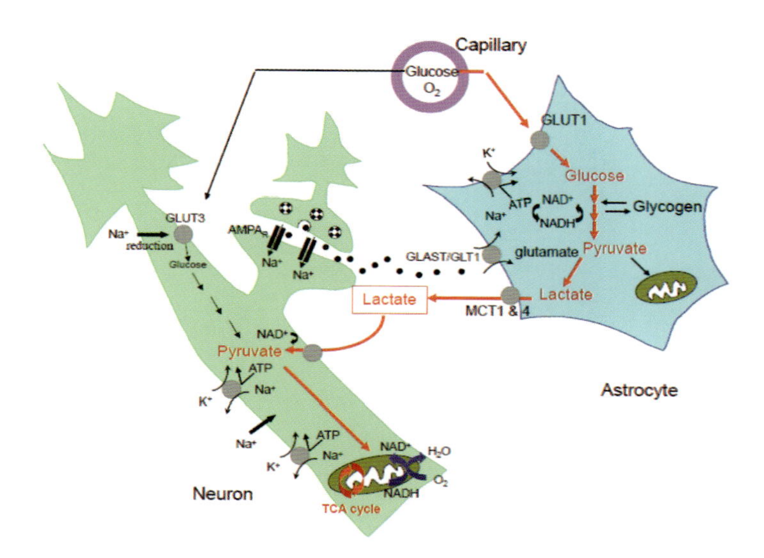

図 3.4b　神経カップリング（Perellin *et al.*, 2007 から引用・改変）
神経賦活後期相：グルタミン酸は，GLAST と GLT1 によって Na^+ とともにアストロサイトに取り込まれ，N^+/K^+ ATPase とグルコースの取り込み・利用が亢進します．アストロサイト内での好気的糖代謝の亢進によって細胞質の NADH は増加し（Kasischke *et al.*, 2004），これを NAD^+ に戻すためにピルビン酸から乳酸への変換が進み，MCT1 と MCT4 によって細胞外に運ばれ，初期相と同じように神経細胞に取り込まれ，代謝されて ATP が産生されます．図では示していませんが，強く長引く賦活の場合は血流によって供給されるグルコースだけでは間に合わず，アストロサイト内のグリコーゲンから乳酸が産生されます．

で解糖系によってつくられる ATP は，グルタミン酸からグルタミンへの変換と N^+/K^+-ATPase の反応に使われます．

その後，多くの研究によって ANLSH が検証され，この仮説を支持する結果（Itoh *et al.*, 2003）と否定する結果（Chin and Roberts, 2003）の両方が報告されてきました．さらに，神経細胞とアストロサイトで産生された乳酸・ピルビン酸が細胞外に出られることに注目して，活性化したアストロサイトが神経細胞内の酸化—還元状態変化を引き起こし，細胞外の乳酸が神経細胞内に取り込まれるとする別の仮説が提唱されました（Cedán *et al.*, 2006）．ANLSH はその後一部修正が加えられて（Perellin *et al.*, 2007），現在広く受け入れられていますが（図 3.4 a, b）．神経細胞が本当に乳酸を優先的にエネルギー産生の基質として用いるのか，また神経細胞が代謝する乳酸はアストロサイトで産生されたものなのか神経細胞自身なのかについてはまだ結論は出ていません.

3.7 NVCのまとめ

NVCのメカニズムについてはまだ異論が多く結論は出ていませんが，多くの研究結果は，単一ではなく複数の血管拡張因子が関与していて，さらにそれらが相互に影響を及ぼし合っていることを示唆しています．このことは，1つの血管拡張因子をブロックしても，完全に血流反応を抑制することができず，2つの因子をブロックしても理論値どおりの抑制が生じない（e.g. NOSブロックで50%の抑制，COX抑制で50%の抑制がかかる時，両者のブロックでは70%の抑制）という事実からも支持されます（Hoffmeyer *et al.*, 2007）.

脳血管障害，高血圧，アルツハイマー病などの疾患では，NVCに障害が生じていることが報告されています（Girouard and Iadecola, 2006）．このような疾患患者を対象とした神経機能イメージングでは，データの解釈に気をつける必要がありますが，今後NVCのメカニズム解明は，神経機能イメージングの生理学的基盤の理解を深めるだけでなく，疾患の病態解明・治療法開発につながると考えられます.

Q　寝起きでぼんやりしていて，なかなかスッキリしない時というのは，神経細胞の要求があるのにもかかわらず，局所の血液供給が上がらないということなのでしょうか.

A　血流供給が主たる要因ではなく，覚醒に関与する神経メカニズムがまだきちんとはたらいていないためと考えます.

引用文献

Attwell D, Buchan AM, Charpak S, Lauritzen M, MacVicar BA, Newman EA (2010) Glial and neuronal control of brain blood flow. *Nature*, **468**: 232-343

Bacci A, Verderio C, Pravettoni E, Matteoli M (1999) The role of glial cells in synaptic function. *Phil Trans R Soc Lond B*, **354**: 403-409

Busija DW, Bari F, Domoki F, Louis T (2007) Mechanisms involved in the cerebrovascular dilator effects of n-methyl-D-asparate in cerebral cortex. *Brain Res Rev*, **56**: 89-100

Caesar K, Thomsen K, Lauritzen M (2003) Dissociation of spikes, synaptic activity, and activity-dependent increments in rat cerebellar blood flow by tonic inhibition. *Proc Natl Acad Sci USA*, **100**: 16000-16005

Cerdán S, Rodrigues TB, Sierra A, Bentio M, Fonseca LL, Fonseca CP, Garcia-Martin ML (2006) The redox switch/redox coupling hypothesis. *Neurochem Int*, **48**: 523-530

Chisari M, Salomone S, Laureanti F, Copani A, Sortino MA (2004) Modulation of cerebral vascular tone by activated glia: involvement of nitric oxide. *J Neurochem*, **91**: 1171-1179

Chih CP, Roberts EL. Jr (2003) Energy substrates for neurons during neural activity: a critical review of the astrocyte-neuron lactate shuttle hypothesis. *J Cereb Blood Flow Metab*, **23**: 1263-1281

Dunn KM, Nelson MT (2010) Potassium channels and neurovascular coupling. *Circ J*, **74**: 608-616

Enager P, Piilgaard H, Offenhauser N, Kocharyan A, Fernandes P, Hamel E, Lauritzen M (2009) Pathway-specific variations in neurovascular and neurometabolic coupling in rat primary somatosensory cortex. *J Cereb Blood Flow Metab*, **29**: 976-986

Fernández-Klett F, Offenhauser N, Dirnagl U, Priller J, Lindauer U (2010) Pericyte in capillaries are contractile in vivo, but arterioles mediate functional hyperemia in the mouse brain. *Proc Natl Acad Sci USA*, **107**: 22290-22295

Fox PT, Raichle ME (1986) Focal physiological uncoupling of cerebral blood flow and oxidative metabolism during somatosensory stimulation in human subjects. *Proc Natl Acad Sci USA*, **83**: 1140-1144

Fox PT, Raichle ME, Mintum, Dence C (1988) Nonoxidative glucose consumption during focal physiologic neural activity. *Science*, **241**: 462-464

Girouard H, Iadecola C (2006) Neurovascular coupling in the normal brain and in hypertension, stroke, and Alzheimer disease. *J Appl Physiol*, **100**: 328-335

Gordon GRJ, Choi HB, Rungta RL, Ellis-Davies GCR, MacVicar BA (2008) Brain metabolism dictates the polarity of astrocyte control over arterioles. *Nature*, **456**: 745-750

Hall CN, Reynell C, Gesslein B, Hamilton NB, Mishara A, Sutherland BA, *et al.* (2014) Capillary pericytes regulate cerebral blood flow in health and disease. *Nature*, **508**: 55-60

Hamel E (2006) Perivascular nerves and the regulation of cerebrovascular tone. *J Appl Physiol*, **100**: 1059-1064

Harrison RV, Harel N, Panesar J, Mount R (2002) Blood capillary distribution correlates with hemodynamic-based functional imagingin cerebral cortex. *Cerebral Cortex*, **12**: 225-233

Hoffmeyer HW, Enager P, Thomsen KJ, Lauritzen MJ (2007) Nonlinear neurovascular coupling in rat sensory cortex by activation of transcallosal fibers. *J Cereb Blood Flow Metab*, **27**: 575-587

Iadecola C (2004) Neurovascular regulation in the normal brain and in Alzheimer's disease. *Nat Rev Neurosci*, **5**: 347-359

Itoh Y, Esaki T, Shimoji K, Cook M, Law MJ, Kaufman E, Sokoloff L (2003) Dichloroacetate effects on glucose and lactate oxidation by neurons and astroglia in vitro and on glucose utilization by brain in vivo. *Proc Natl Acad Sci USA*, **100**: 4879-4884

Itoh Y, Suzuki N (2012) Control of brain capillary blood flow. *J Cereb Blood Flow Metab*, **32**: 1167-1176

Kasischke KA, Vishwasrao HD, Fischer P, Zipfel WR, Webb WW (2004) Neural activity triggers neuronal oxidative metabolism followed by astrocytic glycolysis. *Science*, **305**: 99-103

Koch SP, Werner P, Stenbrink J, Fries P, Obrig H (2009) Stimulus-induced and state dependent sustained gamma activity is tightly coupled to the hemodynamic response in human. *J Neurosci*, **29**: 13962-13970

Lauritzen M, Mathiesen C, Schaefer K, Thomsen KJ (2012) Neuronal inhibition and excitation, and the dichotomic control of brain hemodynamic and oxygen responses. *NeuroImage*, **62**: 1040-1050

Lecrux C, Toussay X, Kocharyan A, Fernandes P, Neupane S, Lévesque M, *et al.* (2011) Pyramidal neurons are "neurogenic hubs" in the neurovascular coupling response to whisker stimulation. *J Neurosci*, **31**: 9836-9847

Lin A, Fox PT, Hardies J, Duong TQ, Gao J (2010) Nonlinear coupling between cerebral blood flow, oxygen consumption, and ATP production in human visual cortex. *Proc Natl Acad Sci USA*, **107**: 8446-8451

Lourenço CF, Santos RM, Babosa RM, Cadenas E, Radi R, Laranjinha J (2014) Neurovascular coupling in hippocampus is mediated via diffusion by neuronal-derived nitric oxide. *Free Radic Biol Med*, **73**: 421-429

Mangia S, Giove F, Tkáč I, logothetis NK, Henry PG, Olman CA, *et al.* (2009) Metabolic and hemodynamic events after changes in neuronal activity: current hypotheses, theoretical predictions and in vivo NMR experimental findings. *J Cereb Blood Flow Metab*, **29**: 441-463

Masamoto K, Kanno I (2012) Anesthesia and the quantitative evaluation of neurovascular coupling. *J Cereb Blood Flow Metab*, **32**: 1233-1247

Matsuura T, Fujita H, Kashikura K, Kanno I (2000) Modulation of evoked cerebral blood flow under excessive blood supply and hyperoxic conditions. *Jpn J Physiol*, **50**: 115-123

Metea MR, Newman EA (2006) Glial cells dilates and constrict blood vessels: a mechanism of neurovascular coupling. *J Neurosci*, **26**: 2862-2870

Mosso A (1880) Sulla circolazionedelcervello dell'uomo. *Atti R Accad Lincei*, **5**: 237-358

Mukamel R, Gelbard H, Arieli A, Hasson U, Fried I, Malach R (2005) Coupling between neuronal firing, field potentials, and fMRI in human auditory cortex. *Science*, **309**: 951-954

Mulligan SJ, MacVicar BA (2004) Calcium transients in astrocyte endfeet cause cerebrovascular constrictions. *Nature*, **431**: 195-199

Nemoto M, Sheth SA, Guiou M, Pouratian N, Chen JWY, Toga AW (2004) Functional signal- and paradigm-dependent linear relationships between synaptic activity and hemodynamic responses in rat somatosensory cortex. *J Neurosci*, **24**: 3850-3861

Nemoto M, Hoshi Y, Sato C, Iguchi Y, Hashimoto I, Kohno E, *et al.* (2012) Diversity of neural-hemodynamic relationships associated with differences in cortical processing during bilateral somatosensory activation in rats. *NeuroImage*, **59**: 3325-3338

Ngai AL, Ko KR, Morii S, Winn HR (1998) Effect of sciatic nerve stimulation on pial arterioles in rats. *Am J Physiol*, **254**: H133-H139

Niessing J, Ebisch B, Schmidt KE, Niessing M, Singer W, Galuske RAW (2005) Hemodynamic signals correlate tightly with synchronized gamma oscillations. *Science*, **309**: 948-951

Pellerin L, Magistretti PJ (1994) Glutamate uptake into astrocyte stimulates aerobic glycolysis: a mechanism coupling neuronal activity to glucose utilization. *Proc Natl Acad Sci USA*, **91**: 10625-10629

Pellerin L, Bouzier-Sore AK, Aubert A, Serres S, Merle M, Costalat R, Magistretti PJ (2007) Activity-dependent regulation of energy metabolism by astrocytes: an update. *Glia*, **55**: 1251-1262

Peng X, Zhang C, AlkayedNJ, Harder DR, Koehler RC (2004) Dependency of cortical functional hyperemia to forepaw stimulation on epoxygenase and nitric oxide synthase activities in rats. *J Cereb Blood Flow Metab*, **24**: 509-517

Petersen CC, Hahn TTG, Mehta M, Grinvald A, Sakmann B (2003) Interaction of sensory responses with spontaneous depolarization in layer 2/3 barrel cortex. *Proc Natl Acad Sci USA*, **100**: 13638-13643

Petzold GC, Murthy VN (2011) Role of astrocytes in neurovascular coupling. *Neuron*, **71**: 782-797

Porras OH, Loaiza A, Barros F (2004) Glutamate mediates acute glucose transport inhibition in hippocampal neurons. *J Neurosci*, **24**: 9669-9673

Poter JT, McCarthy KD (1997) Astrocytic neurotransmitter receptors in situ and in vivo. *Prog Meurobiol*, **51**: 439-455

Privman E, Nir Y, Kramer U, Kipervasser S, Andelman A, Neufeld MY, *et al.* (2007) Enhanced category tuning revealed by intracranial electroencephalograms in high-order human visual areas. *J Neurosci*, **27**: 624-6242

Roy CS, Sherrington CS (1890) On the regulation of the blood-supply of the brain. *J Physiol*, **1**: 85-108

Sandrone S, Bacigaluppi M, Galloni MR, Cappa SF, Moro A, Catani M, *et al.* (2014) Weighing brain activity with the balance: Angelo Mosso's original manuscripts come to light. *Brain*, **137**: 621-633

Sappey-Marinier D, Calabrese G, Fein G, Hugg JW, Biggins C, Weiner MW (1992) Effect of photic stimulation on human visual cortex lactate and phosphates using ^{1}H and ^{31}P magnetic resonance spectroscopy. *J Cereb Blood Flow Metab*, **12**: 584-592

Simard M, Arcuino G, Takano T, Liu QS (2003) Nedergaard M. signaling at the gliovascular interface. *J Neurosci*, **23**: 9254-9262

Zonta M, Angulo MC, Gobbo S,Rosengarten B, Hossmann KA, Pozzan T, Carmignoto G (2003) Neuron-to-astrocyte signaling is central to the dynamic control of brain microcirculation. *Nat Neurosci*, **6**: 43-50

Zago S, Ferrucci R, Marceglia S, Priori A (2009) The Mosso method for recording brain pulsation: the forerunner of functional neuroimaging. *NeuroImage*, **48**: 652-656

4 脳波(Electroencephalography)

4.1 脳波の発生機序

第 1 章で説明したように，ヒトの脳の灰白質には 1 mm^3 あたり数万個の神経細胞があり，1 つの神経細胞に対して数千～数万個のシナプスがあります．他の神経細胞（シナプス前ニューロン）の活動電位が軸索を通ってシナプスに達すると神経伝達物質が放出され，シナプス後ニューロンのイオン透過性が変化し，シナプス後電位が発生します．シナプス後電位には 2 種類あります．興奮性のシナプスでは，脱分極性の電位（excitatory post synaptic potential: EPSP，興奮性シナプス後電位，図 4.1 ①）が生じて活動電位が生じやすくなります．一方，抑制性のシナプスでは過分極性の電位（inhibitory post synaptic potential: IPSP，抑制性シナプス後電位，図 4.1 ②）が発生し，活動電位が生じにくくなります．

シナプス後電位の発生に伴って，神経細胞の細胞体とシナプス後電位が生じた尖樹状突起（apical dendrite）の間で細胞内電流（intracellular current，図 4.2 ③）が流れます（ただし IPSP は静止膜電位に近いため，大きい細胞内電流は形成しないと考えられています）．細胞内電流は細胞外へ流れ出て，細胞内へ戻る細胞外電流（extracellular current，図 4.2 ③）を形成します．個々の神経細胞が発生する電流は極めて小さいのですが，大脳皮質の第 V 層に多く存在する錐体細胞は皮質表層に向かって尖樹状突起が垂直に伸び，各細胞が平行に並んでいます（図 4.2 ①，②）．しかもシナプス後電位は数十～ 100

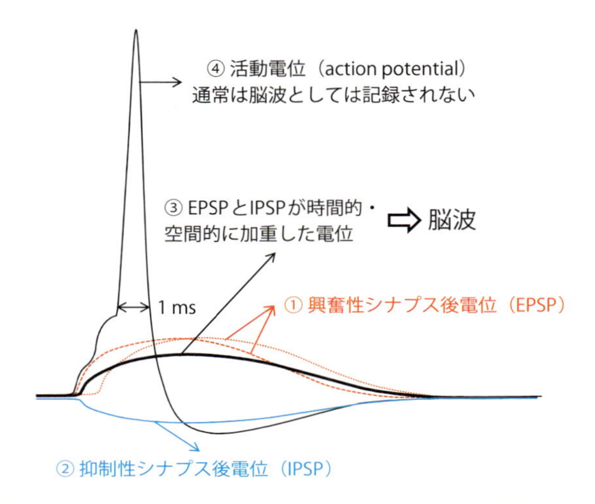

図 4.1　興奮性シナプス後電位，抑制性シナプス後電位，活動電位と脳波

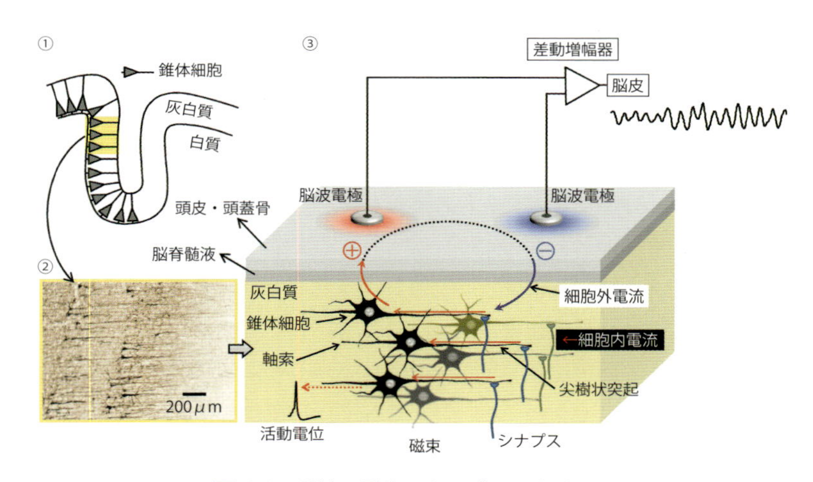

図 4.2　脳波の発生メカニズムと計測原理

ms（ミリ秒）の持続時間があるため，ある領域内の多数の神経細胞が短期間で一斉に活動すれば，図 4.1 ③に示したようにシナプス後電位が時間的・空間的に加重されて，頭皮上に置いた電極でも電圧の変化として計測することができます．脳波は主に細胞外帰還電流によって生じる頭皮上での電位差を電極

によって計測しているのです．一方，脳磁図は，主に錐体細胞の活動によって樹状突起内を流れている細胞内電流がつくる磁界を，磁気センサを用いて計測したものです（第5章参照）．したがって，脳波と脳磁図の発生機序は同じです．脳波を頭皮上電極で電位として記録するためには，最低でも6 cm^{2}の灰白質にある60,000,000個の神経細胞が同期して活動する必要があります（Nunez and Srinivasan, 2006）．それでも頭皮上で計測される電圧は数μV～数十μVにすぎません．脳内の電流源としては，興奮性シナプス後電位の空間的・時間的加重によって神経細胞が脱分極し，神経線維を伝搬する活動電位（図4.1④）もありますが，持続時間が約1 msと短いため同期的加重が起こりにくく，一部の例外を除いて脳波や脳磁図の発生には寄与しないと考えられています．すなわち脳波・脳磁図で計測される脳活動は，ある領域からの神経細胞の出力（活動電位）よりも，シナプスを介した神経細胞への入力と領域内でのニューロン同士の結合による信号処理をより強く反映していると考えられています．

脳波と脳磁図を比較すると，脳波には次の長所があります．

①脳波を計測する脳波計は，脳磁計に比べて安価で小型です．したがって患者のベッドサイドに脳波計を移動して計測することもできます．これに対して脳磁計は高価で，さらに記録される磁場強度は地磁気の1億分の1程度と非常に微弱なため，電磁気ノイズを減衰させる高価な磁気シールドルームや振動対策を必要とし，刺激呈示や反応の記録にも電磁波ノイズを出さない高価な専用の装置を必要とします．また脳磁界計の磁気センサは液体ヘリウムによって常に冷却する必要があり，高価な液体ヘリウムを頻繁に充填しなければなりません．

②脳波ではセンサとなる電極を直接頭皮に装着するため，立位や座位での計測が可能ですし，計測中でも被験者はある程度自由に頭部や身体を動かせるので，比較的日常生活に近い状態での計測が可能です．最近では，電子回路の小型化に伴い，超小型のワイヤレス脳波計も利用できるようになりました（図4.3）．重量が80 gで，記録した脳波を無線でコンピュータに送ることができます．今後は，実験室の中だけではなく，スポーツや日常生活など，さまざまな場面での脳機能計測に脳波が利用さ

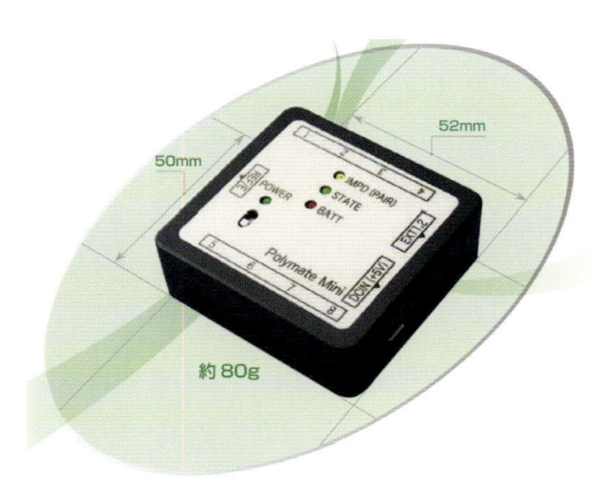

図 4.3　超小型ワイヤレス脳波計
4 あるいは 6 チャンネルの脳波をサンプリング周波数 500/1000 Hz で 4 時間以上記録し，Bluetooth を介してコンピュータにワイヤレスで送信できる．

れるようになるでしょう．一方，脳磁図は仰臥位あるいは座位で計測しますが，計測中に頭部を動かすことはできません．

③脳磁図で計測されるのは，頭蓋表面に平行なコイルに対して垂直な磁場を発生する，脳溝内で頭蓋表面に平行に樹状突起が伸びている錐体細胞の活動です．尖樹状突起がコイルに対して垂直に走向している脳回や，樹状突起が平行に並んでいない領域の活動は計測できません．また，磁束密度は距離の 2 乗に比例して低下するため，脳磁図では脳深部の活動を計測することは困難です．

一方，脳波の短所としては，

①上述のように脳波は主に細胞外電流を計測しています．しかし脳は脳脊髄液，髄膜，頭蓋骨，皮膚など導電率の異なる組織によって何重にも覆われており，特に頭蓋骨は導電率が低い上に部位によって厚さが異なっています．逆に脳脊髄液は導電率が高く，複雑な形状をしています．したがって，脳内の局所的な電気活動の頭皮上における電位分布は大きく歪み，脳波の頭皮上分布から脳活動の正確な位置を推定することは困難と考えられています．これに対して脳磁図は主に細胞内電流を計測し，さらに磁束の通りやすさを表す透磁率は生体では一様なため，磁場分布

解説 **アーチファクト（artifact）**

アーチファクトとは「人工産物」という意味ですが，生体計測においては，計測しようとしている指標（シグナル）に混入するノイズを意味します．頭皮上に2つの電極を置いて，その電位差を増幅すればたしかに脳波が記録できますが，記録されるのは脳波だけではありません．たとえば頭部に装着した電極から記録されるのは，脳波以外に眼電図（electro-oculogram: EOG），筋電図（electromyogram: EMG），心電図（electrocardiogram: ECG），皮膚の汗腺の電位（electrodermal activity: EDA）など，さまざまな生体電位と周囲の電磁気ノイズの総和であって，脳波だけが記録されるわけではありません．この場合，脳波以外の生体電位変動をアーチファクトあるいはノイズと呼びます．

アーチファクトは脳波に限ったことではありません．すべての計測法でアーチファクトが生じる可能性があります．計測している脳活動の発生メカニズムや基礎的性質，計測装置の計測原理や特性を理解した上で計測しないと，脳活動を研究しているつもりで実は脳活動とは全く関係のない現象を計測していた，ということになりかねません．

は歪みません．そのため，脳磁図のほうがより正確な位置の推定が可能であると考えられています．

②脳波で得られる信号は基準電極との電位差です．通常は基準電極を耳たぶや乳様突起に置きますが，これらの部位も電気的にゼロではありません．側頭領域の脳波や筋電図，皮膚の汗腺の電位，眼電図など，さまざまな生体の電位が混入してきます（アーチファクト，解説「アーチファクト」参照）．基準電極が活性化した場合には正確な振幅・電位分布が得られなくなります．これに対して脳磁図では磁束密度の絶対量を計測しているため，基準電極の活性化の問題が生じません．

③脳波で計測している細胞外帰還電流は組織の導電率の不均一がローパスフィルタを構成し，高周波成分が減衰してしまうため，近年注目されているγ帯域などの高周波帯域の脳機能計測でも脳磁図のほうが有利と考えられています．

また脳磁図と脳波に共通する最大の問題点として，複数の信号源（multiple dipoles）を推定する解析手法が確立していないことが挙げられます．たとえば，目から入った視覚情報は外側膝状体を経由して，数十 ms 後には後頭の第一次視覚野や他の視覚野に到達します．第一次視覚野に到達した視覚情報は，その周囲にある第二次視覚野，第三次視覚野に送られると同時に，直接第五次視覚野にも送られ，さらに第二・三次視覚野からも脳内のさまざまな領域に並列的に情報が伝達されます．また高次視覚野・連合野から低次視覚野への逆行性投射を考えると，高次視覚野・連合野の活動後にもう一度低次視覚野が活動する可能性も否定できません．すなわち視覚刺激を呈示してから 100 ～ 200 ms 後は脳内のさまざまな領域が一斉に活動しています．これらの活動の総和として記録された電位分布・磁場分布から 1 つの電流源を推定することの妥当性については，以前から批判が加えられています．このような批判に対して，①複数の脳部位に独立した複数の電流源を仮定して局所的な電流源を求めたり，②頭部を細かい格子に分割してすべての格子上に仮想のセンサを置き，各格子点の電流の総和が最少である等の仮定をもとに，単一のダイポールではなく，ダイポールの分布を求めたりする方法などが提案されています（第 5 章参照）．いずれにせよ，数学的に解が一義的に求まらない不良設定問題（第 5 章解説「不良設定問題」参照）に対して，神経生理学的な妥当性とは関連のない数学的な仮定を設けており，決定的な解決策はありません．

4.2　脳波の電極配置

一般的な脳波の実験・臨床検査では，頭蓋上で鼻根部（nasion）と外後頭結節（inion）を結んだ線と，左右の耳介前点を結んだ線の長さのそれぞれ 10 ％および 20％を単位にして電極位置を決めた国際 10-20 法がよく用いられます（図 4.4 ①）．頭皮上に 19 個の電極と左右の耳たぶに基準電極を置き，基準電極と頭皮上の各電極の電位差を脳波として記録します（単極導出）．最近では脳波の電極数の増加に伴って，国際 10-20 法の各電極の中点などに電極を追加した拡張 10-20 法や（図 4.4 ②），頭部全体に約 2 ～ 4 cm 間隔で 64 ～ 256 個の電極を配置した電極キャップを用いる場合もあります（図 4.4 ③）．

脳波といえば，通常は頭皮上に電極を置いて記録する頭皮脳波を指しますが，

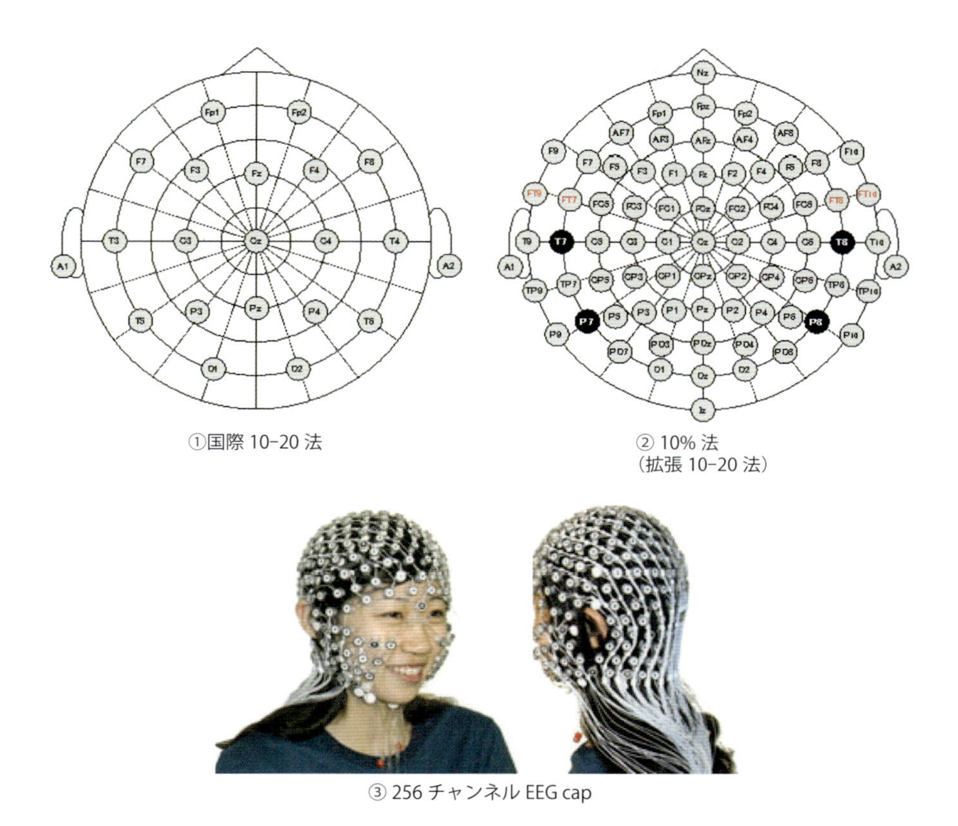

①国際 10–20 法

② 10% 法
（拡張 10–20 法）

③ 256 チャンネル EEG cap

図 4.4　脳波の電極配置と 256 個の電極がついた脳波 CAP

脳神経疾患の患者などでは，脳の表面に約 1 cm 間隔で複数の電極を置いて記録することもあります．抵抗の大きい頭蓋骨による減衰がないため，振幅は頭皮脳波の数倍～ 10 倍になります．これを皮質脳波（electrocorticogram: ECoG あるいは intracranial EEG: iEEG）と呼びます．

4.3　自発性脳波

自発性に出現する脳波は，多くの場合正弦波様の律動的な波として出現することが多いため，便宜的に周波数によって次のように分類されてきました．

δ 波（デルタ波）　0.5 〜 4 Hz 未満

θ 波（シータ波）　4 〜 8 Hz 未満

α 波（アルファ波）　8 〜 13 Hz 未満

β 波（ベータ波）　13 〜 30 Hz

さらに 40 Hz 前後の周波数を中心とした 24 〜 70 Hz の周波数帯域を γ 波（ガンマ波）と呼んでいます．

自発性脳波の周波数は，睡眠によって著明に変化します．覚醒・安静閉眼時は後頭の視覚野優位に α 波が出現しますが（図 4.5：覚醒・閉眼），開眼や精神活動によって減弱します（α-blocking あるいは α-attenuation）．眠くな

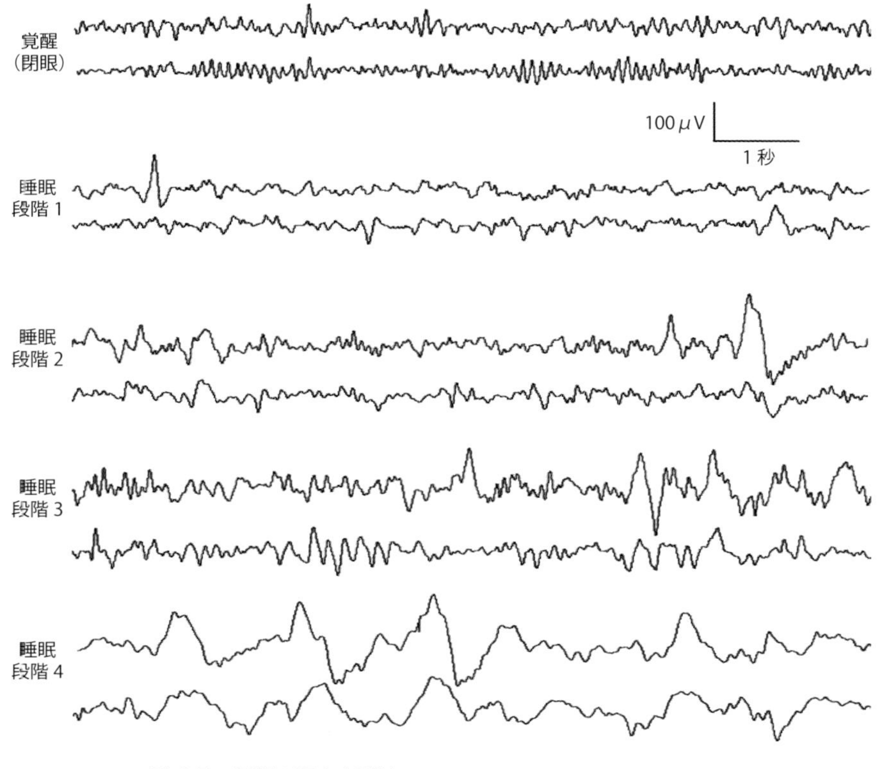

図 4.5　睡眠の深さと脳波

各段階の脳波の上段が中心部の脳波，下段が後頭部の脳波．

ってくるとα波が減少し，θ波が出現してきます．浅いノンレム睡眠ではθ波が優位になり（図 4.5：睡眠段階 1，睡眠段階 2），さらに深いノンレム睡眠ではデルタ波が連続的に出現します（図 4.5：睡眠段階 3，睡眠段階 4）．よく「α波は安静時に出現する」といわれますが，必ずしも正確な表現ではありません．なぜなら，眠くてα波の出現が少ない時に眼をあけてもらうと逆にα波が出現します（paradoxical α-blocking）．視床および後頭の視覚野の神経細胞の自発性活動が覚醒水準によって変化し，その活動レベルがある一定の状態の時に出現するのがα波と考えたほうが正確です．運動野と体性感覚野がある脳の中心部付近からは，α波とほぼ同じ周波数の律動的な脳波が出現することがあり，μ波（ミュー波）と呼ばれています．μ波の場合は対側の上肢・下肢の運動や触刺激によってα波と同様の減弱が生じます．

自発性脳波がなぜ律動的な波として出現するのかについては，未だに不明な点が多いのですが，次のように考えられています．図 4.6 に示したように，視床には大脳皮質の神経細胞と双方向性に結合している神経細胞（視床—皮質ニューロン）があり，視覚，聴覚，体性感覚などの感覚器から送られてくる感覚情報を大脳皮質の神経細胞に中継しています．視床の外側を薄く覆う視床網様核には，視床から大脳皮質へ投射する神経細胞の軸索側枝から入力を受けて，多数の視床—皮質ニューロンに反回性の抑制をかけている GABA 作動性の神

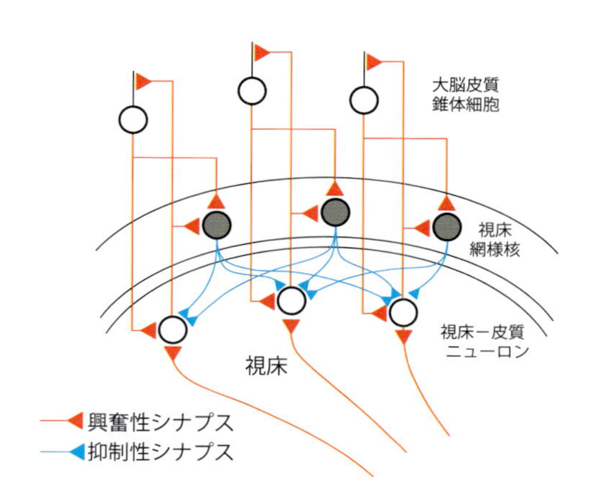

図 4.6　律動性脳波の発生機序

経細胞があります．視床—皮質ニューロンは，脳幹からの興奮性入力によって，静止膜電位が比較的脱分極に近い状態ではナトリウムイオンに依存する単発性の活動電位が持続的に発生しています．ところが過分極がある程度進むと，低閾値カルシウムチャンネルの不活性化が解除され，カルシウムイオンに依存する持続時間の長い活動電位（カルシウムスパイク）が発生し，膜電位は脱分極方向に変化します．そしてこのカルシウムスパイクに乗ってナトリウムイオンによる脱分極が生じ，活動電位が群発性に出現します．活動電位の群発の後に，視床網様核からの反回性抑制によって視床—皮質ニューロンには抑制性シナプス後電位が出現し，再び過分極状態に移行します．このサイクルの繰り返しにより，律動的な脳波が形成されると考えられています．

一昔前まで脳波は，増幅器によって増幅された後に一定の速度で紙送りされている記録紙上にガルバノメーターでペン書きされていたため，ペンの周波数応答特性に制限されて数十 Hz よりも高い周波数の脳波は記録されませんでした．近年は増幅した脳波を AD 変換器でデジタルデータに変換してコンピュータの画面上に表示するようになりました．また，脳波の記録電極も，電気的に安定した銀—塩化銀電極が普及したこと，脳波電極上に微小な電子回路を設置できるようになったこと，増幅器の性能が上がって入力インピーダンスが高くなったことなどから，以前に比べて周囲の電磁気ノイズに影響されにくくなり，より広い周波数帯域の脳波を安定して記録，解析できるようになりました．その結果，脳波の周波数帯域は上記の 0.5 〜数十 Hz だけではなく，0.1 〜 0.2 Hz（infraslow oscillation あるいは DC-EEG），また 1 Hz 以下の slow oscillation 〜数百 Hz（ultrafast EEG）にまで及ぶことが明らかにされています．

このような進歩に伴い，脳波の発生源はシナプス後電位だけでなく，脳のさまざまな電気的活動が関与している可能性が指摘されるようになりました．活動電位の後に生じる後過分極電位（after-hyperpolarization），カルシウム依存性で持続時間の長いカルシウムスパイク，後脱分極電位（afterdepolarization），神経細胞やグリア細胞間のギャップ接合（電気的シナプス）による活動（福田，2008; Galarreta and Hestrin, 1999; Gibson *et al.*, 1999, Poskanzer and Yuste, 2011）などがありますが，これらの電気的活動がヒトの頭皮脳波にどの程度反映されているかは，現時点ではよくわかっていません．

4.4 誘発電位と事象関連電位

自発性脳波の振幅は周波数帯域によっても異なりますが，たとえばα波では通常数十～100 μVになります．これに対して，感覚刺激によって誘発された脳活動を反映する誘発脳波の振幅は，多くの場合1～数 μVにすぎません．したがって誘発脳波は自発性脳波に埋もれてしまい，そのままでは見ることができません．刺激を数十～数百回呈示し，コンピュータを用いて，刺激を呈示した時点で時間軸を揃えて脳波を加算平均します．刺激による誘発脳波は刺激から一定の時点で出現しているのに対して，自発性脳波は刺激時点に対してラ

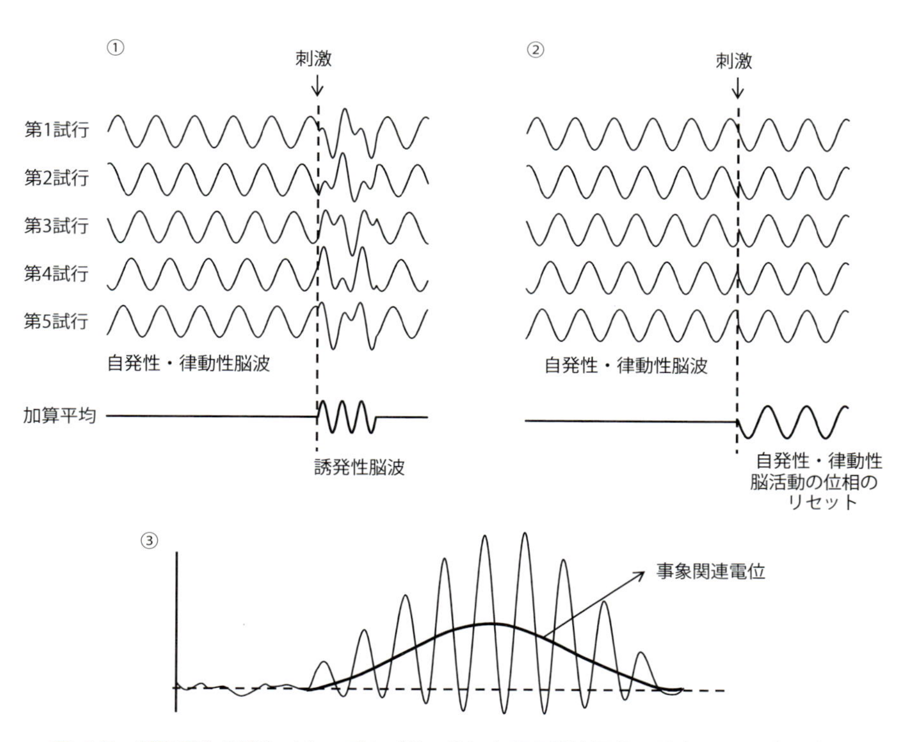

図 4.7　誘発電位の発生メカニズム（①，②）と事象関連電位の発生メカニズム（③）

ンダムな値をとるので加算平均によって平坦化され，誘発脳波だけを取り出すことができます（図4.7①）．このようにして得られる脳の誘発性活動として，誘発電位（evoked potentials: EP）と事象関連電位（event related potentials: ERP）があります．

誘発電位は，呈示された感覚刺激によって生じる脳内での情報処理を直接的に反映する比較的潜時の早い誘発脳波で（1～百数十ms），感覚刺激の種類から

①視覚誘発電位（visual evoked potentials: VEP）
②聴覚誘発電位（auditory evoked potentials: AEP）
③聴性脳幹誘発電位（auditory brainstem response: ABR）
④体性感覚誘発電位（somatosensory evoked potentials: SEP）

などに分けられます．あまり一般的ではありませんが，嗅覚や味覚刺激に対する誘発電位も記録されています．これら誘発電位の振幅および潜時は，基本的に刺激の物理的強度に依存しています．

一方，潜時100～数百msで，刺激の物理的強度とは関係なく，刺激に関連した内因性の精神的活動の強弱によって振幅，潜時が変化する誘発脳波を事象関連電位と呼んでいます．刺激の認知，注意や期待など，さまざまな心理学的・内因性の脳活動と関連して振幅や潜時が変化するので，心理学や精神医学の基礎的研究としても広く使われています．代表的な事象関連電位として，以下のようなものがあります．

(1) P300（あるいはP3）

2種類以上の出現頻度が異なる刺激（高頻度刺激，あるいは標準刺激と低頻度刺激，あるいは逸脱刺激）をランダムな順番で提示し，低頻度刺激の出現回数を数えさせる，またはボタン押しによって検出させると，低頻度刺激に対して頭頂部優位に300～数百msの潜時で陽性電位が出現します．P300は，刺激の呈示頻度が低くなるほど振幅が高くなることと，2つの刺激の差が小さく弁別が困難になるにつれて潜時が延長し，反応時間と正の相関をもつことなどから，刺激の評価・認知に関連した脳活動を反映していると考えられています．

(2) mismatch negativity (MMN)

P300と同様に2種類以上の出現頻度が異なる刺激をランダムな順番で提示すると，頻度が低い刺激に対して潜時100～200 ms前後で前頭～中心部優位に陰性の電位が出現します．P300との違いは，P300は被験者が低頻度刺激に対して注意を向けていないと出現しないのに対して，MMNは刺激を無視していても出現することです．感覚刺激に対する脳内での情報処理過程には，自動的な前処理過程と，注意によって処理が影響される過程があると考えられていますが，MMNは前処理過程において先行刺激に基づき形成された記憶痕跡とのミスマッチに関する脳活動を反映する電位と考えられています．

(3) 随伴性陰性変動 (contingent negative variation: CNV)

ある刺激（S1）を提示してから2～数秒後に別の刺激（S2）を提示し，被験者にはS2に対してボタン押しなどの特定の反応をするように教示すると，被験者はS1を提示した直後からS2刺激を予測して反応を準備します．このような被験者の予測や運動の準備に対する脳活動を反映して前頭～中心部優位に陰性方向への緩徐な電位変化が出現し，これを随伴性陰性変動（contingent negative variation: CNV）と呼んでいます．

誘発電位は，その名のとおり感覚刺激によって誘発され，刺激から一定の潜時で出現する脳の神経活動と考えられてきました．また内因性の脳活動を反映する事象関連電位も，刺激に随伴して誘発される脳の情報処理に関連した活動という点では同じです．すなわち，これまでは安静時に出現する自発性脳波によって示される脳活動と，刺激によって誘発される脳活動は，それぞれ独立した過程であるとされていました．そして研究の対象となっていたのは，主に後者の誘発性脳活動です．刺激やタスクの特性を実験的に変化させ，それに伴って脳のどの部位の活動がどのように変化するかを計測することによって，脳の各領域の機能を調べてきました．上述したように同じ刺激を数十回以上呈示したり，同じタスクを何度もしてもらい，計測したデータを加算平均することによって誘発性脳活動を取り出していました．つまり自発性脳波は脳が何もしていない時のアイドリングを示しているにすぎず，加算平均によって除去されるべきランダムなノイズとして扱われました．ところが近年になって，誘発性脳波の中に自発性脳波の成分が含まれていることが示唆され，この考え方が変わりつつあります．次節では，このようなヒトの自発性脳活動に関する最近の知見を紹介します．

4.5 自発性脳活動の再評価

近年の脳神経科学では，刺激およびタスクによる誘発性脳活動だけではなく，

①単一神経細胞記録（SUA）や局所電場電位（LFP）から全脳の活動を計測するEEG/fMRIまで，さまざまな空間スケールにおける自発性脳活動を対象にして，

②脳機能の局在を求めるのではなく，特定の脳機能に関与する複数の脳領域を機能的ネットワークとして同定する

研究が注目されてきています．そして脳全体を刺激やタスクによる一過性・局所性脳活動の寄せ集めとしてではなく，複数の自発性脳活動の機能的ネットワークによって組織化されたシステムと見なし，それらが知覚・行動に及ぼす影響を研究する方向へと変わりつつあります．これは脳波に限ったことではありませんが，ここで自発性脳活動の再評価についてまとめておきたいと思います．

誘発性脳活動から自発性脳活動へのパラダイムシフトの原因として，以下のような自発性脳活動に関する新たな知見が挙げられます．

(1) 脳が安静時に消費するエネルギー

脳全体が消費するエネルギーのうち，刺激やタスクに伴う脳活動で消費されるエネルギーは5%以下にすぎず，安静時の脳は，それよりもはるかに多いエネルギーを消費していることが報告されています（Raichle and Mintun, 2006; Fox and Raichle, 2007; Attwell and Iadecola, 2003）．

(2) 自発性脳活動と誘発性脳活動の類似性，および自発性脳活動の非ランダム性

ネコの視覚野のSUAとoptical imagingの同時記録から，安静時脳活動の空間パタンはランダムではなく，刺激による誘発性脳活動と類似した複数の活動パタンを自発的に遷移していること（Tsodyks *et al.*, 1999; Kenet *et al.*, 2003），またラットの視覚野の活動をSUAとカルシウムイメージングで調べた結果，個々のニューロンの発火はランダムではなく，複数のニューロンが同

期して発火する傾向があり，そのパタンは覚醒時と麻酔時では異なっていること（Greenberg *et al.,* 2008），さらに大脳皮質はスライス標本であっても自発性活動が存在し，複数のニューロンが同期して発火する特定のパタンが周期的に出現することも報告されています（Ikegaya *et al.,* 2004）．

(3) Makeig による誘発電位と自発性律動脳波との関連

従来，誘発電位はその名のとおり刺激による誘発性の神経活動と考えられていました．ところが比較的早い潜時帯では，α波やμ波などの複数の自発性脳波律動の位相が刺激によってリセットされ，再同期して生じる成分の存在が明らかにされました（図 4.7 ②）（Makeig *et al.,* 2002, 2004, Makeig, 2002; Hanslmayr *et al.,* 2007）．さらに事象関連電位などのより潜時の遅い成分についても，刺激による自発性脳波律動の振幅変調が，正負（律動の山と谷）に対して非対称に生じることによって出現している可能性が指摘されています（図 4.7 ③；Mazaheri and Jensen, 2008; van Dijk *et al.,* 2010; Mazaheri and Jensen, 2010）．

(4) Steriade による自発性律動脳波の神経生理学的発生機構の解明と slow oscillation の発見

ネコでの皮質脳波と視床から皮質に投射するニューロン，視床網様核のニューロン，皮質ニューロンの SUA の同時記録から，自発性の脳活動である睡眠紡錘波と睡眠時δ波の発生における視床網様核の役割および大脳皮質ニューロンの発火パタンの関係が明らかにされました．さらに，それまでノンレム睡眠時のδ波と一緒に考えられていた 1 Hz 以下の徐波（slow oscillation）は，大脳皮質ニューロンの自発性膜電位変動によるものであり（up-state と down-state），up-state か down-state かによってニューロンの発火頻度は大きく異なることが明らかにされました（Steriade *et al.,* 1993; Steriade, 2004）．この slow oscillation は，覚醒時のタスクや第 9 章で説明する経頭蓋磁気刺激によって，その後の睡眠中にタスクによる活動部位や磁気刺激の刺激部位に限局して増加することから，覚醒時に記憶，学習したことが睡眠時に長期記憶として定着するメカニズム（memory consolidation）とも関連があると考えられています（Huber *et al.,* 2004, 2007; Massimini *et al.,* 2007, 2009）．

(5) Raichle による default mode network（DMN）と resting state network（RSN）の発見

fMRI の各領域の信号値の自発性変動の相関（functional connectivity）から，安静時に特異的に相関して活動する複数の領域があることが発見され，Raichle によって default mode network（DMN）と名づけられました (Raichle *et al.*, 2001; Gusnard and Raichle, 2001)．そして functional connectivity の研究がグラフ理論に基づく複雑ネットワーク科学（解説「グラフ理論と複雑ネットワーク科学」参照）と結びつくことにより，DMN 以外にもさまざまな領域が相関して活動する複数のネットワークの存在が明らかにされました (Resting State Networks: RSN; Raichle and Mintun, 2006; Vincent *et al.*, 2007; Bullmore and Sporns, 2009; Raichle, 2010; 宮内ら 2012)．

以上の知見から，図 4.8 に示したように，SUA・MUA によって計測される微小な皮質回路レベル（microscopic），LFP 等によって計測される領域レベル（mesoscopic）から fMRI・脳波・脳磁図・PET 等によって計測される全

解説 グラフ理論と複雑ネットワーク科学

グラフ理論（graph theory）は，「川にかかっている 7 つの橋をすべて一度だけ渡って元の所に戻ってこられるか」（ケーニヒスベルクの橋の問題）という，いわゆる一筆書きの問題を解いた数学者オイラー（Leonhard Euler, 1707-1783）を嚆矢（こうし）とするトポロジー（位相幾何学）の一分野です．複数の要素とそのつながりを，点（ノード）とそれを結ぶ線（エッジあるいはリンク）の集合で表し（グラフ），グラフがもつ特性を数学的に解析します．身近な例としては，インターネットのハイパーリンク，鉄道・飛行機の路線図，電力網，感染症の伝播モデルなどがあります．コンピュータの高性能化に伴い膨大なデータを扱うことが可能になり，さらに Watts and Strogatz（1998）が発表したスモールワールドモデルをきっかけとして，巨大で複雑な構造をもつさまざまなネットワークや社会現象，生物現象を可視化して定量的に扱う研究分野として確立されました．これらを総称して複雑ネットワーク科学（complex network science）と呼んでいます．

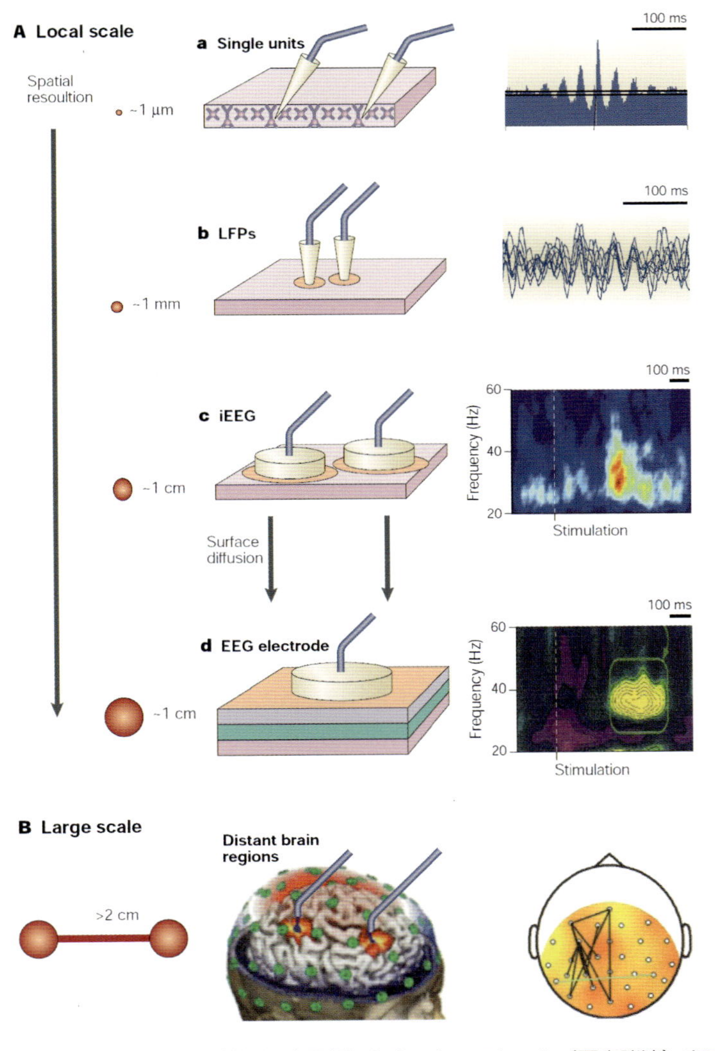

図 4.8　**ミクロスケール（単一神経細胞記録）からマクロスケール（頭皮脳波）まで，さまざまなスケールでの脳の同期的な電気活動**

a：単一神経細胞記録（single units），b：局所電場電位（local field potentials: LFP），c：質脳波（intracranial EEG: iEEG，あるいは electrocorticography: ECoG），d：頭皮脳波（EEG）．単一神経細胞記録から頭皮脳波まで，さまざまな空間スケールで同期的な脳活動が記録できます．さらに，離れた脳領域間でも同期的な活動が生じることによってさまざまな機能的ネットワークを形成すると考えられます．Varela *et al.*（2001）より引用．

脳レベル（macroscopic）まで，さまざまな空間スケール・時間スケールでニューロンが同期して活動する複数の内部状態（あるいは自発性脳活動ネットワーク）が安静時に存在し，それらは0.01 Hz以下の超低周波から数十Hzの自発性変動，あるいは律動性脳活動として記録されます．そして刺激やタスクによって特定の内部状態が選択，あるいはある内部状態から別の内部状態へ遷移します（Fries *et al.*, 2001; Feldt *et al.*, 2011; Balduzzi *et al.*, 2008; Alkire *et al.*, 2008）．さらに刺激の検出・認知，注意，作業記憶，反応時間など，従来は同一の刺激によって同一の誘発性脳活動が生じるという前提に基づき，ランダムな自発性脳活動を除去するための加算平均によって求めてきた脳活動は，刺激呈示時点での内部状態に大きく影響を受けるという考え方に変わってきています（Petersen *et al.*, 2003; Buzsáki, 2006; Deco and Romo, 2008）．

また低周波の活動と高周波の活動は独立ではなく，多くの場合入れ子構造を示し，低周波の活動が高周波の活動を調節しています（Buzsáki and Draguhn, 2004; Steriade, 2004, 2006; Destexhe *et al.*, 2007; Monto *et al.*, 2008）．たとえばニューロンの発火は主にup-stateの時に生じ，ノンレム睡眠のδ波や睡眠紡錘波もslow oscillationの一定の位相で生じやすくなります．さらにα波やθ波などの低周波律動の一定の位相においてγ帯域の高周波が出現し（VanRullen and Koch, 2003; Canolty *et al.*, 2006; Palva and Palva, 2007），γ帯域の一定の位相においてニューロンの発火が起きやすいといえます(VanRullen and Koch, 2003; Balduzzi *et al.*, 2008)．従来，低周波帯域の律動性脳波は，一部の例外を除いて単に皮質のアイドリングと見なされていましたが，最近では，それぞれが複数のニューロンの集団が同期して活動する特定の状態を反映しており，刺激の検出（Monto *et al.*, 2008）や弁別（Haegens *et al.*, 2011），多義図形の知覚（VanRullen *et al.*, 2006），注意（Lakatos *et al.*, 2008; Schroeder and Lakatos, 2008），working memory（Lisman and Idiart, 1995），意識（He and Raichle, 2009）などに関与していることも示されています（VanRullen and Koch, 2003; Palva and Palva, 2007）．

図4.8に示したように，ミクロスケールからマクロスケールに至る脳の電

気的活動を同時に計測して解析することで，ヒトの頭皮脳波に関与する脳の電気的活動の詳細が明らかになるとともに，基礎研究での脳波の重要性も再評価されることでしょう（Amzica and Massimini, 2002; Olejniczak, 2006; Buzsáki *et al.*, 2012; Logothetis, 2008）.

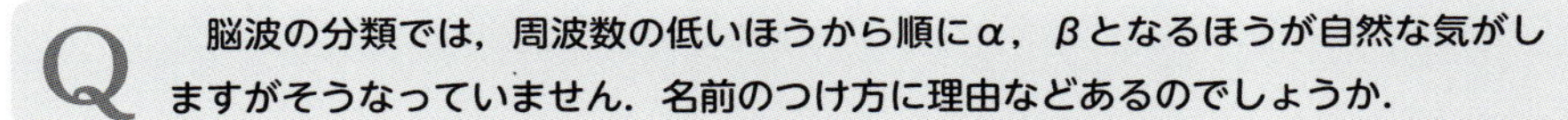

Q　脳波の分類では，周波数の低いほうから順にα，βとなるほうが自然な気がしますがそうなっていません．名前のつけ方に理由などあるのでしょうか．

A　α波とβ波を名づけたのは，ヒトの脳波の発見者であるベルガー（Berger）です（1.5 節参照）．ベルガーが最初にヒトの脳波記録に成功した時，おそらく被験者は目を閉じていて，α波が出ていたのでしょう．そこで最初に観測した脳波リズムに英語の“a”に相当するギリシャ文字“α”をつけました（図 1.7 参照）．次に開眼や暗算などの精神作業によって，α波が消えて速い波が出現することを発見して“b”に相当するβをつけました．その後，主に 1930 ～ 1950 年代にいろいろな研究者が他の周波数や特定の波形の脳波に対してもギリシャ語のアルファベットをつけるようになりましたが，周波数や発見の順番とは関係がありません．本文で説明したα，β，θ，δ，γ以外にも，μ（ミュー），κ（カッパ），λ（ラムダ），τ（タウ），σ（シグマ）などがあり，23 あるギリシャ語のアルファベットのうち 12 個が使われています（Niedermeyer, 1999）．本文で説明したように，近年は記録，解析できる脳波の周波数帯域がさらに広がり，ギリシャ語のアルファベット 1 文字で特定の周波数帯域の脳波を表すのは困難になってきています．

Q　事象関連電位についてですが，刺激の種類は特定されていません．どんなものでもいいのでしょうか．どんな刺激でも，起こる現象は同じですか．

A　本文で説明したように，誘発電位は視覚・聴覚・体性感覚（触覚など）などの物理的な刺激によって引き起こされる脳活動であるのに対して，事象関連電位は刺激によって引き起こされる注意・期待などの内因性の脳活動を反映しています．したがって誘発電位は刺激の種類に対応した脳の領域を中心にして出現しますが，事象関連電位は基本的には刺激の種類とは関係がありません．

律動性脳活動では，多数のニューロンが同期する活動は，シグナルが大きくなって結果的に観測しやすく，逆に，同期しない活動は見逃されてしまうといったことはないですか．この結果，同期の生理的役割が過度に強調されてしまう可能性はないでしょうか．

A　図 1.5 で説明したように，非侵襲脳機能計測で計測できる脳活動は，1 個の神経細胞の活動と比べて非常に大ざっぱな活動です．多くの神経細胞が同期せずに活動した場合，それは見逃されてしまうでしょう．しかし逆もいえます．1 つの神経細胞が，ある特定の刺激と関連して活動しても，それだけではその神経細胞の活動が私たちの認識や行動と直接関連しているとは断言できません．

Q　**何もしていない状態でも頭の中ではぼんやり何か考えてしまうように思うのですが，「安静時の脳」の安静とは，どのような状態のことをいうのでしょうか．**

A　そのとおりです．「何もしないでください」といわれても，私たちはいろいろなことを考えてしまいます．「安静時の脳」とは，外界の特定の刺激に注意したり，特定のタスクや運動などを行っていない状態を指します．実は，安静時に計測される脳活動が何を意味しているのかは，まだよくわかっていません．ただし 4.5 節や 10.2 節で説明しているように，従来はほとんど意味のないものとして扱われてきた安静時の脳活動が，私たちの認知や行動に深く関連していること，さまざまな脳疾患や精神疾患によって変化することが明らかにされてきています．

Q　**脳波の電極数は多いほうがよいのですか．**

目的によります．本文で説明したように，脳波の空間分解能はあまり高くありません．裏返していえば，頭皮上の異なる部位につけた電極から記録した脳波波形でも大きな違いはありません（＝相関が高い）．相関が高いデータを増やしても意味のある情報は得られません．もし頭部のどこにつけた電極からでも全く同じ波形が記録されるとしたら電極数は 1 個でもよい，と考えればわかりやすいでしょう．したがって一般に脳波の電極数は多くても 16 ～ 32 個くらいです．被験者が起きているか眠っているか，眠っているとしたらどの程度深い睡眠かを知るためだけであれば，2 ～ 3 個でも十分です．一方，近年になって部位ごとの脳波波形のわずかな位相差から，脳活動の広がりや離れた脳領域間の同調した活動を計測する研究も増えてきています．この場合は 64 ～ 256 個の電極をつけます．図 1.2 の写真では 128 個の電極をつけています．

電極をワイヤレス化することはできないのでしょうか.

図 4.3 で紹介したように，電極からのリード線を小さな箱にまとめて増幅し，コンピュータに電波で送って脳波を記録する製品が市販されています．このような脳波計を使えば，被験者は自由に動くことができます．ただし，脳波に限らず生体の電位は必ずどこか基準になる場所との電位差を計測することになります（図 4.2）．脳波の場合は，通常は耳たぶや耳たぶの後ろ（乳様突起）につけた電極を基準として，頭部につけた電極との電位差を記録します．したがって基準部位と頭部につけた電極のリード線はどうしても残ります．

引用文献

Alkire MT, Hudetz AG, Tononi G（2008）Consciousness and anesthesia. *Science*, **322**: 876-880

Amzica F, Massimini M（2002）Glial and neuronal interactions during slow wave and paroxysmal activities in the neocortex. *Cerebral Cortex*, **12**: 1101-1113

Attwell D, Iadecola C（2003）The neural basis of functional brain imaging signals. *Trends in Neurosciences*, **26**: 621-625

Balduzzi B, Riedner BA, Tononi G（2008）A BOLD window into brain waves. *Proc Natl Acad Sci USA*, **105**: 15641-15642

Bullmore E, Sporns O（2009）Complex brain networks: graph theoretical analysis of structural and functional systems. *Nat Rev Neurosci*, **10**: 186-198

Buzsáki G, Draguhn A（2004）Neuronal oscillations in cortical networks. *Science*, **304**: 1926-1929

Buzsáki G（2006）*Rhythms of the Brain*. Oxford University Press, New York

Buzsáki G, Anastassiou CA, Koch C（2012）The origin of extracellular fields and currents--EEG, ECoG, LFP and spikes. *Nat Rev Neurosci*, **13**: 407-420

Canolty RT, Edwards E, Dalal SS, Soltani M, Nagarajan SS, Kirsch HE, *et al.*（2006）. High gamma power is phase-locked to theta oscillations in human neocortex. *Science*, **313**: 1626-1628

Deco G, Romo R（2008）The role of fluctuations in perception. *Trends in Neurosciences*, **31**: 591-598

Destexhe A, Hughes SW, Rudolph M, Crunelli V（2007）Are corticothalamic ‘up’ states fragments of wakefulness? *Trends in Neurosciences*, **30**: 334-342

Feldt S, Bonifazi P, Cossart R（2011）Dissecting functional connectivity of neuronal microcircuits: experimental and theoretical insights. *Trends in Neurosciences*, **34**: 225-236

Fox MD, Raichle ME（2007）Spontaneous fluctuations in brain activity observed with functional magnetic resonance imaging. *Nature Reviews Neuroscience*, **8**: 700-711

Fries P, Neuenschwander S, Engel AK, Goebel R, Singer W（2001）Rapid feature selective neuronal synchronization through correlated latency shifting. *Nature Neuroscience*, **4**: 194-200

福田孝一（2008）ギャップ結合による神経細胞ネットワーク．顕微鏡，**43**: 188-197

Galarreta M, Hestrin S（1999）A network of fast-spiking cells in the neocortex connected by electrical synapses. *Nature*, **402**: 72-75

Gibson JR, Beierlein M, Connors BW（1999）Two networks of electrically coupled inhibitory neurons in neocortex. *Nature*, **402**: 75-79

Greenberg DS, Houweling AR, Kerr JN（2008）Population imaging of ongoing neuronal activity in the visual cortex of awake rats. *Nature Neuroscience*, **11**: 749-751

Gusnard DA., Raichle ME（2001）Searching for a baseline: functional imaging and the resting human brain. *Nature Reviews Neuroscience*, **2**: 685-694

Haegens S, Händel BF, Jensen O（2011）Top-down controlled alpha band activity in somatosensory areas determines behavioral performance in a discrimination task. *Journal of Neuroscience*, **31**: 5197-5204

Hanslmayr S, Klimesch W, Sauseng P, Gruber W, Doppelmayr M, Freunberger R, *et al.*（2007）Alpha phase reset contributes to the generation of ERPs. *Cerebral Cortex*, **17**: 1-8

He BJ, Raichle ME（2009）The fMRI signal, slow cortical potential and consciousness. *Trends Cogn Sci*, **13**: 302-309

Huber R, Esser SK, Ferrarelli F, Massimini M, Peterson MJ, Tononi G（2007）TMS-induced cortical potentiation during wakefulness locally increases slow wave activity during sleep. *PLoS ONE*, **2**: e276

Huber R, Ghllardl MF, Massimini M, Tononi G（2004）Local sleep and learning. *Nature*, **430**: 78-81

Ikegaya Y, Aaron G, Cossart R, Aronov D, Lampl I, Ferster D, Yuste R（2004）Synfire chains and cortical songs: temporal modules of cortical activity. *Science*, **304**: 559-564

Kenet T, Bibitchkov D, Tsodyks M, Grinvald A, Arieli A（2003）Spontaneously emerging cortical representations of visual attributes. *Nature*, **425**: 954-956

Lakatos P, Karmos G, Mehta AD, Ulbert I, Schroeder CE（2008）Entrainment of neuronal oscillations as a mechanism of attentional selection. *Science*, **320**: 110-113

Lisman JE., Idiart MA（1995）Storage of 7 +/- 2 short-term memories in oscillatory subcycles. *Science*, **267**: 1512-1515

Logothetis NK（2008）What we can do and what we cannot do with fMRI. *Nature*, **453**: 869-878

Makeig S (2002) Response: event-related brain dynamics – unifying brain electrophysiology. *Trends in Neurosciences*, **25**: 390

Makeig S, Westerfield M, Jung TP, Enghoff S, Townsend J, Courchesne E, Sejnowski TJ (2002) Dynamic brain sources of visual evoked responses. *Science*, **295**: 690-694

Makeig S, Delorme A, Westerfield M, Jung TP, Townsend J, Courchesne E, Sejnowski TJ (2004) Electroencephalographic brain dynamics following manually responded visual targets. *PLoS Biol*, **2**: 0747-0762

Massimini M, Huber R, Ferrarelli F, Hill S, Tononi G (2004) The sleep slow oscillation as a traveling wave. *Journal of Neuroscience*, **24**: 6862-6870

Massimini M, Ferrarelli F, Esser SK, Riedner BA, Huber R, Murphy M, *et al.* (2007) Triggering sleep slow waves by transcranial magnetic stimulation. *Proc Natl Acad Sci USA*, **104**: 8496-8501

Massimini M, Ferrarelli F, Huber R, Esser SK, Singh H, Tononi G (2005) Breakdown of cortical effective connectivity during sleep. *Science*, **309**: 2228-2232

Massimini M, Tononi G, Huber R (2009) Slow waves, synaptic plasticity and information processing: insights from transcranial magnetic stimulation and high-density EEG experiments. *European Journal of Neuroscience*, **29**: 1761-1770

Mazaheri A, Jensen O (2008) Asymmetric amplitude modulations of brain oscillations generate slow evoked responses. *Journal of Neuroscience*, **28**: 1631-1638

Mazaheri A, Jensen O (2010) Rhythmic pulsing: linking ongoing brain activity with evoked responses. *Front Hum Neurosci*, **4**: 177

宮内　哲・上原　平・寒　重之・小池耕彦・飛松省三（2012）Default Mode Network と Resting State Network ―fMRI による「脳の状態」の計測―認知神経科学，**14**: 1-7

Monto S, Palva S, Voipio J, Palva JM (2008) Very slow EEG fluctuations predict the dynamics of stimulus detection and oscillation amplitudes in humans. *Journal of Neuroscience*, **28**: 8268-8272

Niedermeyer E (1999) The Normal EEG of the Waking Adult. In: Niedermeyer E, Lopes da Silva F (eds) *Electroencephalography: Basic Principles, Clinical Applications and Related Fields*. Lippincott Williams & Wilkins, Baltimore MD, 149-173

Nunez PL, Srinivasan R (2006) *Electric fields of the brain. The neurophysics of EEG. 2nd edition*. Oxford University Press: 21

Olejniczak P (2006) Neurophysiologic basis of EEG. *J Clin Neurophysiol*, **23**: 186-189.

Palva S, Palva JM (2007) New vistas for α-frequency band oscillations. *Trends in Neurosciences*, **30**: 150-158

Petersen CC, Hahn TT, Mehta M, Grinvald A, Sakmann B (2003) Interaction of sensory responses with spontaneous depolarization in layer 2/3 barrel cortex. *Proc Natl Acad Sci USA*, **100**: 13638-13643.

Poskanzer KE, Yuste R (2011) Astrocytic regulation of cortical UP states. *Proc Natl Acad Sci USA*, **108**: 18453-18458

Raichle ME, MacLeod AM, Snyder AZ, Powers WJ, Gusnard DA, Shulman GL (2001) A default mode of brain function. *Proc Natl Acad Sci USA*, **98**: 676-682

Raichle ME, Mintun MA (2006) Brain work and brain imaging. *Ann Rev Neurosci*, **29**: 449-476

Raichle ME (2010) The brain's dark energy. *Scientific American*, **302**: 44-49（レイクル ME・宮内　哲・岡　友子 訳（2010）浮かび上がる脳の陰の活動．日経サイエンス，**40**(6): 34-41）

Schroeder CE, Lakatos P (2008) Low-frequency neuronal oscillations as instruments of sensory selection. *Trends in Neurosciences*, **32**: 9-18

Steriade M, Nunez A, Amzica F (1993) A novel slow (< 1 Hz) oscillation of neocortical neurons in vivo: depolarizing and hyperpolarizing components. *Journal of Neuroscience*, **13**: 3252-3265

Steriade M (2004) Neocortical cell classes are flexible entities. *Nature Reviews Neuroscience*, **5**: 121-134

Steriade M (2006) Grouping of brain rhythms in corticothalamic systems. *Neuroscience*, **137**: 1087-1106

Tsodyks M, Kenet T, Grinvald A, Arieli A (1999) Linking spontaneous activity of single cortical neurons and the underlying functional architecture. *Science*, **286**: 1943-1946

van Dijk H, van der Werf J, Mazaheri A, Medendorp WP, Jensen O (2010) Modulations in oscillatory activity with amplitude asymmetry can produce cognitively relevant event-related responses. *Proc Natl Acad Sci USA*, **107**: 900-905

VanRullen R, Koch C (2003) Is perception discrete or continuous? *Trends Cogn Sci*, **7**: 207-213

VanRullen R, Reddy L, Koch C (2006) The continuous wagon wheel illusion is associated with changes in electroencephalogram power at approximately 13 Hz. *Journal of Neuroscience*, **26**: 502-507

Vincent JL, Patel GH, Fox MD, Snyder AZ, Baker JT, Van Essen DC, *et al.* (2007) Intrinsic functional architecture in the anaesthetized monkey brain. *Nature*, **447**: 83-86

Watts DJ, Strogatz SH (1998) Collective dynamics of 'small-world' networks. *Nature*, **393**: 440-442

5 脳磁図 (Magnetoencephalography)

5.1 脳磁図とは

脳磁図（magnetoencephalography/gram: MEG）は，脳電図あるいは脳波の磁場版です．脳神経の活動により電位が発生しますが，電位とともに脳内には電流が流れます．その電流が発生する磁界を計測したものが脳磁図です．MEG には脳磁図測定法の意味もあります．本書では，両方の意味を含めて，以下 MEG と標記することにします．

ヒトの MEG（α波）信号は，1972 年に超伝導磁気センサを使って初めて検出されました（Cohen, 1972）．EEG の最初の報告が 1929 年なので，約 40 年の遅れがあります．MEG 計測装置（一般には脳磁計と呼ばれる）は当初は単一チャンネルでしたが，1990 年代から多チャンネル化が急速に進み，現在は 100 チャンネル以上のセンサをもつ全頭型装置が一般的となっています．計測装置の進展とともに，MEG 研究の対象は，視覚・聴覚・体性感覚などの知覚機能から，認知・記憶・計算・言語・音楽などの高次機能，複数の感覚の統合や，脳の多領域間における相互作用などの解明へと広がっています．臨床では，てんかん棘波の解析と病巣源の推定，感覚運動機能の局在，各種神経精神疾患とのかかわりなど広範囲の応用があります．

5.2 MEG 信号の計測

MEG 信号の大きさは 10^{-12} ～ 10^{-15} T（テスラ）程度であり，地磁気が

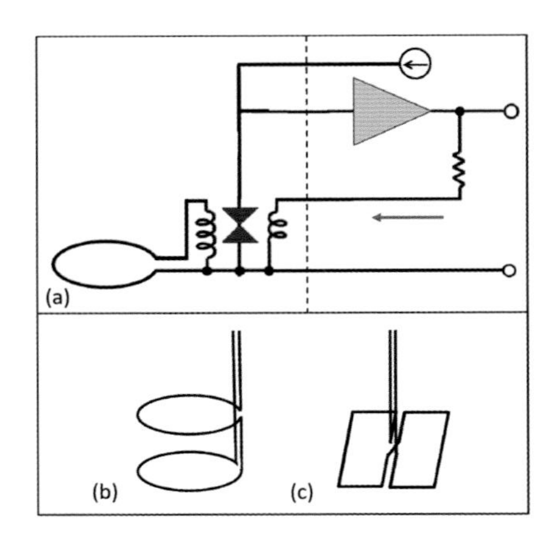

図 5.1　SQUID センサの模式図（a）とグラジオメータ型検出コイル（b, c）
（a）の検出コイルはマグネトメータ，（b）は軸型，（c）は平面型グラジオメータ.

10^{-5} T（約 0.5 ガウス）であることからすると，その 1 億分の 1 ～ 100 億分の 1 の微弱な磁気信号です．図 5.1a では，MEG 信号を検出する磁気センサとその駆動回路を取り出して，模式的に示してあります．円形の検出コイルに磁気的に結合した逆向きの 2 つの矢印（二端子素子）が，磁気センサである SQUID（superconducting quantum interference device）です．SQUID は絶対温度 4.2 K（-269℃）の極低温の液体ヘリウムで冷却された超伝導状態にあります（図 5.1a の破線左側部分）．超伝導の量子干渉効果を利用した量子限界の感度をもつ SQUID と雑音のない超伝導検出コイルで，10^{-15} T の検出感度が得られます．SQUID は超伝導金属材料から作製された薄膜デバイスですが，大きな変動磁界（たとえば磁石や磁化したペンチによる）にさらされると，磁束が薄膜にトラップされて特性が劣化し，雑音が増加します．不可逆的な劣化もありえますので，計測時には金属類（特に磁性体）の装着・携帯を厳しくチェックする必要があります．

一定の電流でバイアスされた SQUID に，検出された磁束が鎖交すると，二端子素子の両端の抵抗が変化して電圧が変わります．したがって，SQUID センサは磁束—電圧変換素子といえます．出力電圧は抵抗を介して電流に変換され，磁束としてセンサにフィードバックされて入力磁束とつり合うことになります．その結果として，出力電圧は電流すなわち検出磁束に比例することになります．

現在，主に使用されている装置の検出コイルの型を図 5.1b，c に示します．縦（z 軸）方向に互いに逆向きのコイルが連結された図 5.1b の軸型グラジオメータ（GM と略す）では，下部の検出コイルが頭部から発生する MEG 信号を検出します．一方，空間的な変化の小さい外部の雑音磁界に対しては，上部下部の両方のコイルが雑音を検出するために雑音を大きく減衰させる（ΔBz/Δz 型の差分出力）ことができます．Δz は上下コイルの間隔でベースラインと呼ばれています．Bz は検出される磁場が頭部表面の法線方向であることを意味します．典型的な例では，およそ Δz = 5 cm，検出コイル径＝ 1.5 cm です．これに対し，図 5.1a の検出コイル（マグネトメータ）は，雑音除去効果はありません．雑音の少ない環境で使うことができます．

図 5.1c の平面型 GM では，互いに逆巻き方向となる矩形のコイルが連結され，ΔBz/Δx 型の差分出力を行います．軸型の GM と同様に，空間的にゆるやかな変化をもつ外部雑音磁界を相殺します．x，y 面内の成分を過不足なく検出するためには，直交する方向の差分をとる ΔBz/Δy 型の GM も必要です．このため，平面型 GM では，1 ヵ所の測定点について x，y 方向の差分を組み合わせた形で 2 個の GM が配置されています．Δy，Δx ≅ 1.5 cm とベースラインが短いことが特徴で，検出コイルの大きさは長辺が 2.5 cm 程度です．ここで，平面型 GM で計測した MEG 信号を○○ fT/cm と表示するのは，ベースラインによる信号磁界の差分効果を考慮するためです．これに対し，軸型 GM では信号磁界の差分効果が小さいため，○○ fT とそのまま表示します．一般に GM のベースラインが短いと雑音除去効果により SN（信号対雑音）比は向上しますが，遠方にある信号源からの信号は減衰します．MEG 信号は，信号源（電流ダイポール）と計測点との距離（R）に対し，2 乗で信号強度が減衰する（$1/R^2$）特徴をもっています．GM 型検出コイルでは，ベースラインより長い距離でダイポール磁界が減衰し，結果的に R の 3 乗（$1/R^3$）の減衰となります．このため，ベースラインの短い GM では脳深部からの信号の検出が困難になることに留意すべきです．なお，磁界強度の小さな信号の場合には，GM によらずセンサの固有雑音（5 ～ 10 fT/$\sqrt{\ }$Hz 程度，fT は 10^{-15} T）

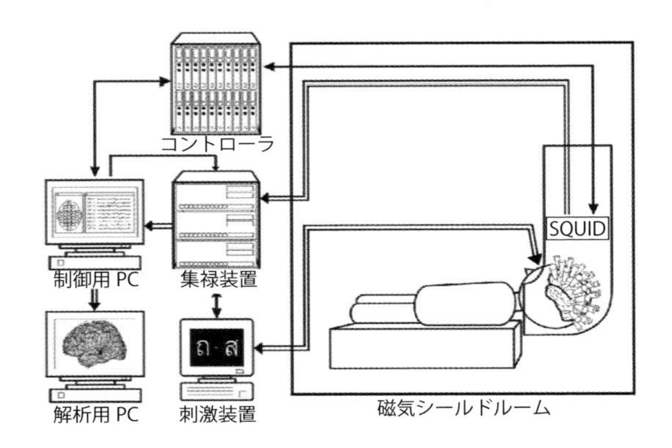

図 5.2　MEG 計測装置の構成
SQUID センサと液体ヘリウムを収納する断熱容器，被験者用椅子もしくはベッド，制御装置，収録装置，刺激装置などからなります．

も S/N 比に影響することになります．

図 5.2 には MEG 計測装置の構成を示してあります．多数チャンネルの検出コイルは，液体ヘリウムとともにヘルメット型の断熱容器（デュワー）に収められ，頭部形状に適合したデュワーの内壁面に等間隔になるように配置されています．被験者は，ヘルメットに頭部を挿入した状態で，完全に非侵襲な計測を受けることになります．デュワーは非磁性でなければならず，かつ断熱性を必要とするのでプラスチック（FRP）材料が使われます．液体ヘリウムは液体窒素などと比べると非常に冷却能力が低いため，蒸発による消費を低くするようにデュワーの構造が工夫されています．MEG 計測装置のヘリウム消費量は 5 ～ 10 ℓ／日であり，ランニングコストのかなりの部分を占めています．

検出コイルと SQUID の入ったデュワーは磁気シールド室内に置かれ，SQUID コントローラ，データ収録装置などはシールド室の外に置かれています．磁気シールド室は環境の磁気雑音を低減させるためにあり，透磁率が高く磁界をよく誘導するパーマロイ（ニッケルが主の鉄との合金）板で覆われています．さらに，高周波磁界の減衰と電磁波を遮蔽するために，厚いアルミニウムの板や銅板も使われます．MEG 信号はモニタ上で波形や磁界分布の解析を受けた後，信号源の計算がなされます．必要な場合は，別に撮像した MRI 画像に活動源位置が重ねられます．

機能マッピングをする検査には体性感覚や視覚，聴覚系などを刺激する装置が必要で，それらの装置は磁気シールド室の外に置かれます．刺激用の電極やトランスデューサは，被験者に装着するか近くに配置しますが，視覚刺激は通常磁気シールド室の壁にあけた穴を通して，室内に置いたスクリーンに投影する方法が使われます．

5.3 MEGの信号源

脳の神経細胞の活動は，細胞の興奮と活動電位の発生，神経軸索を通る電位パルスの伝導，シナプスを介した次の細胞への伝達からなる一連の情報伝達・処理に基づいています．これらは，シナプスでの化学物質伝達を除いて電気的現象によっていますが，脳を構成するすべての神経細胞がMEG信号を発生するわけではありません．MEG信号が頭部の周辺で計測されるには，多数の神経細胞のつくる電流の向きが揃っており，さらにそれらが同期して活動する条件が必要です．このような条件を満足するものとして，大脳皮質の錐体細胞があります．脳波（第4章）で説明したように，錐体細胞は皮質表面に垂直な方向に配列しているので，それらの樹状突起に流れる細胞内電流の和は一方向になります．すなわち，シナプス後電位に伴い樹状突起を流れるアナログ的な細胞内電流がMEG磁界を発生します．*in vitro* 実験では，海馬のCA1錐体細胞の電気刺激による興奮でダイポール性の磁界が発生することが確認されています（Kyuhou and Okada, 1993）．樹状突起の尖端のシナプスに興奮性の後電位が発生すると，尖端から細胞体へ電流が流れます．多数の細胞群が同期してシナプス後電位を発生すると，それらはまとまった線状電流となり，等価電流双極子（電流ダイポール）として近似されるMEG磁界発生源，すなわち信号源となります（図5.3）．この信号発生の機序は脳波と共通です．以上の細胞内電流の特性に対して，細胞体の発火により発生し軸索を走行する活動電位は，1 msほどの幅の狭いパルス列からなっています．活動電位による磁界は多数の細胞間の信号が重なることはなく，観測される強度の磁界を発生しないと考えられます（図4.1を参照）．

ダイポール電流が発生する磁界の向きは，電流に対して右ネジの方向になり

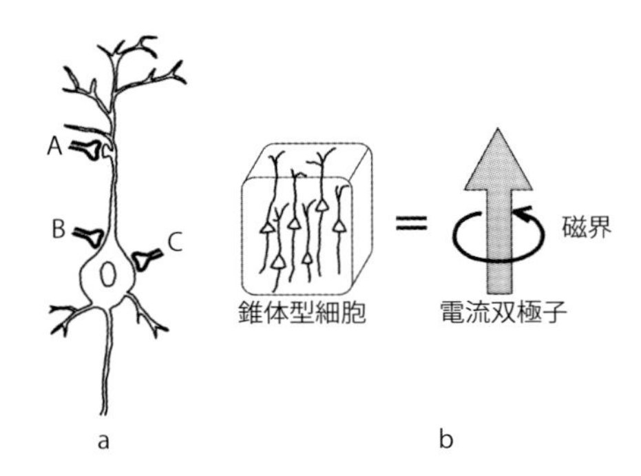

図 5.3　錐体細胞（a）と細胞内電流（電流双極子（b））の模式図
シナプス後電位の発生とともに樹状突起に沿って流れるアナログ的な細胞内電流の集合が，MEG 信号磁界の発生源になります．樹状突起尖端の A にあるシナプスから発生した電流は下方に向かい，細胞体近傍にあるシナプス B，C からの電流は上向きとなります．

ます．樹状突起ではなく，細胞体付近にあるシナプスに後電位が発生すると細胞内電流が逆になるため，磁界の極性が反転することになります．電流ダイポールの強度は，電流値と電流が流れる長さの積 [Am] で与えられるモーメントであり，MEG 信号源の強度は一般に [nAm]（n は 10^{-9}）で表されます．

感覚神経の刺激により一次感覚野で生じる誘発反応には，数万個の細胞が同期して活動していると推定されています．大脳皮質の面積としては，数十 mm^2 の大きさになります．この値は，刺激後の短い潜時に生じる一次反応ですが，100 ms 以降に生じる長潜時反応は振幅がずっと大きく，ダイポールモーメントも約 1 桁大きい値が観測されます．そこで長潜時反応まで含めて考えると，誘発反応は直径 1 cm 以上の広がりをもった大脳皮質の面積から発生していると考えられます．さらに高次領野の神経活動では，もっと広い範囲が関与している可能性があります．

MEG では，このような広がりをもった大脳皮質の活動を，そこから数～10 cm の距離の頭部周辺において，1 ～ 2 cm の直径の検出コイルで計測しています．単一ダイポールの推定精度は 3 ～ 5 mm といわれていますが，皮質活動が数 cm の広がりをもっていると考えると，活動の中心であるモーメントの重心位置の推定精度と解釈されます（解説「神経活動の広がり」参照）．

解 説 **神経活動の広がり**

MEG の計測結果から，一次感覚反応のダイポールモーメントを 5 nAm とし，1 つの細胞のシナプス後電位によるモーメントを 2×10^{-13} Am と仮定すると，25,000 個の細胞が活動していることになります（Hari, 1990）．なお，錐体細胞の樹状突起の長さ（モーメント長）を大脳皮質の厚さ以内の 1 mm とすると，1 個の細胞（シナプスではない）あたり 0.2 nA のダイポール電流になります．さらに大脳皮質の面積あたりの神経細胞の密度を 10^5/mm^2 とし，一次反応では皮質細胞の 1%が視床から投射を受けているとすると，25 ～ 50 mm^2 の面積の皮質が MEG 発生源として見積もられます．臨床例では，てんかんの検査で異常脳波（誘発反応より 1 桁振幅が大きい）が，硬膜下電極により 3 cm^2 以上の広さの電位として観測された時に MEG 信号が検出されています．

5.4　MEG 信号の特徴

細胞内のダイポール電流は，頭部の形状を球形と見なすと，球の半径方向の電流成分と球面に接する方向の電流成分に分けることができます．また，電流ダイポールの先端から流出した電流は，頭蓋内の組織を流れる容積電流となり，ダイポールの反対の端に戻ってきます．図 5.4a には，頭部球の接線方向のダイポール電流を示してあります．ここで，球のもつ対称性のために，半径方向のダイポール電流により発生した磁界は，容積電流の磁界により完全に打ち消されることが証明されます．すなわち，半径方向ダイポールは，頭部球の外部に磁界を発生しません．したがって，図 5.4a の電流成分は，頭部内にあるダ

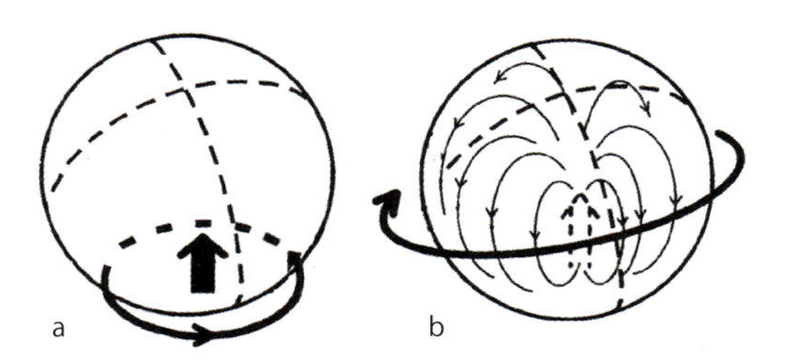

図 5.4　頭部球内にある接線方向ダイポール（a）と頭部内を流れる容積電流（b）
接線ダイポール磁界は頭部球面に垂直な方向の成分をもちますが，容積電流磁界は球面に平行な成分のみからなります．

イポールの有効な一次電流を示すことになります．図 5.4b は接線方向ダイポールが発生する容積電流（二次電流）を示しています．この容積電流がつくる磁界の向きはすべて接線方向となります．以上から，頭部球の半径方向の磁界を検出コイルで計測すると容積電流磁界は含まれず，接線方向の一次電流による磁界のみとなります．この接線ダイポール磁界が MEG 信号として計測されます（Hillebrand *et al.*, 2002）．ダイポール磁界は電流要素がつくる磁界なのでよく知られたビオ・サバールの法則で与えられ，簡単な式で MEG 磁界が計算できることになります．

脳溝内の大脳皮質に配列した神経細胞の活動は，頭部球面に平行な接線方向の電流ダイポールと見なせるので MEG の主要な発生源になります（第 4 章図 4.2 参照）．これに対し，脳回は頭部球面に平行な広がりをもつ皮質なので，脳回の神経活動は頭部球の半径方向を向く電流ダイポールとなり，MEG 磁界として観測されません．通常，検出コイルで測定する MEG 信号は半径方向の磁界であるため，接線方向の電流ダイポールである脳溝の神経活動を選択的に計測しているといえます．なお，頭部形状は完全には球ではなく，特に側頭部は平坦で，側頭部の検出コイルには頭部球の容積電流磁界（図 5.4b）が鎖交します．このようなことから，電流ダイポール位置を推定する際には，より正確な磁界計算のために，均質導体球モデルの一次電流と二次電流磁界を解析的

column

ビオ・サバールの法則

任意の形状の導線に電流 I が流れる時に発生する磁界の大きさは，$dB = \frac{\mu_0 I ds \sin\theta}{4\pi r^2}$ で与えられます．ここで，μ_0 は透磁率，ds は導線の微小部分の長さ，r は ds と磁界を計算する地点の間の距離，θ は ds と r ベクトルのなす角です．なお，磁界は磁束密度 B の単位で表してあります．導線が一定の長さをもつ場合は，上の式を導線に沿って積分した値が実際の磁界になります．MEG 信号の場合では，微小な長さの細胞内電流（ダイポール電流）が磁界をつくるので積分はせず，ds はほぼ樹状突起の長さになります．電流は連続でなければならないので，ダイポール電流によるビオ・サバール式だけですべての磁界を表すことはできません．前述した頭部内の容積電流磁界が，ダイポール以外の電流経路がつくる磁界になります．

に与える式（Sarvas, 1987）が用いられます．

第 4 章の脳波で説明したように，シナプス後電位による電流ダイポールは電位信号である EEG の発生源でもあります．したがって，EEG と MEG は信号源を共有しています．しかし，磁界は電流と違って電気伝導を介さずにコイルにより直接検出されるので，電極不要の非接触計測となります．また，直接検出されるダイポール磁界には内部組織の導電率による空間分布の変化がないため（Okada *et al.*, 1999），信号源が単一の場合にはその位置が正確に推定できます．感覚神経の刺激による誘発反応が，単一信号源の例です．ダイポール磁界の強度は距離による減衰が大きいと書きましたが，遠方の信号源による磁界が減衰するため，分離性の高い空間分布が得られるという特徴もあります．たとえば，左右の聴覚野の活動による聴性誘発反応は，磁界分布が左右の側頭部に明確に分かれて観測されます．図 5.5 には，右耳の音刺激により発生した誘発反応の波形と，左脳半球で観測された磁界強度分布を示します．湧き出しと吸い込みのあるダイポール磁界分布となっていますが，同様の磁界分布は右脳半球でも観測できます．一般に感覚神経の伝達路は左右が交差しますが，聴覚系には非交差性の伝達路もあるため，刺激と反対側の聴覚野（左脳）だけではなく同側の聴覚野（右脳）の活動も観測されるわけです．このような MEG のダイポール磁界に対して，EEG は頭蓋内を流れる容積電流による電位

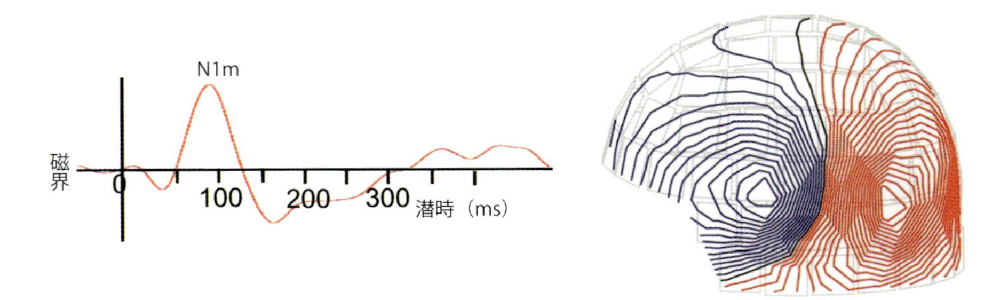

図 5.5　聴覚誘発脳磁界の反応波形（左）と潜時 100 ms における N1m ピークの等磁界線図（右）

反応波形では，正が磁界の湧き出し，負が吸い込みを意味します．左側頭部の磁界分布では，前･後で吸い込み（青）･湧き出し（赤）を示し，下方前方に向いた信号源（電流ダイポール）が推定されます．

情報が頭皮上の電位分布をつくります．反対側と同側の聴覚野の反応は，ダイポール電流の向きが同じであるため頭皮中心部で融合し，左右脳半球に分離せずに中心（Cz）で最大となるような電位分布となります．逆に，容積電流が運ぶ情報により深部組織の活動（たとえば聴性脳幹反応）が，容易に頭皮上の電位信号として検出されるという特徴があります．大ざっぱにいえば，MEGとEEG信号は相補的な関係にあるといえます．

fMRIと比較すると，MEGは高い時間分解能をもちます．fMRIの時間分解能（数秒）は血液動態の変化時間によっています．これに対し，MEGは電気的神経活動の変化する時間が速いので，分解能は，ミリ秒のオーダー（桁）になります．実測例では，1～2 ms幅の聴性脳幹反応のピークが検出されています（Parkkonen *et al*., 2009）．なお，MEG装置としての計測分解能は，サンプリング時間である1 ms程度ですが，検出器であるSQUID自体のもつ追従周波数はGHz以上（時間分解能10^{-9} s以上）です．実際のMEG計測においては，ゆっくりした長潜時反応ではフィルタにより高い周波数成分をカットするので，10 ms程度の時間分解能になります．fMRI, MEGともに，装置の能力が計測信号の時間分解能を決定しているのはありません．またMEGの信号源は，次節に述べるように磁界分布から位置や電流の大きさを推定計算しますが，脳の多領域にわたる信号源推定には解の不良設定性が存在します．これに対しfMRIの位置情報は，傾斜磁界の強度や高周波信号の位相から計算され，脳深部から頭皮まで，全脳の活動に対して正確に位置を決定することができます．

5.5　MEG信号源推定による脳活動の解析

5.5.1　単一ダイポール推定

聴覚，視覚，体性感覚刺激により感覚野に生じる誘発反応は，MEG研究の初期から最もよく調べられてきた反応です．聴覚刺激後の潜時100 msに見られるN1mピーク（図5.5），視覚刺激後100 msのP100mピーク，正中神経刺激後20 msのN20mピークなどは，磁界の湧き出しと吸い込みからなる明瞭な単一ダイポール性の磁界分布を示します．このような経験的な事実に基づき単一ダイポール推定が盛んに行われ，それらの信号源位置から，聴覚野では音の周波数が対数的な関係で信号源の深さに表現（表象）されていること（トノトピー，tonotopy；Romani *et al.*, 1982），手指や唇などの身体の部位が大脳中心溝に沿った感覚野内の特定位置に対応していること（ソマトトピー，somatotopy；Hari *et al.*, 1984; Okada *et al.*, 1984），運動機能にも同様な体部位局在や自発性の活動が認められること（Deeke *et al.*, 1982; Hari *et al.*, 1983），視野内の第 1 ～ 4 象限の視覚刺激が後頭部視覚野の脳溝に対して上下左右がほぼ反転した関係で投射されていること（レチノトピー，retinotopy；Ahlfors *et al.*, 1992: Aine *et al.*, 1996）などが確認され，MEG 計測の有効性が認められるようになりました．

短潜時の一次感覚野の反応が局在した神経活動によることは理解できるとし

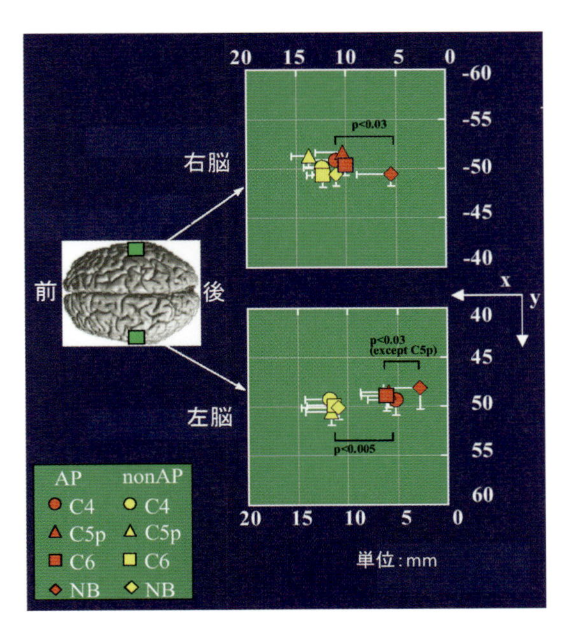

図 5.6　絶対音感保持者（AP）と非保持者（non-AP）に対して観測された，N1m 反応の聴覚野における被験者間平均位置（女性 11 名）

N1m 反応は，ピアノ音 C4，C6 および C5 の高さの純音 C5P，ノイズバースト音 NB を聴かせて計測しています．左脳では AP 群と non-AP 群間で反応位置に有意差が見られること，および AP 群内でノイズ音の反応位置だけが異なることがわかります．

ても，刺激後 100 ms 以降の長潜時反応においても単一双極子性の磁界分布が得られ，理論値との一致度を示す goodness-of-fit 値が 90％以上の信号源が推定されるのは驚くべきことです．前述した信号源の広がりを考えると，神経活動の中心位置の推定精度が高いことを示すと考えられます．

図 5.6 には，絶対音感保持者と非保持者（各々，女性のみ 11 名の大学生）に対してピアノ音を聴かせた時に，聴覚野内に推定された聴性誘発反応の信号源位置を示します．左脳聴覚野において絶対音感の保持と非保持による反応位置の差が見られます．この違い（約 5 mm）はわずかですが，統計的に有意です．絶対音感保持者の被験者は子供の頃から長年にわたり音楽訓練を続けていますので，学習により聴覚野の皮質に可塑的な変化が生じたと考えることができます（Hirata *et al.*, 1999）．

信号源を単一ダイポールとする推定法は，現在でも脳科学研究や臨床応用に

column

絶対音感

通常，左右脳の機能分担において，左脳は言語，右脳は音楽といわれています．しかし，長年のレッスンで絶対音感をもった人の脳の構造を MRI で調べた研究では，絶対音感をもった人の左脳聴覚野の後方に続く部位（planum temporale: PT）が，絶対音感をもたない人よりもさらに後方に広がっていることが報告されています（Schlaug *et al.*, 1995）．図 5.6 の MEG 研究の結果では，絶対音感をもつ人のピアノ音に対する N1m 反応の位置が，もたない人に比べて左脳聴覚野では後方にシフトしています．このように，構造と機能の両面から絶対音感と左脳聴覚野の特異性の関係が認められます．一般にいわれる左右脳の機能分担に反するように見える結果ですが，絶対音感では音のピッチ（知覚）と音名（単語）がセットになって記憶されていることと関係しているのかもしれません．

MRI による構造解析の研究には続きがあって，続編では左脳の特徴だけではなく，右脳の PT の面積が絶対音感保持者では小さくなっているようです（Keenan *et al.*, 2001）．最近の研究では，絶対音感保持者では右脳の一次聴覚野の体積が大きく，さらに右の PT と感覚野・運動野・言語野などとの連絡（ネットワーク）も発達していると報告されています．脳の特定の箇所に見られる特異な現象も，実際には多くの領域にわたる連関した活動の結果なのかもしれません．

おいて有効な研究方法の 1 つとなっています．臨床では，誘発反応の信号源推定から，感覚や運動機能のある場所を脳外科手術の前に推定して（機能マッピング）手術計画に役立てることや，てんかんの原因となる神経細胞の異常興奮波の発生位置の推定に用いられています．

MEG の高い時間分解能は，時間的に変化する言語や音楽などの認知機能の研究に適しています．よく使われる方法としては，解析する時間区間内で信号源を単一ダイポールないし少数のダイポールで推定した後，ダイポール座標と電流の方向を固定します．それらダイポールの計算磁界を信号データにマッチングさせることで，ダイポール強度の時間特性が得られます．このような手法

column

ダイポール推定

単一ダイポールの推定には，1 個のダイポールの x, y, z 座標と 2 つのモーメント（頭部球面に平行な 2 方向）を未知数として 5 個のパラメータを計算します．計算磁界 b_c と測定磁界 b_m の二乗誤差 $\Delta b^2 = \Sigma_i (b_{ci} - b_{mi})^2$, $i = 1, 2, \cdots M$（測定点）を最小とするよう，繰り返し計算により座標値とモーメントを推定します．測定磁界は 100 点以上の多チャンネルデータなので，未知数（5 パラメータ）<<既知数である優決定であることがわかります．連立方程式で解くことを考えると，5 個の測定値を含む 5 つの方程式で十分なので，M >> 5 個の測定磁界からなる方程式を完全に満たす解は存在しません．そこで，上述の最小二乗近似による最適化問題を解くことになりますが，測定データには雑音が混入していたり，脳内の他の活動が重畳したりします．S/N 比が低い場合，最適化問題の二乗誤差に大きな差異のない極小値が複数存在しますので，推定されたダイポール位置には誤差が生じることとなります．なお，推定値の精度を示す指標として goodness-of-fit 値（$1 - \Delta b^2/\Sigma_i b_{mi}^2$）がよく使われます．

ダイポール推定計算は，非線形のために解の不安定性や局所解（local minimum）など，後述する分布信号源推定より複雑な問題があって，複数ダイポールの推定は困難です．そこで，ダイポール数を最小とする条件のもとで解くなどの試みがされてきました（Matsuura and Okabe, 1995）．これに対し，近年広い分野で使われているベイズ統計の手法を取り入れた解法が提案されています（Kiebel *et al.*, 2008）．異なるモデル（たとえばダイポールの個数）や解の確からしさを統計的に検定できる利点があるとされています．

column

ベイズ統計

ある事象が起きる確率を推定する時，すでにわかっている他の事象の情報を取り入れた条件のもとで，推定したい事象が起きる確率を計算するのがベイズ統計の基本です．たとえばある病気の検査法では，90％の確率 P（病診|病患）で病気にかかっている人を正しく診断しますが，5％の確率 P（病診|健康）で誤診（かかっていない人を病気であると診断）するとします．ここで P（A|B）は，B の条件のもとで A である確率を意味します．事前情報として，ある集団においては病気にかかっている人の割合 P（病患）が 4％であり，かかっていない人の割合 P（健康）が 96％で既知であるとします．このような条件のもとで，集団の中から任意に検査した 1 人が病気であると診断された時に本当に病気である確率 P（病患|病診）を計算します．ベイズの定理からは

P（病患|病診）
＝ P（病診|病患）× P（病患）/｛P（病診|病患）× P（病患）＋ P（病診|健康）× P（健康）｝

となりますので，本当に病気であるのは約 43％の確率となります．つまり，90％の確率であった診断率が事前情報により 43％になるわけです．なお，確率 P（病患）は仮定であって検査しなければわからないのが現実です．

MEG で多数のダイポールを想定する分布信号源推定においてベイズ統計を利用する場合には，不良設定問題（後述）であることを考慮し，先験情報を仮定してダイポール位置を計算することが考えられます．たとえば，特定の脳領域に決まった個数のダイポールがあると仮定して計算する方法です．

で，特定部位における神経活動のダイナミクスや，異なる脳領域の活動の相互作用を調べることができます．

時間特性が重要な役割を果たす例として，単一信号源である聴覚野の活動を聴性定常応答で調べた研究を紹介します．聴性定常応答は一定の繰り返し周期をもつ振幅変調音や周期的な短いバースト音を聴かせた時に生じる反応ですが，40 Hz 周期の反応は 1 次聴覚野に起因すると考えられています．

図 5.7 の楽譜に示す不連続なピッチの純音からなる刺激音列を左右の耳に分離して与えると，通常，聴取者には音符どおりには聞こえずに錯聴音列のようにスムーズな旋律が知覚されます．「音階錯聴」と呼ばれるこの現象

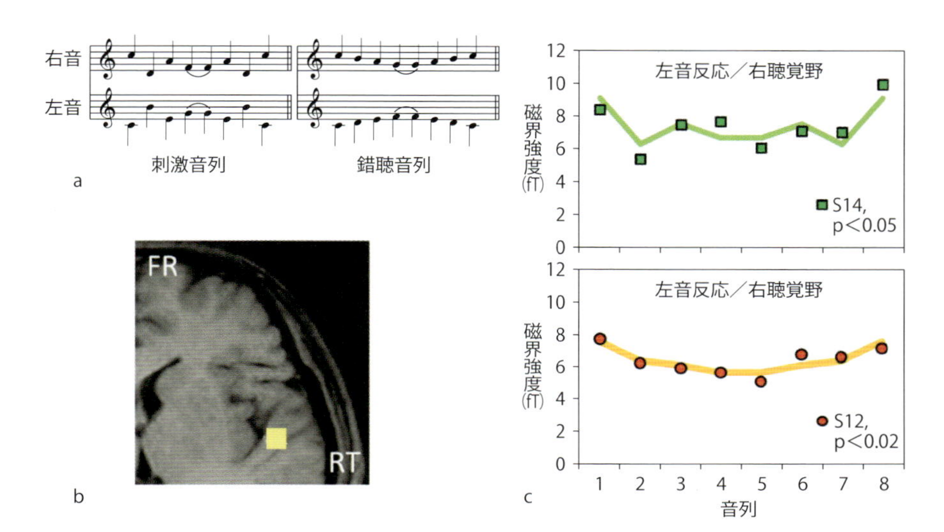

図 5.7 音階錯聴を誘起する刺激音列と知覚される錯聴音列のピッチ（a），聴性定常応答の信号源位置（b）FR：前頭，RT：右側頭，定常応答振幅の時間変化（c）

定常応答の刺激音はピッチが低いほど音圧を高くしてあるため，（c）の音列中で応答振幅の大きなものは聴覚野が低いピッチを処理していることになります．定常応答の被験者 S14 は刺激音と同様に変化するピッチの知覚を報告し，被験者 S12 は錯聴音列のようなスムーズなピッチ変化を報告しています．

(Deutsch, 1975) [1] を調べるために，譜面のピッチの純音を 40 Hz で振幅変調した刺激音列（図 5.7a）を被験者の左右の耳に与えます．その結果観測された定常応答の振幅を，音の順番に沿って示したのが図 5.7c です．2 人の被験者に対する結果ですが，同時に行ったアンケート調査で錯聴ピッチを知覚した人 (S12) と刺激音のピッチどおりに知覚した人 (S14) を選んで示してあります．錯聴者では錯聴音列に沿った振幅―時間特性が見られるのに対し，非錯聴者では刺激音に沿ったジグザグな時間変化となっています．図 5.7b の写真は右聴覚野の定常応答の信号源位置を示しますが，一次聴覚野の存在するヘシュル横回と呼ばれる部位にあることがわかります．14 名の被験者に対して行った実験の結果から，高次の認知機能に由来すると思われがちな音階錯聴が，一次聴覚野の段階ですでに生じていることが示唆されました（Kuriki *et al.*, 2013）．

1) DIANADEUTSH, http://deutsch.ucsd.edu/psychology/pages.php?i=203

5.5.2　分布信号源推定

感覚反応から離れて高次機能のような活動を考えると，脳の多領域に信号源であるダイポールが分散することが考えられます．このように分布した信号源を推定するためには，脳内に多数の格子点を設定し，それらにダイポールがあると仮定してダイポールモーメントを計算することになります．大脳皮質内に格子点を置き，それらの間隔を 5 ～ 10 mm としても未知数であるモーメント数は数千以上になります．これに対し，既知数である測定磁界値はたかだかチャンネル数の数百個なので，測定磁界からモーメントを計算する逆問題は，未知数＞＞既知数（劣決定）の不良設定となります．不良設定問題（解説「不良設定問題」参照）では方程式を満たす解が多数存在することになりますが，何らかの拘束条件をつけることで解が一意に定まります．拘束条件の関数形と誤差（計算磁界と測定磁界の差）の次数により種々の推定法に分かれます．

解説　不良設定問題

解が 1 つに定まらない問題をいいます．連立方程式では普通，未知数と方程式の数は等しいので，$y_i = a_i x_i + b_i$（i は，1 ～最大未知数）とする時，未知数 x_i は既知数 y_i と同じ数だけあります．これに対し，未知数が既知数の数（方程式の数）より多い時には多数の解のセット x_i が方程式を満たすことになり，不良設定問題となります．column「分布電流の推定」では，x_i が 3 個，y_i が 2 個の例を挙げて説明しています．

column　分布電流の推定

頭部球内の N 個の格子点上のダイポール分布推定では，頭部球面に平行な 2 方向の電流ベクトル（ダイポールモーメント）p_i が未知数になり，M 個の検出コイルによる測定磁界 b_i を既知数として以下の連立方程式を解きます．

$$\left.\begin{aligned} L_{1,1}p_1 + L_{1,2}p_2 + \cdots\cdots L_{1,2N}p_{2N} &= b_1 \\ L_{2,1}p_1 + L_{2,2}p_2 + \cdots\cdots L_{2,2N}p_{2N} &= b_2 \\ & \\ L_{M,1}p_1 + L_{M,2}p_2 + \cdots\cdots L_{M,2N}p_{2N} &= b_M \end{aligned}\right\} \quad (1)$$

$L_{i,j}$ は，格子点 j のダイポールと検出コイル i の位置関係で決まる感度係数です．ここで，2N >> M のため，(1) を満たす解が多数存在します．たとえば未知数 3 (p_1, p_2, p_3)，既知数 2 (b_1, b_2) の 2 個の連立方程式を考える時，$p_1 = 0$ として p_2, p_3 を解くことができますし，$p_2 = 0$ として p_1, p_3 を解くこともできます．つまり，解の組み合わせは多数存在します．そこで，一意な解を得るため評価関数を E_c として

$$E_c = \|b_c - b_m\|^n + \lambda \|Wp\|^n \qquad (2)$$

を最小とする計算を行います．ここで，「$\| \quad \|^n$」は n 乗ノルムでベクトルの長さの n 乗値の和を意味します．λ は係数，W はダイポール電流 p の分布に重みをつける行列です．たとえば，検出コイルに近い位置にある格子点は感度が高いため，ダイポールが浅く推定されるのを補正するために用いられます．式 (2) で n = 2 とする方法は L2 ノルム推定，あるいは最小ノルム推定 (minimum norm estimation: MNE) と呼ばれます．また，式 (2) の重み行列 W として fMRI で計測した賦活強度を格子点に与える方法が，fMRI-constrained MNE として知られています．式 (2) の Wp にラプラシアン演算子を作用させたものが low resolution electromagnetic tomography: LORETA 法です．また，n = 1 として，誤差磁界の絶対値とモーメントの絶対値の総和を最小とする方法が，L1 ノルム推定，あるいは最小電流推定 (minimum current estimation: MCE) になります．

最小ノルム推定 (MNE) では，格子点にわたるモーメントのパワー (二乗ノルム：L2) の総和を拘束条件として，二乗ノルムと磁界誤差の和を最小とします．その結果，小さなモーメント値からなる広がった電流分布が得られます．計算負荷が少なく，短時間で解答が得られるという特徴があります．また，fMRI により推定した神経活動の空間分布 (賦活領域) を格子点の重みに取り入れて計算する方法があります (fMRI-constrained MNE)．MEG と fMRI では，それぞれ電気的活動と血液動態の異なる現象をとらえて神経活動を観測しているので，MEG では検出感度の低い活動でも fMRI ではよく検出される場合があります．そこで MEG と同じ条件で fMRI 計測を行い，その賦活部位のデータを利用した最小ノルム推定をすることで，電流分布の信頼性を向上させます．

最小ノルム推定の二乗ノルムにラプラシアン演算子を作用させて拘束条件としたのが LORETA 法です．ラプラシアンは等方的な二次の空間微分ですが，

演算の結果，空間的に滑らかな電流分布を推定します．神経細胞の集団は大脳皮質面内で互いに連結しているので，それらの活動は滑らかになるという考え方に合致しているとされています．空間分解能の低い非常にブロードな分布となり，領域的な広がりを単位として脳活動を解析する場合に適しています．最小電流推定（MCE）では，二乗ノルムの代わりに絶対値の総和である L1 ノルムを使います．電流モーメントの総和を小さくする推定なので，電流値をもつ格子点の数を減らし，少ない数の大きなモーメントで測定磁界を説明する傾向になります．その結果，局在化した信号源が点在するような分布が得られます．最初から非常に少ない信号源を仮定する方法は，前述した複数ダイポール推定になります．

このように，格子点に分散したダイポールの電流分布を推定する計算には，解の不良設定性を克服するために用いる拘束条件によりいくつかの方法があり，それぞれについても詳細な条件の違いによるバリエーションが存在します．拘束条件は数学的な制約なので，脳活動としてどれが正しいという基準にはなりません．また，得られたダイポール分布の広がりがそのまま神経活動の空間的特性を示す保証はありません．計算法以外の生理学的，先験的知識を考慮して推定結果を評価する必要があります．なお，分布したダイポールを推定する各種方法について，開発者による論文報告を章末の参考文献に紹介しました．

脳の多領域に信号源が推定される例として，視覚と聴覚情報の統合に関して最小ノルム法により解析した結果を図 5.8 に示します．実験では，上図に示す水平な図形がランダムな順で上または下方向に運動をしますが，運動の開始に 0.5 秒遅れて高い周波数の音が上方向の運動に，低い周波数の音が下方向の運動に対応して短く聞こえます．被験者は事前に運動方向と音の高低のルールを十分に学習します．本番では，運動方向と高低が逆転した音が時々出現し，被験者はミスマッチを判断して迅速にスイッチボタンを押す課題を行います．この時に MEG を計測すると，音刺激の 100 ms 後からミスマッチに伴う反応波形が現れ，150 ms では図 5.8 に見られるように聴覚野を中心とした側頭・前頭部の活動に加えて，後頭の内側視覚野にも活動が観測されます．ボタン押しの平均反応時間は 560 ms なので，ミスマッチを判断するよりかなり前に視聴覚情報が統合されて，それぞれの感覚野に活動が生じていると推察されます．

視覚刺激と聴覚刺激の対応

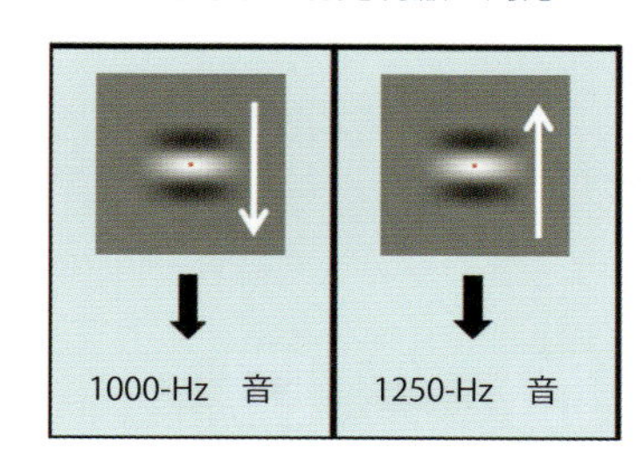

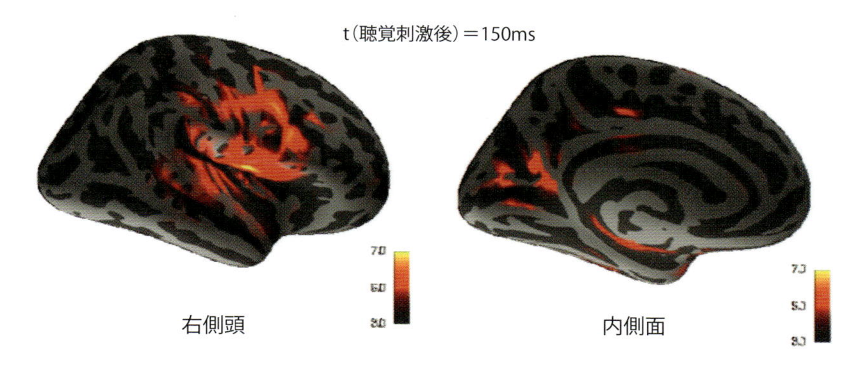

図 5.8　視覚刺激と聴覚刺激のミスマッチ反応の脳活動部位
水平な縞模様が上向きまたは下向きに動く動画と，その運動方向に対応させた高音（上向き）/ 低音（下向き）の音刺激を繰り返し呈示し，動画と音の対応がミスマッチする時に生じる反応の活動源部位（最小ノルム推定）を，側頭と内側脳表面にプロットしています（被験者9 名の平均）．なお，脳溝を明示するために脳表面を膨張させています（慶應義塾大学環境情報学部・青山敦氏提供）．

5.5.3　時間情報の活用

これまで述べてきた解析は，特定の時刻における信号源の推定でした．これに対し，MEG 信号の時系列データ（時間波形）を使って脳内に設定した格子点のダイポール電流値，すなわち分散した電流分布を再構成する方法があります．磁界信号の時間変動（平均値からの変化）を解析対象とし，たとえばダイポール電流の時間分散の総和が最小となるように行列要素を計算します（Van Veen BD *et al.*, 1997）．その結果から，測定磁界に線形な重みづけをする（信号源のある格子点で係数が最大となる）ことでダイポール電流の分布が算出さ

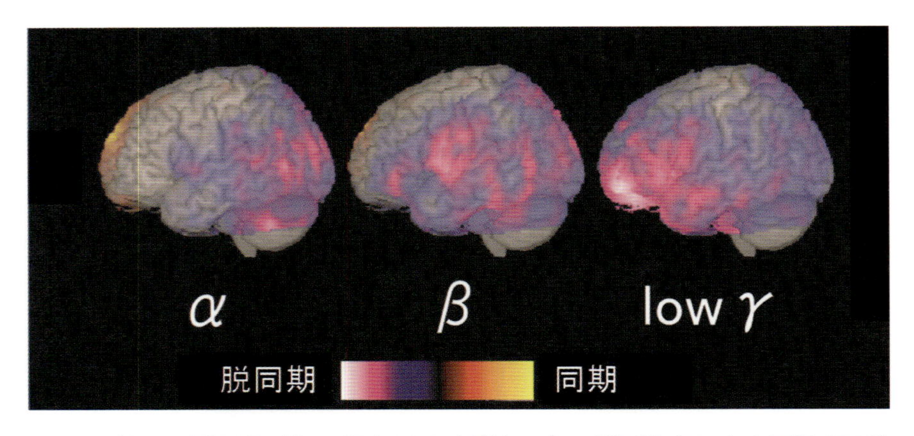

図 5.9　単語の黙読課題に対して観察された自発性リズムの脱同期（ERD）と同期（ERS）部位の推定結果（14 名のグループ解析）

呈示後，α 波帯は 200 ～ 600 ms，β 波帯は 200 ～ 400 ms，γ 波帯は 200 ～ 1100 ms の区間の活動であり，いずれも左脳優位で言語機能に関連した脳の領域を示しています（大阪大学医学系研究科・平田雅之氏提供）．

れます．空間フィルタ法や Beamformer と呼ばれる方法がこれに相当します．時間分解能は時系列データの時間幅で決まりますが，律動的な信号の解析に適しているため，一般には自発性の脳活動を α，β などの周波数帯域に分けて解析することに使われています．厳密にいうと，空間フィルタは信号源を局在するのではなく，個々の格子点に信号値を外挿する操作に対応します．

図 5.9 は，視覚的に呈示された単語を黙読する課題の遂行中に計測した自発脳磁界：α（8 ～ 13 Hz），β（13 ～ 25 Hz），低周波 γ（25 ～ 50 Hz）波帯に Beamformer を適用した結果を示しています．すべての周波数帯で自発リズムが脱同期（ERD）していることがわかります（column「ERS/ERD」）．いずれも左脳優位で，α 波帯では後頭・側頭部を中心とした視覚性言語野，β 波帯では前頭葉の運動野，γ 波帯では前頭下部を中心とする言語野が活動することを示しています（Hirata and Yoshimine, 2013）．この例のように，直接的に課題にかかわる誘発反応を検出するのではありませんが，自発性リズムの脱同期や同期現象をとらえることで，その部位の神経活動の変化を推定することができます．

近年では MEG 信号から，空間フィルタ法により脳のいろいろな場所で α，

column

ERS/ERD

事象関連同期，脱同期（event-related synchronization, desynchronization: ERS, ERD）は自発脳波に見られる現象からきた言葉ですが，認知課題などの事象に関連してα波，β波などの脳波リズムの振幅が変化することをいいます．脳波リズムは多数のニューロンの同期的な発振と考えられていますが，ニューロン間の同期・脱同期により振幅が増加・減衰します．各種の感覚刺激により生じる誘発反応（evoked response）は刺激のオンセットによく同期していますが，認知課題による高次の脳反応は課題刺激との同期性は低いと考えられます．自発リズムの ERS や ERD は刺激同期性の低い誘引反応（induced response）の例ですが，周波数上での処理による解析が有効です．

γ波帯などの皮質リズムを検出し，基準となる場所のリズム活動とのコヒーレンスを計算して皮質―皮質間の結合度（connectivity）を調べる研究が盛んに行われています．ここで，コヒーレンスは 2 つの信号波形の位相の揃い具合（重なり）を表す量です．2 つの信号が完全に相関しているとコヒーレンスは 1 ですが，相関がない場合は 0 になります．コヒーレンス解析は，MEG 信号の時間変化に相関のある部位間では機能的結合が存在するという考え方に基づいています．最初のコヒーレンス解析の報告では，指の運動に伴い生じる一次運動野→視床→運動前野→一次運動野をループとするネットワークと，一次運動野→小脳→視床を経由するネットワーク結合が推定されています（Gross *et al.,* 2002）．さらに，特定の機能をもち脳内に分散するニューロン群（システム）を仮定し，それらの間の情報伝達（コミュニケーション）を解析する研究が進んでいます．代表的な解析法としては，GCA（granger causality analysis）や DCM（dynamic causal modeling）があります．GCA では，ある脳活動の時系列信号（MEG 信号）を自己回帰モデルで記述した時に，他の場所における活動の時系列信号（時間的には過去）によってよりよく説明できる場合，causality（原因性）があると考えます．複数のシステム間の機能的結合を仮定し，それらの間の結合度を方向性も含めて調べることになります．DCM では，入出力を有する複数のシステムからなるネットワークモデルに基づき，誘発・誘引反応や定常応答をシステム間の結合度のダイナミックな変化により説明しようとします．たとえばある聴覚誘発反応（mismatch negativity）の生成を，聴覚野と上側頭回，下前頭回からなる各システムのネットワークによると仮定し，システム間の正方向，負方向の結合度の変調をベイズ統計に基づく計算により求めます．最終的にはどのモデル（システム間の結合度や結合の方向）がベストであるかが統計的有意水準により決定されます．以上の結合性解析の計算法に関しては，参考文献に解説論文を示しました．

5.5.4　グループ解析

MEG計測で複数の被験者の平均的な脳活動位置を推定するためには，個人ごとに計算した個別のダイポール信号源の位置座標を平均し，測定条件などが異なるグループ間でダイポール位置や強度の比較をします．脳内に分散した信号源の場合にはダイポール強度分布の平均を求める必要がありますが，大きさや形状が異なる個人脳間における格子点の値を平均するのは困難です．これに対しfMRIでは，広く使われている解析ソフト（statistical parametric mapping: SPM）により，個人脳から標準脳（TalairachやMNI座標）に変換することでグループ解析を行っています．さらに，バージョン8（SPM8）以降のSPMにはEEG/MEGに対する解析ツールが搭載されていて，fMRIと同様の手順により複数の被験者のMEGデータを統合した解析ができます（Litvak *et al.*, 2011）．多チャンネルのMEG信号には，被験者の脳座標系に対するセンサの位置情報が信号（時間波形）とともに入っていますので，それらの情報をもとに個人脳とセンサ位置を標準座標に載せ，その後は共通の座標上で個々の被験者の解析を行います．今後は，このような標準化した解析手法によりMEG研究が展開されることが期待されます．SPMやその他のMEG用解析ツールについては，解説「MEG信号解析ツール」を参照して下さい．

解説　MEG信号解析ツール

SPM（http://www.fil.ion.ucl.ac.uk/spm）での標準脳への変換には個人のMRI画像が必要ですが，画像がない場合にはMEG座標の頭部基準点のデータを使い，変換します．データ処理の流れについては6.4.4項を参照して下さい．信号源推定法としては，SPM の開発者による MSP（multiple sparse priors; Friston *et al.*, 2008）が推奨されています．そのほかに，LORETA 法と MNE 法があり，さらにダイポール推定法（信号源数が約 5 以下）も整備されています．他のフリーソフトとしては，MNE 法を信号源推定に使う MNE-suit（http://martinos.org/mne/stable/index.html）や，MNE と beamformer が使える FieldTrip（http://www.ru.nl/neuroimaging/fieldtrip; Oostenveld *et al.*, 2011）があります．また，ベイズ統計を用いた解析法である階層変分ベイズ法によるツールボックス VBMEG（http://vbmeg.atr.jp; 日本の ATR ㈱が開発）もフリーで利用できます．なお，階層変分ベイズ法は SPM 中の MSP と VB-ECD 法でも使用されています．

column

ミラーニューロン

他者が行っている行動を観察する時に，その行動の実行にかかわるニューロンが観察者においても活動することが Rizolatti のグループ（Gallese *et al.*, 1996）によって報告されました．この実行／観察の両方に関係する神経ネットワークは，ミラーニューロンシステム（MNS）と呼ばれています．Rizolatti らの研究はサルの実験に基づきますが，その後の多くの研究者により，前頭の F5 野，一次運動野，上側頭溝などの多領域にわたる MNS が同定されています．MNS は運動や行動の模倣・学習はもとより，他者の行動の認知やその意味の理解につながると考えられています．

MEG でヒトの脳にも MNS があることを示した Hari のグループの研究例を次頁の図に紹介します（Avikainen *et al.*, 2002）．交互に左右の手首の正中神経を電気刺激しますが，静止状態（rest）に加え，右手で小さな物体を操作（manipulation）したり，隣の人が同様に右手で操作するのを観察（observation）したりします．物体操作をしない左手の刺激による MEG 反応の磁界分布を見ると，刺激と反対側の右頭頂部に一次感覚野の活動（矢印：電流ダイポール）が観察されます．さらに遅い潜時では刺激と同側の二次感覚野の活動が左側頭部に観察されますが，二次反応の波形（約 80 ms）振幅は，静止に比べて観察，操作の順で減衰しています．この運動感覚系が作動しない，観察行為だけで減衰する高次感覚野の活動は，ミラーニューロンのはたらきによると考えられます．近年のイメージング研究では，運動だけではなく認知面においても MNS が活動し，他者の行動や意図の理解（心の理論：他者の心の状態，目的，意図などを推測する心の機能），さらには社会性の発現との関係が検討されています．これらの研究のほとんどは動物実験やヒトの fMRI 計測によっていますが，MEG では社会性（social interaction）の理解に向けて，２人の被験者や親子間における，オンライン相互作用やコミュニケーションの計測が行われています（Baess *et al.*, 2012）.

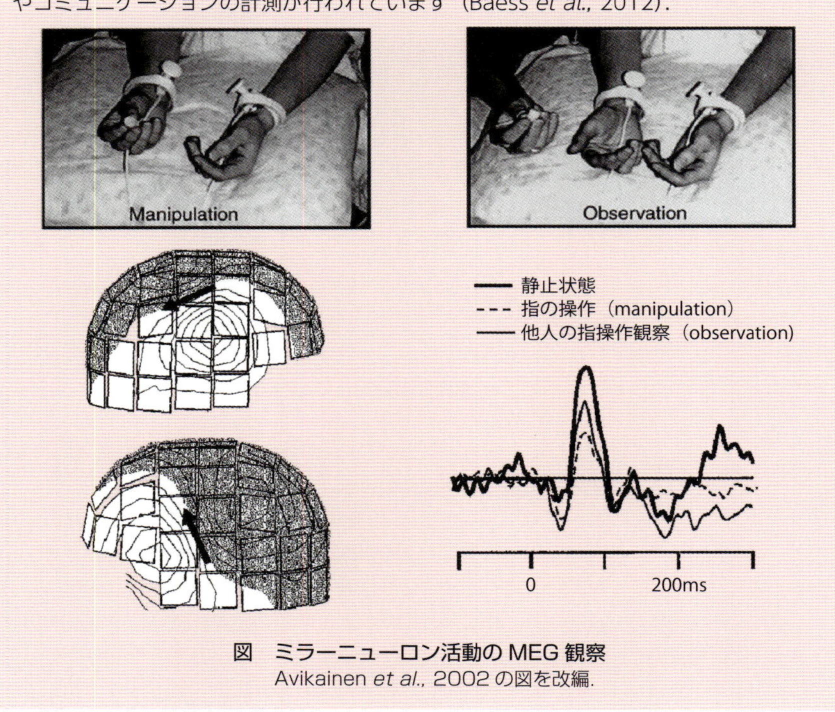

図　ミラーニューロン活動の MEG 観察
Avikainen *et al.*, 2002 の図を改編.

▶▶▶ Q & A ◀◀◀

Q　ダイポールの形がどんなものか，そしてそれを実際の脳の特定の場所と結びつける時の具体的イメージが今ひとつはっきりしません.

A　たとえば手首の正中神経を刺激した時に生じる一次反応を考えます．体性感覚野の中で手の領域は，頭頂に近い部位で脳溝（第４章の図 4.2 ①で示すような大脳皮質の溝）に沿った壁に垂直に配列しています．刺激により，感覚野の限定した場所の神経細胞内（図 4.2 ③錐体細胞にある赤の矢印）に電流が流れます．10^4 個もの細胞が同期して活動し，さらにそれらは感覚野の特定の場所に局在しています．この集団的電流は，磁界信号を計測する頭部外の場所からは図 5.3b

に示した１本のダイポール（電流双極子）に見えるわけです．なお，図 4.2 は脳波の発生機序を示していますが，脳波と脳磁図の発生源は共通です．

MEG の信号は大脳皮質の脳溝からのものが観測されるとありました．とすれば，脳溝の発達していない動物用の MEG 装置を開発しても，あまりうまくいかないことになるのでしょうか．

ヒトと同じような形状の全頭型の動物用 MEG 装置がつくられたことは，これまでにないと思います．つくったとしても，大きな振幅の信号は観測されないでしょう．しかし，数個の小型検出コイルをもつ装置を開発し，頭蓋骨を除去した小動物の脳の表面近くから信号を計測した例はいくつかあります．このような装置は，MEG の発生機序を調べる基礎的な研究に使われています．

磁場を発生させる脳計測すべてにいえるのですが，心臓ペースメーカーをつけていても計測できますか．

磁性をもつ金属があると MEG や MRI 計測は困難です．MRI ではペースメーカの機能が損なわれる可能性があるため禁忌ですが，最近では MRI 対応のペースメーカーもあるようです．一方 MEG は，計測装置が磁場を出していないのでペースメーカに対する影響はないと思われます．しかし，ペーシングに伴う電流が大きなノイズ磁界を発生しますので，通常の MEG 計測はできません．近年開発されたノイズ分離法の中には，脳の深部を電気刺激する装置（治療のため）によるノイズ磁場でもキャンセルが可能とされているものがあります．そのような信号処理法を使えば，ペースメーカ使用者に対しても MEG 検査ができるかもしれません．

引用文献

Ahlfors S, Ilmoniemi R, Hämäläinen M（1992）Estimates of visually evoked cortical currents. *Electroencephalogr Clin Neurophysiol*, **82**: 225-236

Aine C, Supek S, George J, Ranken D, Lewine J, Sanders J, *et al.*（1996）Retinotopic organization of human visual cortex: departures from the classical model. *Cerebral Cortex*, **6**: 354-361

Avikainen S, Forss N, Hari R（2002）Modulated activation of the human SI and SII cortices during observation of hand actions. *NeuroImage*, **15**: 640-646

Baess P, Zhdanov A, Mandel A, Parkkonen L, Hirvenkari L, Mäkelä JP, *et al.*（2012）MEG dual scanning: a procedure to study real-time auditory interaction between two persons. *Front Hum Neurosci*, **6**: 83

Cohen D（1972）Magnetoencephalography: detection of the brain's electrical activity with a superconducting magnetometer. *Science*, **175**: 664-666

Deecke L, Weinberg H, Brickett P（1982）Magnetic fields of the human brain accompanying voluntary movements: Bereitschaftsmagnetfeld. *Exp Brain Res*, **48**: 144-148

Deutsch D（1975）Two-channel listening to musical scales. *J Acoust Soc Am*, **57**: 1156-1160

Friston KJ, Harrison L, Daunizeau J, *et al.*（2008）Multiple sparse priors for the M/EEG inverse problem. *NeuroImage*, **39**: 1104-1120

Gallese V, Fadiga L, Fogassi L, Rizzolatti G（1996）Action recognition in the premotor cortex. *Brain*, **119**（Pt 2）: 593-609

Gross J, Timmermann L, Kujala J, Dirks M, Schmitz F, Salmelin R, Schnitzler A（2002）The neural basis of intermittent motor control in humans. *Proc Natl Acad Sci USA*, **99**: 2299-2302

Hari R, Antervo A, Katila T, Poutanen T, Seppänen M, Tuomisto T, Varpula T（1983）Cerebral magnetic fields associated with voluntary movements in man. *Nuovo Cimento*, **2D**: 484-494

Hari R, Reinikainen K, Kaukoranta E, Hämäläinen M, Ilmoniemi R, Penttinen A, *et al.*（1984）Somatosensory evoked cerebral magnetic fields from SI and SII in man. *Electroencephalogr Clin Neurophysiol*, **57**: 254-263

Hari R（1990）The neuromagnetic method in the study of the human auditory cortex. In: Hoke M（ed）*Auditory evoked magnetic fields and electrical potentials*（Advances in Audiology, vol.6）, Karger, Basel, 222-282

Hillebrand A, Barnes GR（2002）A quantitative assessment of the sensitivity of wholehead MEG to activity in the adult human cortex. *NeuroImage*, **16**: 638-650

Hirata Y, Kuriki S, Pantev C（1999）Musicians with absolute pitch show distinct neural activities in the auditory cortex. *Neuroreport*, **10**: 999-1002

Hirata M, Yoshimine T（2013）Clinical application of neuromagnetic recordings: From functional imaging to neural decoding. 信学論文誌 E96-C: 313-319

Keenan JP, Thangaraj V, Halpern AR, Schlaug G（2001）Absolute pitch and planum temporale. *NeuroImage*, **14**: 1402-1408

Kiebel SJ, Daunizeau J, Phillips C, Friston KJ.（2008）Variational Bayesian inversion of the equivalent current dipole model in EEG/MEG. *NeuroImage*, **39**: 728-741

Kyuhou S, Okada YC.（1993）Detection of magnetic evoked fields associated with synchronous population activities in the transverse CA1 slice of the guinea pig. *J Neurophysiol*, **70**: 2665-2668

Kuriki S, Yokosawa K, Takahashi M（2013）Neural representation of scale illusion: magnetoencephalographic study on the auditory illusion induced by distinctive tone sequences in the two ears. *PLoS ONE*, **8**: e75990

Litvak V, Mattout J, Kiebel S, Phillips C, Henson R, Kilner J, *et al.*（2011）EEG and MEG data analysis in SPM8. *Comput Intell Neurosci*, **2011**: 852961（P.32）

Matsuura K, Okabe Y（1995）Selective minimum-norm solution of the biomagnetic inverse problem. *IEEE Trans Biomed Eng*, **42**: 608-615

Okada Y, Tanenbaum R, Williamson S, Kaufman L（1984）Somatotopic organization of the human somatosensory cortex as revealed by magnetic measurements. *Exp Brain Res*, **56**: 197-205

Okada YC, Lähteenmäki A, Xu C（1999）Experimental analysis of distortion of magnetoencephalography signals by the skull. *Clinical Neurophysiology*, **110**: 230-238

Oostenveld R, Fries P, Maris E, Schoffelen JM（2011）FieldTrip: open source software for advanced analysis of MEG, EEG, and invasive electrophysiological data. *Comput Intell Neurosci*, **2011**: 156869（P.9）

Romani, GL, Williamson SJ, Kaufman L（1982）Tonotopic organization of the human auditory cortex. *Science*, **216**: 1339-1340

Parkkonen L, Fujiki N, Mäkelä JP（2009）Sources of auditory brainstem responses revisited: contribution by magnetoencephalography. *Hum Brain Mapp*, **30**: 1772-1782

Sarvas J（1987）Basic mathematical and electromagnetic concepts of the biomagnetic inverse problem. *Phys Med Biol*, **32**: 11-22

Schlaug G, Jäncke L, Huang Y, Steinmetz H（1995）In vivo evidence of structural brain asymmetry in musicians. *Science*, **267**: 699-701

Van Veen BD, van Drongelen W, Yuchtman M, Suzuki A（1997）Localization of brain electrical activity via linearly constrained minimum variance spatialfiltering. *IEEE Trans Biomed Eng*, **44**: 867-880

参考文献

MEG 発展の歴史に関するレビュー

Hari R, Salmelin R（2012）Magnetoencephalography: from SQUIDs to neuroscience Neuroimage 20th anniversary special edition. *NeuroImage*, **61**: 386-396

脳磁図関係の参考書

高倉公朋・大久保昭行 編（1994）MEG ―脳磁図の基礎と臨床―．朝倉書店

原　宏・栗城眞也 編（1997）脳磁気科学― SQUID 計測と医学応用―．オーム社

逆問題（分布信号源推定）関係

・MNE（L2 ノルム推定）

Hämäläinen M, Ilmoniemi R（1994）Interpreting magnetic fields of the brain: minimum norm estimates. *Med Biol Eng Comput*, **32**: 35-42

・fMRI-constrained MNE

Fujimaki N, Hayakawa T, Nielsen M, Knösche TR, Miyauchi S（2002）An fMRI-constrained MEG source analysis with procedures for dividing and grouping activation. *NeuroImage*, **17**: 324-343

・MCE（L1 ノルム推定）

Uutela K, Hämäläinen M, Somersalo E (1999) Visualization of magnetoencephalographic data using minimum current estimates. *NeuroImage*, **10**: 173-180

・Beamformer（空間フィルタ）

Robinson SE, Vrba J (1997) Functional neuroimaging by Synthetic Aperture Magnetometry (SAM). In: Yoshimoto T, Kotani M, Kuriki S, Karibe H, Nakasato B (eds) *Recent Advances in Biomagnetism*. Tohoku University Press, Sendai, 302-305

・LORETA（ロレッタ法）

Pascual-Marqui RD, Michel CM, Lehmann D (1994) Low resolution electromagnetic tomography: a new method for localizing electrical activity in the brain. *Int J Psychophysiol*, **18**: 49-65

・VBMEG（Bayesian 統計に基づく手法）

Sato M, Yoshioka T, Kajiwara S, Toyama K, Goda N, Doya K, Kawato M (2004) Hierarchical bayesian estimation for MEG inverse problem. *NeuroImage*, **23**: 806-826

<u>機能結合解析の解説</u>

・Coherence imaging

Gross J, Kujala J, Hämäläinen M, Timmermann L, Schnitzler A, Salmelin R (2001) Dynamic imaging of coherent sources: studying neural interactions in the human brain. *Proc Natl Aca Sci USA*, **98**: 694-699

・Granger causality

Marinazzo D, Liao W, Chen H, Stramaglia S (2011) Nonlinear connectivity by Granger causality. *NeuroImage*, **58**: 330-338

・Dynamic causality

Kiebel SJ, Garrido MI, Moran R, Chen CC, Friston KJ (2009) Dynamic causal modeling for EEG and MEG. *Hum Brain Mapp*, **30**: 1866-1876（SPM8 に掲載）

<u>ミラーニューロンの機能や心の理論，臨床応用に関する解説</u>

Rizzolatti G, Cattaneo L, Fabbri-Destro M, Rozzi S (2014) Cortical mechanisms underlying the organization of goal-directed actions and mirror neuron-based action understanding. *Physiol Rev*, **94**: 655-706

Alegre M, Guridi J, Artieda J (2011) The mirror system, theory of mind and Parkinson's disease. *J Neurol Sci*, **310**: 194-196

<u>社会性の研究紹介</u>

大阪大学大学院工学研究科 浅田稔研究室，神経ダイナミクスから社会的相互作用へ至る過程の理解と構築による構成的発達科学（http://www.er.ams.eng.osaka-u.ac.jp/asadalab/tokusui/group.html）

生理学研究所大脳皮質機能研究系，心理生理学研究部門 定藤研究室（http://www.nips.ac.jp/fmritms/outline/researchachievements/from2005/01.html）

6 磁気共鳴画像 (Magnetic Resonance Imaging: MRI)

6.1 磁気共鳴画像研究の歴史と発展

核磁気共鳴という現象が発見され，物理学の研究室で研究が始められたのが1940 年代です（図 6.1 ①）．原子核のラーモア周波数（後述）が他の原子との結合状態によってわずかに変化することから，当初は主に有機化合物の分子構造を調べるための方法として発展しました．その後 1970 年代に生体の正常な組織と腫瘍組織では磁気共鳴信号の緩和時間が異なることが発見され，さらに傾斜磁場を用いて生体や物質の断層像を得られるようになり（図 6.1 ②），医療への応用が始まりました（解説「MRI と NMRI」参照）．1980 年代には，ヒトの頭部や身体の断層像を撮像する医療用 MRI 装置が発売されました（図 6.1 ③）．超伝導磁石の高性能化やコンピュータの処理能力増大に伴って，現在では通常の断層像だけでなく（図 6.1 ④），脳内の水分子の拡散異方性に基づく神経線維の画像化（図 6.1 ⑧），脳内代謝物質の計測（図 6.1 ⑦），脳の血管画像（図 6.1 ⑨）など，脳のさまざまな組織や物質を画像化できるようになり，医療にとって必要不可欠な装置になっています（図 6.1）．一方，血流の情報から脳の構造ではなく脳の活動を計測できることが示されたのは1990 年代初頭のことです（図 6.1 ⑤；Ogawa *et al.*, 1990a, 1990b）．頭部や身体の断層像を撮像する医療用 MRI 装置をそのまま使えますが，脳の構造ではなく機能を測れることから fMRI（functional magnetic resonance imaging）と呼ばれています．

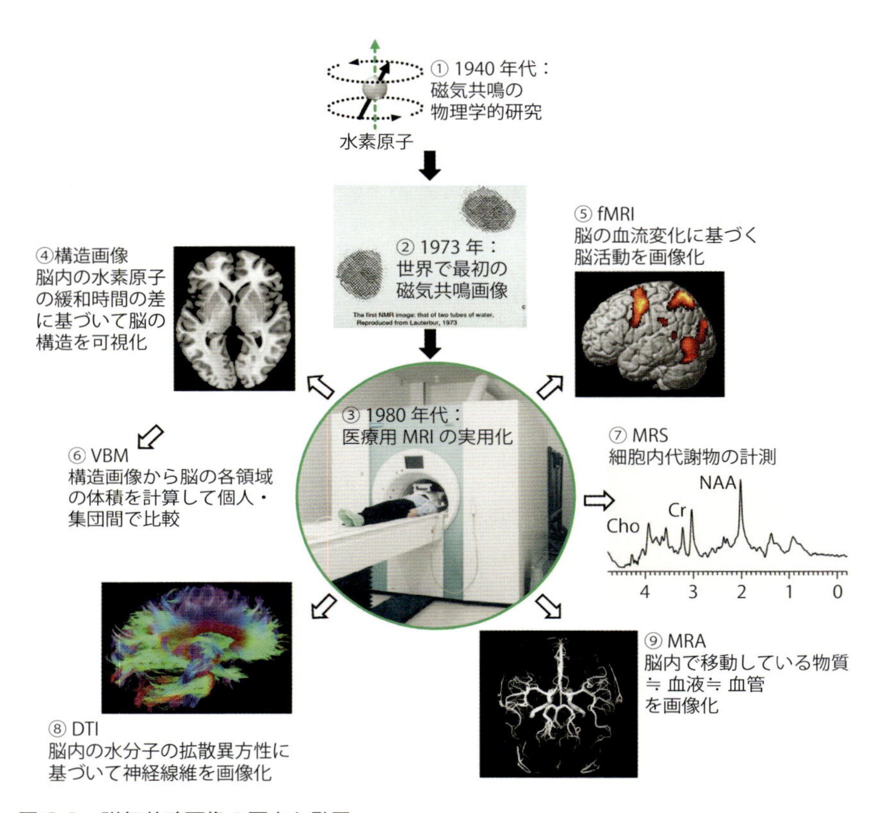

図 6.1　磁気共鳴画像の歴史と発展
②は, Lauterbur 1973 より引用. ⑧は, The NIH Human Connectome Project（www.humanconnectomeproject.org）より. ⑨は，明治国際医療大学・田中忠蔵氏提供 .

解説　MRI と NMRI

磁気共鳴画像（MRI）は，当初は NMRI（nuclear magnetic resonance imaging）と呼ばれていました．ところが「核（nuclear）」というと，どうしても「核爆弾」→「放射能」を連想してしまいます．実際には MRI は放射能とは全く関係ありませんが，このような誤解を防ぐために，特に医療分野では徐々に N を省いて MRI と呼ばれるようになりました．

磁気共鳴画像装置自体は高価ですが，

①生体の断層像を撮影する臨床検査用の装置をそのまま使用できる,

②大脳皮質だけでなく，間脳・中脳・小脳・脳幹など，全脳の活動を高い空間分解能と精度・確度で計測できる，

③同じ装置で撮像法を変えることにより，非侵襲脳機能イメージングにとって必須である，脳の構造画像や上記の種々の画像を得られる

ことから急速に普及し，医療だけでなく脳神経科学の基礎研究としての非侵襲脳機能イメージングにおいても中心的な計測法となっています．

6.2 磁気共鳴画像装置のハードウェア

図 6.2 に磁気共鳴画像装置の外観と主要な構成を示しました．1.5 テスラ以上の高磁場磁気共鳴画像装置は，液体ヘリウムによって冷却され，超伝導状態にあるコイルに電流を流し，強力で（1.5 ～ 7 テスラ，地磁気（約 0.5 ガウス）

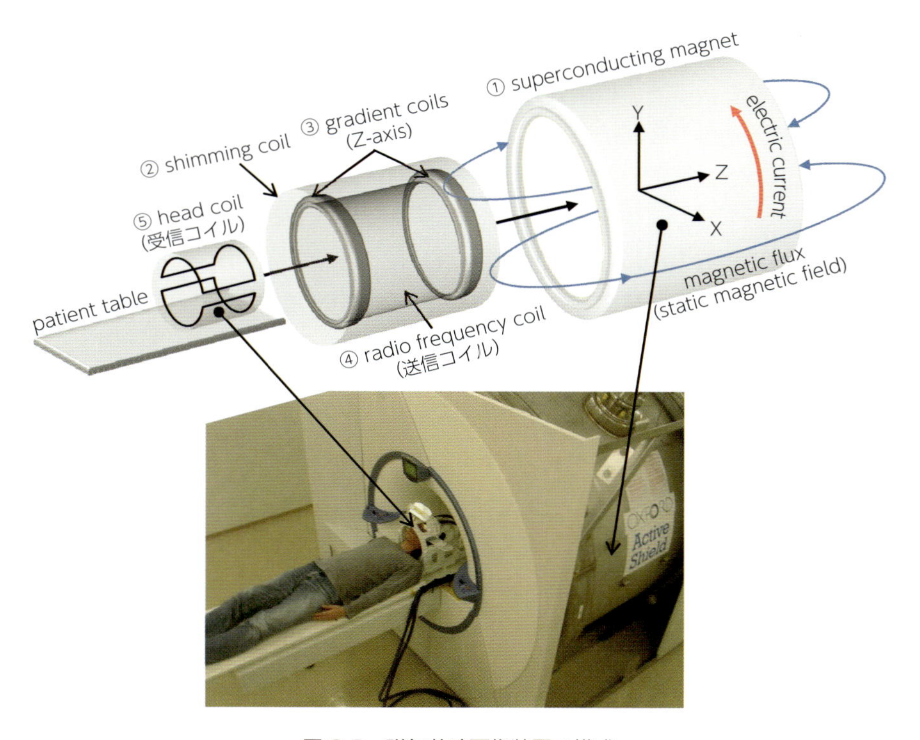

図 6.2　磁気共鳴画像装置の構成

の数万倍）均一な静磁場を作り出している円筒状の超伝導マグネット（superconducting magnet, 図 6.2 ①）を中心に構成されています．マグネットの内側には磁場の均一度を調整するためのシムコイル（shimming coil, 図 6.2 ②），x/y/z の 3 方向について線形の傾斜磁場をつくるための傾斜磁場コイル（gradient coils, 図 6.2 ③；図 6.2 では Z 軸方向の傾斜磁場のみを表示）と，高周波の振動磁場を発生する送信コイル（radio frequency coil, 図 6.2 ④）があります．さらに，fMRI では頭部を撮像するので，超伝導マグネットの中心に磁気共鳴信号を受信する頭部用受信コイル（head coil, 図 6.2 ⑤）を置き，この中に被験者の頭部が入ります．

6.3 磁気共鳴の原理

共鳴現象とは，特定の周波数（共鳴周波数あるいは固有周波数）を有する物体または系が，他の同じ周波数で振動する物体または系からエネルギーを吸収して振動することです．核磁気共鳴とは，磁場中に置かれることにより一定の周波数で歳差運動（後述）をする原子核が，同じ周波数の高周波磁場からエネルギーを吸収する現象です．エネルギーを吸収した状態で高周波磁場を止めると，原子は吸収したエネルギーを同じ周波数の高周波磁場として放出します．この高周波磁場をコイルにより受信したものが磁気共鳴信号であり，磁気共鳴信号を後述する傾斜磁場によって得られる位置情報に基づいて再構成し，二次元の断層画像として画像化したものが磁気共鳴画像です．

生体用の MRI では，通常は生体組織に多く存在する水分子や脂肪を構成す

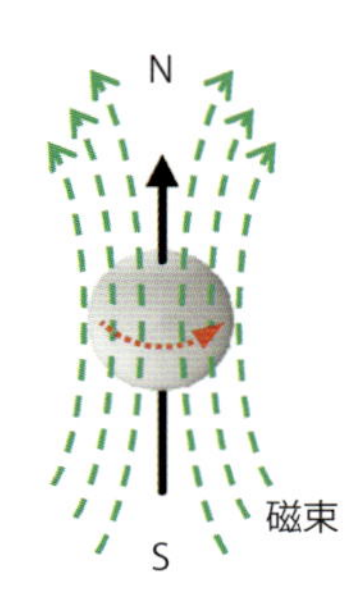

図 6.3　水素原子とスピン

る水素原子を対象とします（水分子や脂肪以外の水素原子の計測が 6.5.3 項で述べる MRS になります）．水素原子核は，正の電荷をもつ陽子がスピンと呼ばれる自転運動（核スピン）によって磁性が発生しているので，図 6.3 のように 1 つ 1 つの水素原子を小さな電磁石と見なすことができます．

核スピンが一定の強度の静磁場に入ると以下の 2 つの現象が生じます．

①通常はバラバラの向きで回転している核スピンが（図 6.4 ①），静磁場と同じ方向（基底状態：low energy state）に向きを揃えようとしますが，逆方向（励起状態：high energy state）を向いたスピンも存在します（ゼーマン分裂）．この時，基底状態の核スピンのほうがわずかに多くなっています（図 6.4 ②，解説「基底状態と励起状態のスピンの数」参照）．

②実際は，個々のスピンは完全に静磁場方向に配列しているのではなく，静磁場に対してある角度をもっています．さらに，原子核の種類と静磁場強度によって決まる周波数（ラーモア周波数：Larmor frequency，解説「ラーモア周波数」参照）で，静磁場の方向を中心として回転軸を傾けながら

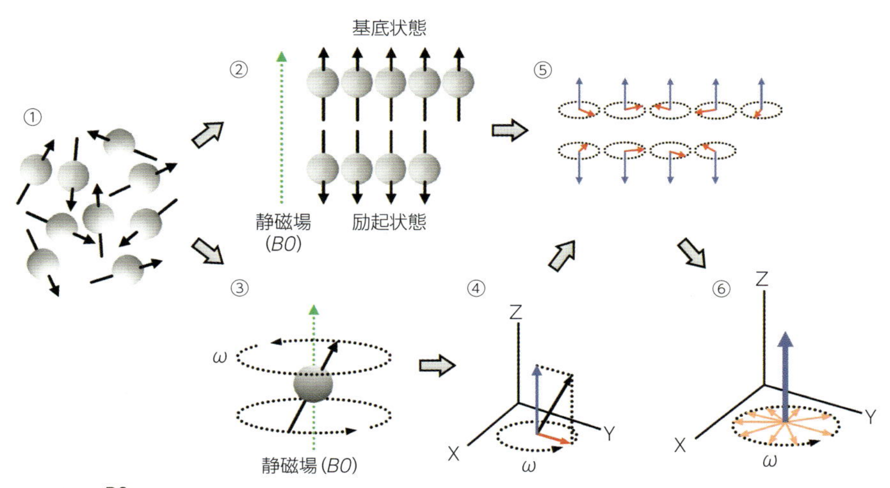

$\omega = \gamma B0$

ω：歳差運動の周波数（ラーモア周波数）

γ：原子核の種類で決まる磁気回転比（水素原子：42.6 MHz/T）

$B0$：静磁場強度（T）

図 6.4　歳差運動とゼーマン分裂

解説 **基底状態と励起状態のスピンの数**

基底状態（N−）と励起状態（N+）のスピンの数の比はボルツマン分布に従います．
すなわち，

$$N(-)/N(+) = \exp(2\mu B_0/kT)$$

k：ボルツマン定数，T：絶対温度，B_0：磁束密度，μ：磁気モーメント

として与えられます．水素原子における陽子の磁気モーメントは 1.4×10^{-26} なので，室温にある 1T（テスラ）の磁場では，N(+) が 100 万個に対して N(−) が 7 個多く存在することになります（その差はわずかですが，1 cc の水には，300 兆個の水素原子が含まれます）．このように基底状態と励起状態のスピンの数の比は温度と磁場強度の関数として与えられるので，静磁場強度が大きくなるほど N(−) − N(+) が大きくなり，磁気共鳴信号が強くなります．磁気共鳴信号が強くなれば S/N 比が高くなるので，より小さなボクセルで撮像することができます．

解説 **ラーモア周波数（Larmor frequency）**

歳差運動の周波数は，以下の式によって決まります．

$$\omega = \gamma B_0$$

ω：歳差運動の角周波数，γ：原子核の種類で決まる磁気回転比，
B_0：静磁場の磁束密度

水素原子核の磁気回転比は 42.6 MHz/T なので，3T の磁気共鳴画像装置の内部では水素原子の核スピンは 1 億 2,700 万回／秒で歳差運動していることになります．

回転するコマのような歳差運動をしています（図 6.4 ③）．

傾いた磁石が回転しているので，静磁場の方向を Z とすると，個々の核スピンは図 6.4 ④のように Z 軸方向の成分と（縦磁化成分：longitudinal magnetization），X-Y 平面上で回転する成分（横磁化成分：transverse magnetization）に分解でき，したがって図 6.4 ②は図 6.4 ⑤のように表すことができます．さらに複数の核スピンをまとめて巨視的（macroscopic）に見ると，縦磁化成分は反対方向を向いた核スピンの縦磁化成分によって打ち

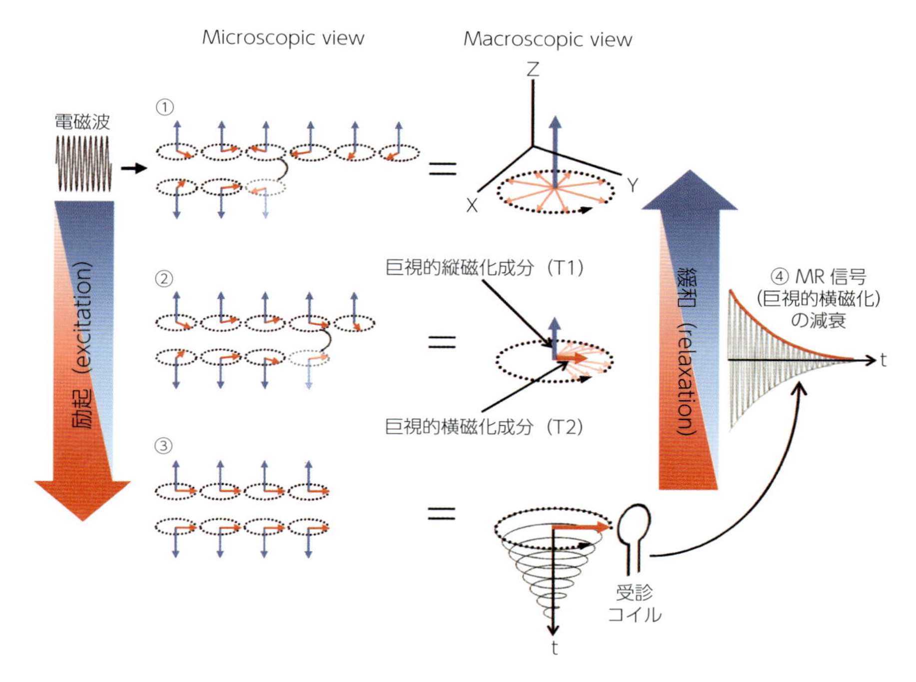

図 6.5　励起と緩和

消され，基底状態のスピンが多い分 Z 軸方向の成分が残ります（巨視的縦磁化成分）．X-Y 平面上の横磁化成分は個々の核スピンの位相がバラバラなので巨視的横磁化成分はゼロとなります（図 6.4 ⑥）．この状態で核スピンの歳差運動の周波数と等しい高周波磁場を与え続けると，図 6.5 ①→②→③に示した以下の 2 つの現象が同時に（しかし独立して）生じます．

①核スピンが高周波磁場のエネルギーを吸収して，基底状態にある核スピンがエネルギーの高い励起状態へと遷移する．

②核スピンの位相が高周波磁場の位相に同期することにより，個々の核スピンの横磁化成分の位相が揃う．

この 2 つの現象をあわせて「励起」（excitation）と呼びます．高周波磁場を一定期間照射し，基底状態と励起状態の核スピンが同数になれば Z 軸に平行な巨視的縦磁化成分はゼロとなり，核スピンの位相が揃うにつれて X-Y 平面上に巨視的横磁化成分が出現します（図 6.5 ①→②→③）．磁化ベクトルが 90 度倒れたことになるので（この角度を flip angle といい，FA で表します），この電磁波を 90 度励起パルスと呼び，励起パルスと励起パルスの時間間隔を繰り返し時間（repetition time: TR）といいます．電磁波を止めると，励起とは逆の「緩和」（relaxation）が始まり，以下の 2 つの現象が（独立して）生じます（図 6.5 ③→②→①）．

すなわち，

①吸収されたエネルギーが周囲に放出され，励起状態にある核スピンが基底状態に戻ることにより巨視的縦磁化成分が回復します（T1 緩和，あるいは縦緩和：longitudinal relaxation）．

②近傍にある核スピン同士がつくる微小な磁場が干渉することにより（スピン—スピン相互作用），核スピンの位相がずれて（dephasing）巨視的横磁化成分が徐々に減衰します（T2 緩和，あるいは横緩和：transverse relaxation; 図 6.5 ④）．この時に X-Y 平面上に受信コイルがあれば，巨視的横磁化成分の回転に伴う電磁誘導によって，受信コイルに歳差運動と等しい周波数の正弦波様の起電力が発生し（図 6.5 ④，MR 信号），これが磁気共鳴信号となります．

緩和に要する時間（緩和時間，relaxation time）は，水素原子が組織内で他のどのような原子・分子と結合しているかにより異なります．したがって，励起から一定時間後（エコー時間，echo time: TE）の磁気共鳴信号強度は脳の白質・灰白質・脳室（＝脳脊髄液，cerebrospinal fluid: CSF）などの組織によって異なり（図 6.6 ①，MR 信号の減衰），各ボクセル（解説「ボクセル」参照）の輝度値にグレースケールを割り当てて画像として表示すれば，脳の構造画像が得られます（図 6.6 ④．T2 強調画像．縦磁化成分を画像化する T1

解説　ボクセル（voxel）

volume（体積）と pixel からつくられた造語．デジタル画像（二次元）はピクセルの集合としてつくられていますが，生体から記録される信号は，厚さ（スライス厚）を考慮した三次元空間からの信号なので，一般にこれをボクセルと呼びます．

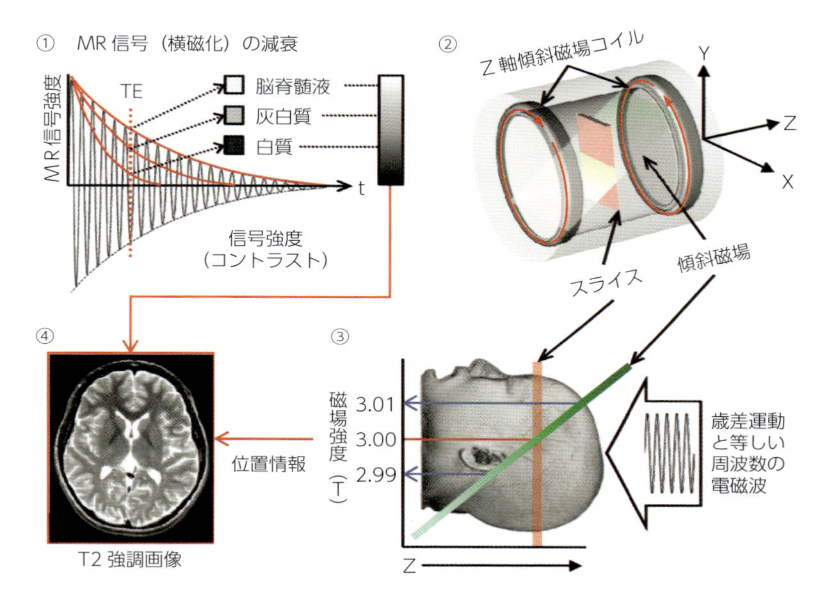

図6.6 画像の構成（コントラストと位置情報）

強調画像もありますが省略します）.

断層像を得るためには，磁気共鳴信号が脳のどの部位から得られたかを示す位置情報が必要です．位置情報の取得には，磁場強度の違いによる共鳴周波数（resonant frequency）の違いを利用します．超伝導マグネットの内側に，空間の3方向についてそれぞれ傾斜磁場をつくるための一対になったコイルがあります（図6.6②では，Z軸傾斜磁場コイルのみを表示）．一対のコイルに逆方向に電流を流し，超伝導マグネットによる静磁場をZ軸に対して線形に傾斜させます（図6.6②）．核スピンの歳差運動の周波数は磁場強度により異なり，磁気共鳴はスピンの歳差運動と等しい周波数の高周波磁場でなければ生じないので，Z軸上の特定の面（図6.6③，スライス）に選択的に図6.5①→②→③に示した励起を起こすことができます．さらにスライス面内での位置情報を得るためにX軸，Y軸に対しても磁場を傾斜させ，二次元フーリエ変換により歳差運動の周波数と位相情報から位置を求めて，断層画像を構成します（図6.6④）.

6.4 機能的磁気共鳴画像(functional Magnetice Resonance Imaging: fMRI)

6.4.1 fMRI の原理（blood oxygenation level dependent 効果：BOLD 効果）

実際の横磁化成分は，スピン—スピン相互作用から理論的に予測される減衰（自由誘導減衰，free induction decay: FID）より早く減衰します．スピン—スピン相互作用以外に，磁場の不均一があれば，核スピンの歳差運動の周波数が異なるために，個々の核スピンの位相がより早くずれるからです．これを T2 と区別するために T2*（T2 スター）と呼びます．磁場の不均一の原因としては，

①超伝導マグネットそのものがもつ静磁場の不均一

②マグネット内に空気とは異なる磁化率（解説「常磁性体・反磁性体・磁化率」参照）をもつ生体が入ることにより生じる不均一

解説　常磁性体・反磁性体・磁化率（paramagnetic material, diamagnetic material, magnetic susceptibility）

磁場の中に物質が置かれると，その物質は磁化され，それ自身が一時的な磁石となり，周辺に新たな磁場をつくります．この磁化されやすさの尺度を磁化率（magnetic susceptibility）と呼びます．単位体積あたりに生じた磁気双極子モーメントの量を磁化ベクトル（J）とすると，

$$J = \chi H$$

H：磁場の強さ

となり，χ を磁化率といいます．磁化率が負の値を示す物質を反磁性体（diamagnetic material）といい，磁場中に置かれるとわずかに磁場とは反対方向に磁化されますが，磁気共鳴信号にはほとんど影響しません（水，紙等，ほとんどの有機化合物・無機化合物）．正の値を示す物質は常磁性体（paramagnetic material）と呼び，磁場と同じ方向に磁化されますが，磁場がなくなれば磁化も消失します（一部の金属，酸素分子，窒素酸化物等）．大きな正の値を示す物質は強磁性体（ferromagnetic material）と呼ばれ，磁場中では磁場と同方向に強く磁化され，磁場がなくなっても磁化が消失しません（鉄，ニッケル，コバルト等の金属，フェライトなどの無機化合物）．

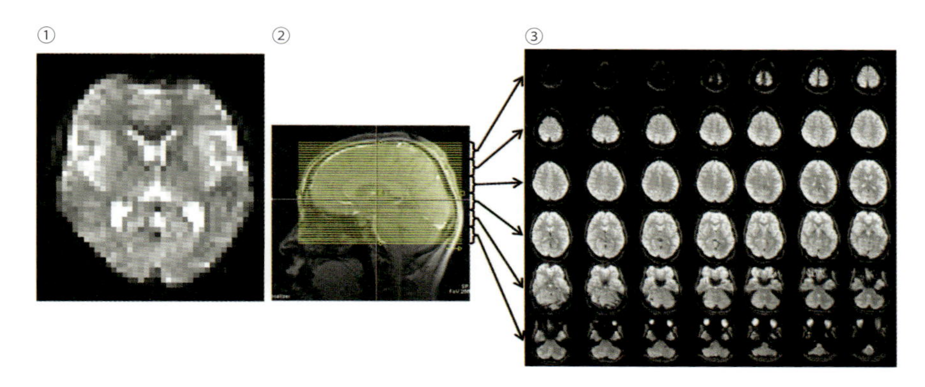

図 6.7　機能的磁気共鳴画像の例

③血液中のヘモグロビン（hemoglobin）に起因する不均一（BOLD 効果）などがあります．これらの中で，血流量（cerebral blood flow: CBF）の変化に伴って生じる，③血液中のヘモグロビンに起因する磁場の不均一を検出するのが fMRI です．そのため，機能画像のことを T2* 強調画像（T2*-weighted image）とも呼びます．

図 6.7 に機能画像の例を示しました．図 6.7 ①では機能画像が明暗比（＝コントラスト）のあるボクセルの集合であることを明示的に示すために，空間フィルタをかける前の画像を表示しています．MRI の原理で説明したように，fMRI 画像の信号の絶対値（各ボクセルの輝度）は脳の各組織の T2* 緩和時間に依存しており（図 6.6 ①），脳の神経活動とは全く関係がありません（したがって図 6.7 ①では，脳室の信号値が最も高くなっています）．図 6.7 ②に示した脳の最上部から脳幹・小脳を含む最下部までを 64 × 64 ボクセル（ボクセルサイズ 3 × 3 × 3 mm）で構成される 42 枚のスライスで撮像した機能画像が図 6.7 ③になります．次に，fMRI の原理となる BOLD 効果について説明します．

第 3 章で述べたように，脳は神経細胞の活動に必要な酸素やブドウ糖を，血液から受け取っています．特に酸素は，血液中の赤血球（red blood cell）の中にあるヘモグロビンによって運ばれます．ヘモグロビン（直径：7 ～ 8 μm，厚さ：1 ～ 2 μm）は，ヘム（heme）と呼ばれる鉄原子を取り巻く有機化合

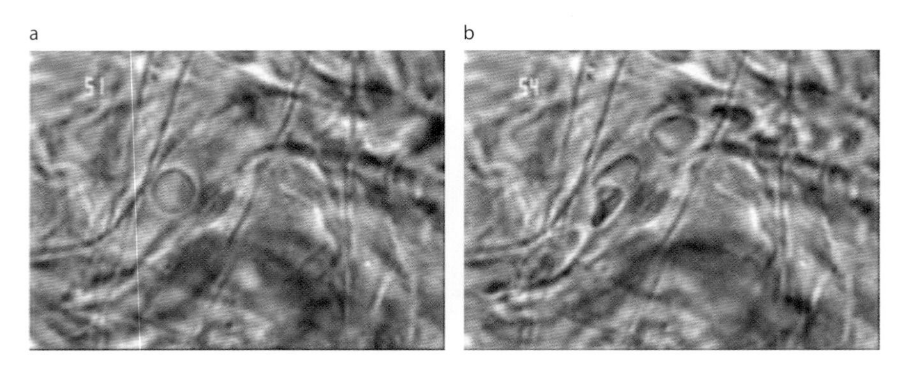

図 6.8　毛細血管の中を流れる赤血球
a：流速が遅い場合，b：流速が速い場合．山本（2007）より引用．

物（ポルフィリン：porphyrin）と，グロビン（globin）と呼ばれるタンパク質から構成されています．肺でヘム内の鉄原子に酸素分子が結合したヘモグロビンは，動脈（artery）から細動脈（arteriole），毛細血管（capillary，直径 8 ～ 10 μm）を通り（図 6.8，図 6.9 ①②），ここで酸素を放出して二酸化炭素と結合し，細静脈（venule）から静脈（vein）を経て肺に戻ります．

ヘモグロビンは，酸素との結合状態によって磁化率が変化します．酸素分子と結合した酸素化ヘモグロビンは反磁性を示すのに対して，酸素分子を離した脱酸素化ヘモグロビンは常磁性を示します（解説「常磁性体・反磁性体・磁化率」参照）．したがって，強い磁場の中では deoxy-Hb は磁化されて新たな磁場を形成するため，deoxy-Hb を含む血管と周囲の組織では磁場の均一度が低下しています．水素原子のスピンの回転周波数は磁場強度に依存し，deoxy-Hb の周囲の水分子内の水素原子スピンの位相は早く乱れ，T2* 緩和時間が短縮します．したがって，通常の状態では毛細血管の周囲の T2* 信号値は低下しています（図 6.9 ③，活動前）．この血管内の deoxy-Hb の常磁性による磁気共鳴信号の変化を BOLD 効果と呼びます（Ogawa *et al.*, 1990a, 1990b）．

ここで脳のある領域のニューロンが活動すると，以下の現象が生じます．

①脳内の局所的な神経活動によって酸素消費量が増大する．

②酸素消費量の増大によって脱酸素化ヘモグロビンが増加した結果，T2* 緩

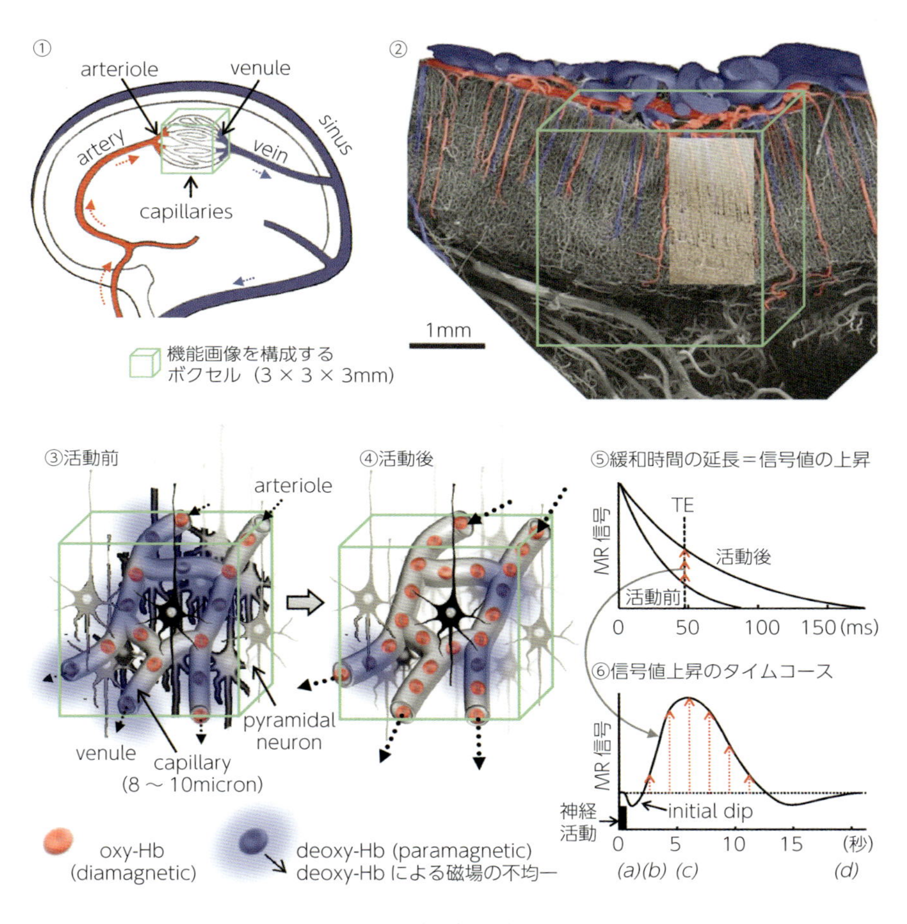

図 6.9　機能的磁気共鳴画像の原理

和時間が短縮し，一時的に T2* 信号が減少する（initial dip, 図 6.9 ⑥ a）.

③活動したニューロンへ酸素を供給するために周囲の毛細血管の局所血流量が増大する.

④血流量の増加は 30 ～ 50%に達し，実際の酸素消費量の増加（約 5%）を大幅に上回る（Fox and Raichle 1986; Fox *et al.*, 1988）.

⑤その結果，毛細血管および細静脈での血流量と流速が上がり，脱酸素化ヘモグロビンが急速に灌流され，ニューロンの周囲にある毛細血管の単位体

積（ボクセル）あたりの deoxy-Hb 量が減少する（図 6.9 ④，活動後）.

⑥磁性体である deoxy-Hb の減少によりボクセル内の磁場の均一度が上がり，T2* 緩和時間が延長した結果，T2* 信号が増大する（図 6.9 ⑤）. 信号の増大は神経活動と同時ではなく，血流の増加に伴って神経活動から 1 ～ 2 秒遅れて始まり（図 6.9 ⑥ b），5 ～ 6 秒でピークに達し（図 6.9 ⑥ c），約 20 秒後に元に戻る（図 6.9 ⑥ d）. この変化は血流動態反応関数（hemodynamic response function: HRF）と呼ばれます.

したがって，fMRI における脳活動に伴う信号値の上昇は，神経細胞が活動した領域の信号値が上昇するというよりは，BOLD 効果によって毛細血管周囲の脳組織の信号値がもともと低下しており，それが脳活動に伴う血流の増加による灌流（perfusion）効果で deoxy-Hb が減少し，低下していた信号値が回復する，という理解のほうが正確です. 図 6.10 に，左前腕への熱痛刺激により賦活された右第一次体性感覚野の 1 ボクセルの信号値の時系列データとグラフ右上に重回帰分析（SPM8; Wellcome Department of Imaging Neuroscience, http://www.fil.ion.ucl.ac.uk/spm/）による解析結果を示しました. 図 6.10 の時系列データは，一般の fMRI を用いた論文に掲載されている図とは異なり，頭部の動きの補正以外は何のフィルタ処理もせずに，縦軸も MRI 信号の絶対値で表示したものです. たしかに熱痛刺激の on/off に応じた信号値の変化が認められますが，信号の変化率は，わずか 1％程度にすぎ

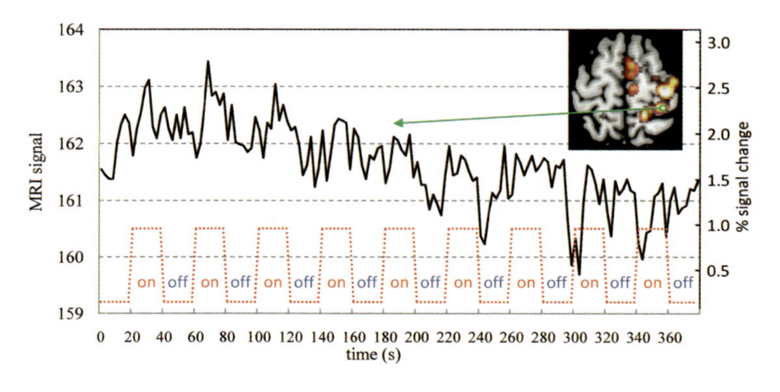

図 6.10　機能的磁気共鳴画像の信号値の変化

ず，刺激による信号値の上昇より大きい緩徐な変動や，刺激が呈示されていない時（off）でも大きな信号値の変動が認められます．すなわち右上に示した解析結果の画像から直感的に予想されるよりも実際の信号雑音比（signal to noise ratio: S/N ratio）は非常に低いのです．fMRI に限らず，非侵襲脳機能計測による脳研究は，非常に低い S/N 比の中から，いかにノイズを低減，あるいは一定に保ち，実験条件に伴うわずかな信号変化を取り出すことができるかに尽きます．そのためには，MRI の原理，BOLD 効果の原理，BOLD 効果の時間特性等を理解した上で，剰余変数を一定に保ち，実験変数だけを変化させる実験条件・刺激の設定が不可欠です．

6.4.2 脳機能計測法としての fMRI の特徴

fMRI の空間分解能に関しては，一般に 1 つのボクセルのサイズが 2 × 2 × 2 ～ 3 × 3 × 5 mm 程度で，192 × 192 ～ 256 × 256 mm の撮像範囲（field of view: FoV）を，1 スライスにつき 64 × 64 ～ 128 × 128 の空間解像度で得ることができます．解析の際の空間フィルタを考えなければ，基本的に各ボクセルの信号値は独立なので，2 ～ 3 mm 程度の分解能を有しています．MRI の空間分解能は静磁場の強度に依存しており（6.3 節 解説「基底状態と励起状態のスピンの数」参照），近年実用化された超高磁場（7 ～ 9.4 テスラ）の磁気共鳴画像装置では，1 mm 以下のボクセルサイズでも十分な強度の磁気共鳴信号が得られます．このことは fMRI の空間分解能が，第 1 章に示した図 1.4 の縦軸上で functional column から layer に近づいていることを意味しています．実際に 7 テスラの高磁場 MRI を用いてヒトやサルの第一次視覚野で，眼優位性コラムだけでなく方位選択性コラム（Yacoub *et al.*, 2008）や layer（Polimeni *et al.*, 2010; Olman *et al.*, 2012）に選択的な賦活が報告されています．ただし fMRI 信号の変化が毛細血管での血流の変化なのか，細静脈での血流の変化も含むのかについては，BOLD 効果の発見以降絶えず議論されてきました．前者であれば，fMRI の信号値は正確にニューロンが活動した部位に限局した変化を示しますが，後者であればニューロンが活動した部位と，その下流の静脈を含む，より広い範囲で信号値が変化することになり，空間分解能は低下します（1.2 節①：その現象が局所の神経活動に対してどの程度の空間スケール・時間スケールで生じるかという生理学的に規定される要因）．現時点では，比較的狭い領域のニューロンが活動した場合の信号値の上昇はほぼ毛細血管領域に限定されるのに対して，広い領域のニューロンが同時に活動した場合はBOLD効果に起因する信号値の上昇が細静脈にまで及ぶと考えられています（Logothetis, 2008, Supplementary Information; Kim and Ogawa, 2012）．

fMRIでの信号値の増加が脳のどのような神経活動を反映しているかについては，サルおよびネコを用いたfMRIと神経生理学的記録の同時記録により調べられています（Logothetis *et al.*, 2001; Logothetis and Wandell, 2004）．その結果，BOLD効果による信号変化は，狭い領域（0.2 × 0.2 mm程度）の個々のニューロンの発火頻度を反映するMUAよりも，より広い領域内（2 × 2 mm程度）のニューロンの同期的活動を反映するLFPとの相関が高いことが示されました．すなわち特定の脳領域の出力（SUA/MUAで示される錐体細胞の活動電位）ではなく，LFP, ECoG, EEGと同様に，機能コラムや単一の領域内での局所的な結合からの入力によるシナプス活動を，強く反映していると考えられています（解説「BOLD信号とLFP, ECoG, EEG」参照）．

fMRIの利点として，空間分解能の高さが強調されますが，血流が変化した部位の信号強度変化を直接計測しているので，第4，5章で述べたEEGや

解説　BOLD信号とLFP, ECoG, EEG

Logothetisが報告しているのは，ニューロンの活動電位を記録しているMUAよりも，主にシナプス後電位を反映しているLFPのほうがfMRI信号との相関が「比較的高かった」ということです．通常はシナプスからの入力とニューロンの発火には高い相関が認められますし，ヒトでのSUAとfMRI計測から，ニューロンの発火頻度とfMRI信号が高い相関を示した報告もあります（Mukamel *et al.*, 2005）．したがってfMRI信号がどのような神経活動を反映しているのかについては，まだ結論は出ていません．また，LFP, ECoG, EEGは，いずれもシナプス後電位に起因する細胞外電流を主に反映していますが，電流源から電極までの距離と，脳実質および脳外組織の伝導特性によって記録される周波数帯域は大きく異なっており，全く同じ活動を見ている訳ではありません．

MEG のような活動源の位置に関する推定誤差を原理的に含まず，脳表・脳深部を問わず高い確度を有することも大きな利点です．また，fMRI の長所として，同じく血流を計測する PET との比較において，時間分解能の高さと非侵襲性が挙げられます．時間分解能に関しては，PET では 1 回の撮像に 1 ～数分以上かかるのに対し，fMRI では，1 回の励起でスライス上のすべてのボクセルから磁気共鳴信号を取得するシングルショット EPI 法（single-shot echo planar imaging）により，数十～ 100 ms 程度で 1 枚の画像を得ることができます．1 枚の機能画像の厚さを 3 ～ 4 mm とすれば，30 ～ 40 枚でほぼ脳全体を撮像できるので，2 ～ 3 秒ごとに全脳の機能画像が得られます．さらに最近になって，一度に複数のスライスを励起してデータを取得する方法（multiband echo planar imaging）が実用化されつつあり，撮像に要する時間はさらに 1/2 ～ 1/3 に短縮することが可能です．ただし，上述のように fMRI で見ている現象は血流の変化であり，実際の神経活動に比べると遅い変化しか示さないので，たとえば視覚刺激の提示に伴う一次視覚野の活動と視覚前野の活動の時間的関係を直接計測することはできません．非侵襲性に関しては，PET のように放射性物質の注入を必要としないため，同一の被験者を短期間に何度でも計測することができます．したがって，学習や神経精神疾患からの回復に伴う数時間～ 1 年以上にわたる脳活動の変化を同一の被験者で縦断的に計測することが可能です．

6.4.3 fMRI の実験デザイン

6.4.1 項で述べたように，fMRI において得られる BOLD 信号は，脳活動の絶対量とは関係がありません．また BOLD 信号の時間変化は，すでに述べたように比較的遅いことが知られています（6.4.1 項）．fMRI を用いた研究では，このような fMRI の信号値がもつ特性を考慮した実験デザインを組む必要があります．すなわち fMRI で得られる信号の増加や減少は，あくまで対照条件との比較においてであり，結果の解釈に際しては，どのような課題，状態に対して信号値が増加，減少しているかを考慮するべきです．以降，fMRI の代表的な実験デザインであるブロックデザインと事象関連（event-related）デザインについて解説し，実験デザインの策定について注意すべき点を挙げていきます．

(1) ブロックデザイン

実験条件の設定を，比較的長い期間（数十秒）の単位で行う実験デザインで，何らかの課題を行う期間と行わない期間，または異なる実験条件の期間を，20～数十秒の単位で切り替えます（図6.11a）．持続的に与えられる刺激に対する脳活動を見る場合や，期間中に同一条件の課題を集中して行い，条件間の平均的な活動の差を比較する場合に用いられます．同一条件を短い期間に集中することで，後で述べる事象関連デザインに比べて，信号値の変化が大きくなるという利点があります．ただし，得られるのは期間中の平均的な脳活動であり，単一の刺激に対する応答を調べることはできません．また，同一条件の課題を集中的に繰り返すと，被験者が課題に対して予測や期待をしたり，刺激に対して慣れが生じたりすることも考えられます．このような問題を避けるた

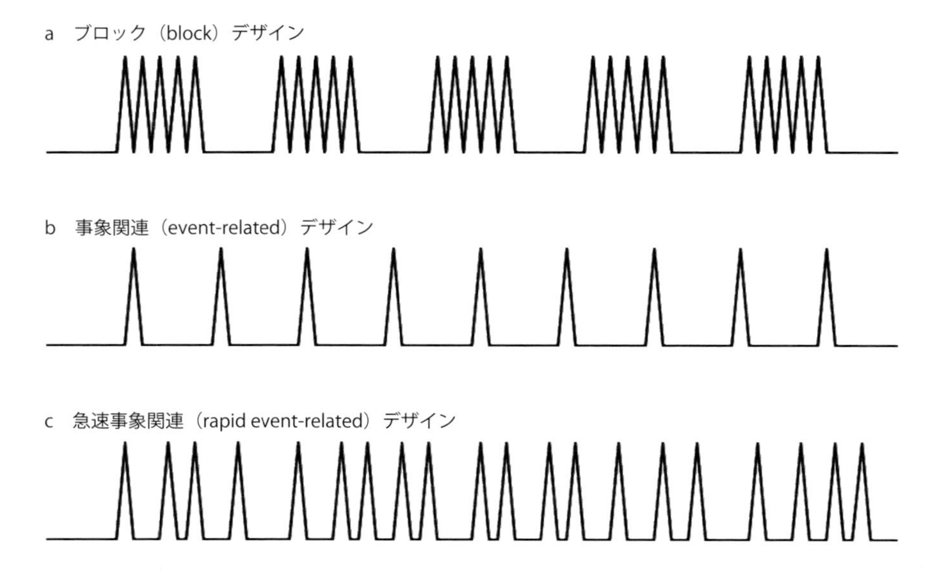

図6.11　fMRIにおける実験デザイン
図中のパルスの立ち上がりが課題や刺激の生起に対応する．

めに，期間中の課題条件は全く同じにせず，何割かの異なる条件を混入することもあります．

(2) 事象関連デザイン

実験条件を課題単位で設定し，個々の課題や刺激の提示（以下イベントと呼びます）に対応した信号変化をとらえるデザインで（図 6.11b），イベントの生起に伴って fMRI 信号が変化する領域を活動部位として特定します．個々の課題単位で実験条件を設定できることから，ブロックデザインに比べ課題設定に対する制約が少なく，また被験者の反応に応じた事後的（post-hoc）な解析，たとえば課題に成功した場合と失敗した場合に分けた分析なども可能です．ただし，HRF の時間特性から，個々のイベントの影響はイベント終了後も十数秒以上残るため，イベントに対する反応を個別に抽出するためには，間隔を十分長くとる必要があります．またブロックデザインに比べて信号値の変化が小さいことから，信頼できる結果を得るために多くの試行数を必要とします．これらの理由から，事象関連デザインでは実験時間が長くなる傾向があります．また，イベントに関連した活動のみを抽出するので，課題期間中の持続的な変化はとらえにくくなります．事象関連デザインの時間制約を解決するために，より短い時間間隔でイベントを提示する方法も考えられています（急速事象関連（rapid event-related）デザイン，図 6.11c）．このデザインではイベントの時間間隔を，一定ではなくランダムに変化させることにより，先行，後続するイベントの影響をばらつかせて，個々のイベントに関連した反応を抽出することを可能にしています．短時間の実験で多くの試行数が得られるので，統計的にも有利です．ただし時間間隔の散らばり方により，統計効率に差が出るので，単純に無作為なランダム系列を用いるのではなく，あらかじめ最適なデザインを設定する必要があります．

(3) 実験デザインの選択における注意点

それぞれのデザインに長所，短所があり，実験の性質や目的に応じて適切なデザインを選択することが重要です．実験の自由度は事象関連デザインのほうが高いですが，信号変化はブロックデザインのほうが大きくなります．また事象関連デザインでは，後の一般線形モデルによる解析で述べるように，個々の刺激に対する BOLD 信号の反応波形に対する仮定が必要ですが，ブロックデザインでは反応波形の違いによる影響は受けにくくなります．いずれにせよ，調べようとする脳活動を最適な形で抽出するためには，信号の元となるHRFやデータの解析法に関する理解を深めることが重要です．

6.4.4　fMRIのデータ解析

fMRIのデータ解析では，一般に種々の前処理を行ってから，活動部位を特定するための解析を行います．以下ではまず，脳における位置を表すために用いられる座標系について述べ，次に画像の前処理で行われる各種の処理について説明します．その後，活動部位を特定するための解析法について取り上げます．前処理や解析の手続きに関してはさまざまな手法が提案されていますが，ここでは個々の手法の詳細には立ち入らず，それぞれの処理が何を目的として行われ，どのような結果が得られるのかを中心に説明します．

(1)　脳の位置座標

fMRI研究で用いられる脳内の特定の位置を表すための座標系では，前交連（AC）を原点とし，前交連と後交連（PC）を結ぶ線を前後方向のY軸に，前交連を通り左右方向に水平な線をX軸にとり，XY平面に垂直な方向をZ軸にとります（図6.12）．活動部位を表す時に，このAC-PCを基準とした座標系がよく用いられます．異なる実験で活動部位を比較する時には，後に述べるように標準脳に対して活動部位を当てはめることが行われますが，同じ座標系を用いていても，当てはめる標準脳が異なれば，それが示す脳部位は異なるものとなります．現在よく使われる標準脳にはTalairachによるもの（Talairach and Tournoux, 1988）とMNI（Montreal Neurological Institute）によるもの（Evans and Collins, 1993）があり，異なる研究で活動位置を比較する際には，表されている座標位置がどの標準脳に対応したものであるのかに注意する必要があります．

(2)　画像の前処理

fMRIのデータは画像データであり，画像の画素値が信号値の大きさを表しています．ここで，各画素はボクセルと呼ばれ，解析においては，ボクセルごとの信号の時系列変化を，脳の特定の部位におけるBOLD信号の時系列変化

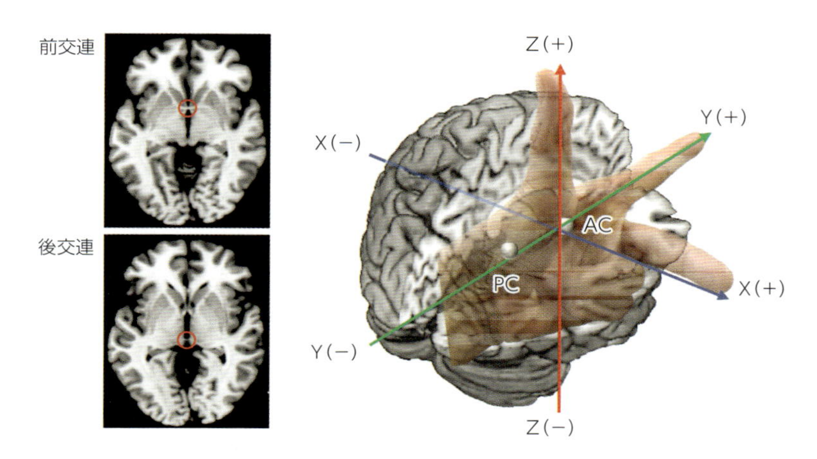

図 6.12　脳の座標系
前交連（anterior commissure: AC）と後交連（posterior commissure: PC）を結ぶ直線（AC-PC line，厳密には AC の上端と PC の下端を結ぶ直線）を Y 軸として，これに AC を通って直交する軸が X 軸および Z 軸になります．左手の人差し指を正面に突き出して，フレミングの左手の法則と同じように親指，人差し指，中指を直交させます．この時，下から順番に X ＝中指，Y ＝人差し指，親指＝ Z 方向となり，さらに指先側が各軸のプラス，指のつけ根側がマイナスになります．

として扱います．画像上でのボクセルは，特定の時点における，特定の部位の信号値を表していることが前提ですが，計測中の頭部の動きなどにより，この前提が満たされない場合があります．前処理では，このような位置ずれを補正するための処理（motion correction）が行われます．位置補正では，画像を平行移動や回転することにより，すべての時点での画像位置を，特定の時点における画像位置と同じになるように合わせます．このような補正により，位置対応をとることは可能ですが，体動そのものが信号の時系列変化に影響を与えることがあり，画像上で位置を補正しても，信号の時系列変化に対する影響までを完全に補正することはできないので，あまりに大きな動きがある場合は，時系列データとしての解析は困難です．したがって，計測中の頭部の動きを最小限に留めるための配慮が必要です．

また，異なる被験者間で脳の活動部位を比較する場合や，多人数のデータから活動部位を特定する場合には，異なる形の脳の間で位置対応をとる必要があります．このために，各個人の脳画像を共通のテンプレートに対して形を合わせるように変形する標準化（normalize）の処理が行われます．この際，異なる研究間で位置の比較が行えるように，テンプレートとして標準脳と呼ばれるものが広く用いられています．これらのほかにも，1 回の撮像内でのスライス間の撮像時間のずれを補正する処理（slice timing correction）や，ボクセル境界をぼかして画像を平滑化（smoothing）する処理なども行われます．平滑化によって標準化における位置対応のずれが緩和され，また統計解析においては画像の平滑性を利用して多重比較の補正を行うため，この処理が必要となります．

ここまで，いくつかの画像の前処理について述べてきましたが，これらのすべてが常に必要なわけではありません．前処理は元のデータに対して加工を加えるため，実際の信号変化に対して余計な影響が混入する可能性もあることに注意する必要があります．

(3) 信号の解析

信号に対してどのような解析を行うかは，実験デザインや，調べたい変化に応じて決められます，ここでは多くの場面で広く用いられている，一般線形モデルの枠組みにおける解析とその統計処理について述べます．

a. 一般線形モデル

一般線形モデルによる解析では，fMRI の信号変化を，課題条件による変化と，その他のノイズによる変化の線形和として解析します．解析ではまず，課題や刺激の提示に対して脳が活動した時に起こる，BOLD 信号の変化をモデル化します（図 6.13 ①）．単一の刺激に対する BOLD 信号の変化は，多くの場合 HRF で近似できます．また複数の刺激に対する反応は，刺激の時間間隔が数秒以上あれば，それぞれの刺激に対する反応の線形和で近似できます．これらの仮定をもとに，刺激系列に対して予測される BOLD 信号の変化は，刺激系列に対して HRF を重畳することでモデル化できます．ブロックデザインの場合は，個々の刺激に対してではなく，ブロック全体を矩形波として表し，それに対して HRF をかけます．次に，モデル化された課題関連の信号変化を説明変数として，実際に計測された信号に対して回帰分析を行います（図 6.13 ②）．課題条件が複数の場合には，同様の手続きで回帰に用いる説明変数を複数作成し，複数の説明変

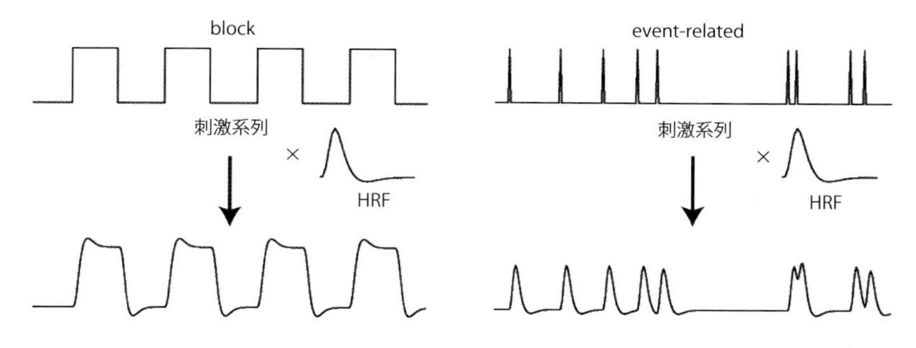

①刺激系列から HRF のモデルによる説明変数の作成

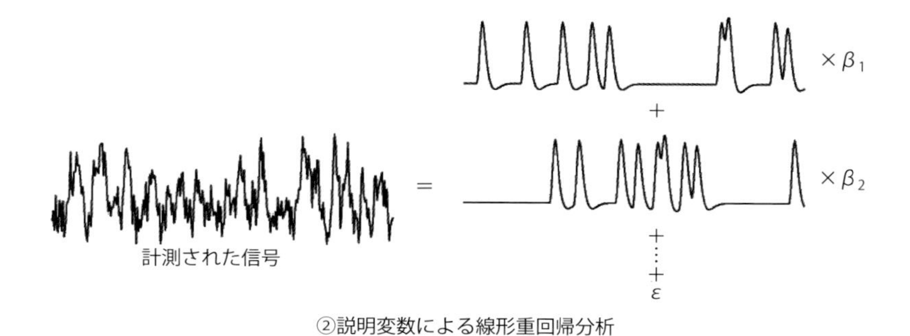

②説明変数による線形重回帰分析

図 6.13　一般線形モデルによる fMRI 信号の解析

数による線形重回帰分析を行います．ただし重回帰分析では，説明変数間に高い相関があると，個々の説明変数の係数を一意に決めることができなくなり（多重共線性の問題），特に事象関連デザインでは注意する必要があります．複数の課題を用いる時は，それらの説明変数が互いに相関しないように，実験デザインを組む必要があります．

ボクセルに対応する脳部位が課題に対して活動していれば，説明変数と高い相関をもつ信号変化を BOLD 信号はもつはずです．つまり，回帰係数がノイズに対して有意に高い部位は，課題に関連して活動している部位と考えられます．このことから，回帰係数の大きさに対して統計的検定（t 検定）を行うことにより，課題に対する脳活動の大きさを検定することができます．fMRI の論文においてよく見られる活動部位のマップは，多くの場合，この回帰係数に対する t 値の大きさを表したものです．

統計的検定を行う際には，fMRI の時系列データに自己相関が含まれることを考慮する必要があります．すなわち上述しているように HRF は十数秒に及ぶゆっくりした変化なので，撮像ごとに得られたデータは完全に独立ではなく，その前のデータと相関があります．したがって，正確な検定を行うためには，回帰の残差から自己相関を除くことや，自由度の補正などが必要となります．また，ここまでの解析ではボクセル単位での検討でしたが，撮像領域全体の数万ボクセルのデータに対して統計的検定を行う際には，多重比較の補正が必要とされます．補正には，ボクセル間の信号の相関関係を考慮して独立なサンプル数を求め，それに応じて補正を行うものや，過誤発見率（false discovery rate: FDR）をもとに補正を行うものなどが提案されています．

一般線形モデルにおける解析で注意すべき点は，検出される活動はモデル化された説明変数の波形に依存するということです．すなわち，課題に相関した活動があっても，その信号変化が回帰に用いた波形と大きく異なる場合には，活動部位として検出されません．特に事象関連デザインでは，波形の違いによる影響を受けやすくなります．このような問題を回避するため，信号波形のずれを吸収する成分を一般線形モデルに組み込むことや，フーリエ基底や一般的な多項式表現を回帰に用いて，さまざまな信号変化に対応できるようにする方法などが考えられています．

b. 解析ソフトの利用

ここまで述べてきたような処理を，簡易な操作で行うためのパッケージソフトが広く配布されており，代表的なものとして，SPM（Wellcome Department of Cognitive Neurology, London; http://www.fil.ion.ucl.ac.uk/spm）がよく知られています．SPM に限らず，多様な解析用ソフトが配布されていますが，脳機能画像研究においてこれらのソフトが果たす役割は大きく，実際の研究を行う上で何らかのソフトを利用した解析は研究を効率的に進める上で必須となっています．しかし，解析ソフトの使用法だけを覚えて解析の中身を知らないと，間違った結論を導き出すことも往々にしてあります．これらのソフトを利用する際は，行われる処理が何を目的としており，その処理によってデータの性質がどのように変化するかを常に考慮する必要があります．

c. その他の解析

一般線形モデルとは異なり，回帰の枠組みを用いない解析法も提案されています．McKeown（1998）らは，独立成分分析を用いて，fMRIの信号から独立な信号成分を抽出し，課題関連の変化を探索する処理法を提案しています．

また Sereno ら（1995）は，網膜部位対応（retinotopy，解説「網膜部位対応」参照）の規則性を利用して視覚刺激を周期的に変化させ，刺激の周期と位相に応じた fMRI の信号変化をとらえることで，視覚野の分離を行っています．この解析では，各視覚野ごとに視野対応の皮質上での配置が鏡像関係になっていることを利用しています．たとえば右下 1/4 視野に対応する，左半球視覚皮質上の第一次視覚野（V1）から第二次視覚野（V2）にかけての視野対応の変化を見ると，V1 では視野の水平線に対応する部位から視野の垂直線に対応する部位へと視野対応が変化し，V1 と V2 は視野の垂直線位置に対応する部位で境界を接しています．V2 では V1 との境界から第三次視覚野（V3）に向かって，視野の垂直線から水平線へと視野対応が変化します．この関係から，視野上の垂直線の位置から，視野の水平線の位置まで徐々に視覚刺激の位置を変化させると，それに応じて皮質上での活動位置も徐々に変化し，その変化の方向は，視覚野ごとに反対方向になります．この視野対応の変化の方向が反転する場

解説｜網膜部位対応

視野の中で隣接する領域の視覚情報は脳の視覚野の隣接した領域に投射し，視覚野内の位置に視野上での視点からの距離と方向に応じて整然とした規則性があることを網膜部位対応（retinotopy）と呼びます．視覚情報が最初に到達する大脳皮質の一次視覚野では，視点からの距離（赤い矢印）は脳の断面の赤い矢印で，視野上での視点からの方向（青い矢印）は脳の断面の青い矢印に対応しています（図）．

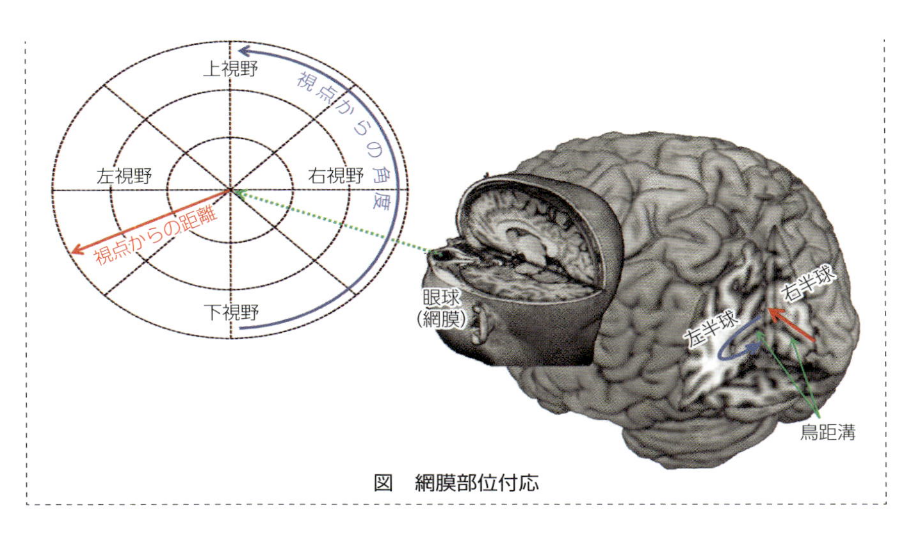

図　網膜部位付応

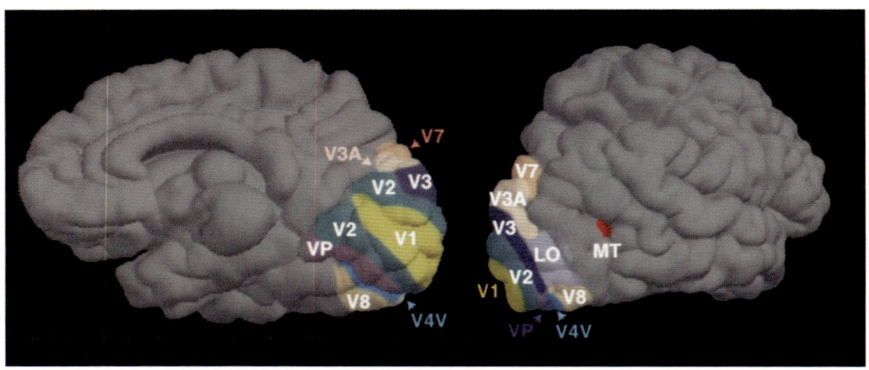

図 6.14　視覚野の分離
左：脳（右半球）の内側面，右：脳（右半球）の外側面.

所を特定することで，図 6.14 に示したように V1，V2，V3 などの視覚野の分離を行うことができます．この方法は，個々人の脳で非侵襲的に視覚野を分離・特定でき，他の計測法で得られた計測結果も，三次元の座標値だけでなく，特定の視覚野との対応がとれるという点で非常に優れた解析法です．

ここで説明した以外にも，実験目的に応じてさまざまな解析法や，実験デザインが提案されています．調べようとする課題や脳活動に応じて，実験デザインや解析法を工夫することで，既存の解析の枠組みでは見られなかった活動がとらえられる可能性もあります．目的に応じた解析を考える上でも，fMRI の信号の原理に関する理解をもつことが重要です．

6.5　fMRI 以外の MRI による脳機能計測法

高価な磁気共鳴画像装置が医療や基礎研究において普及してきたもう 1 つの理由は，同じ装置で撮像法を変えることにより，構造画像や機能画像以外にも生体のさまざまな組織や物質を可視化できるからです．たとえば，脳内で一定の速度で移動している物質（すなわち血液）を選択的に画像化し，血液が通過する組織，すなわち血管の画像（magnetic resonance angiography: MRA）を得ることができ，脳動脈瘤の検査などに利用されています．また水分子の拡散の異方性を強調する撮像をコンピュータで解析することにより，神経線維の画像が得られます．これらの中から脳活動に関連したものとして，

①拡散強調画像（diffusion weighted imaging: DWI）をコンピュータで処理して得られる神経線維束画像（diffusion tensor imaging: DTI），
② T1 強調構造画像による voxel based morphometry（VBM），
③ magnetic resonance spectroscopy（MRS）

を説明します．

6.5.1　拡散強調画像

花粉を水の中に入れると花粉から出てきたデンプンなどの微粒子が動く（ブラウン運動）ことからわかるように，水溶液中の水分子は熱運動によりランダムに動いています．したがって，コップの中の水にインクを垂らせば球状に拡散していきます（等方拡散：isotropic diffusion）．しかし水分子の移動を妨げる構造があれば，拡散は等方的ではなくなりラグビーボールのような形になります．これを拡散の異方性（diffusion anisotropy）と呼びます．脳の白質を構成する神経線維の軸索内にはダイニン・キネシンなど，いわゆるモーター

タンパク質が軸索内輸送を行う際にレールとして用いる微小管やニューロフィラメントが軸索と平行に多数走っています．この構造のために，水分子は神経線維と平行な方向に動きやすく，垂直な方向には動きにくいため，灰白質よりも拡散異方性が大きくなっています（Beaulieu, 2002）．脳内での拡散異方性の原因としては，神経線維を覆う髄鞘（myelin sheath）によるとも考えられますが，拡散強調画像で計測される水分子の動きは，時間にして 20 ～ 30 ms 内での 10 μm 程度のわずかな動きで，有髄線維だけでなく無髄線維でも同程度の拡散異方性が認められることから（Beaulieu, 1994），髄鞘は拡散異方性の主要な原因ではないと考えられています．

MRI で各ボクセルの拡散の大きさや拡散異方性を計測することができます．一定の時間間隔を置いて大きさが同じで逆向きの傾斜磁場をかけると，静止している水分子は最初の傾斜磁場による各スピンの位相変化が次の逆向きの傾斜磁場によって相殺されて影響を受けませんが，傾斜磁場の方向に動いた水分子では位相変化が相殺されず，信号値が低下します．これをさまざまな方向で計測し，ボクセルごとの拡散の大きさや拡散異方性を求めることができます．身体や脳内における水分子拡散の大きさや方向を画像化したものを総称して

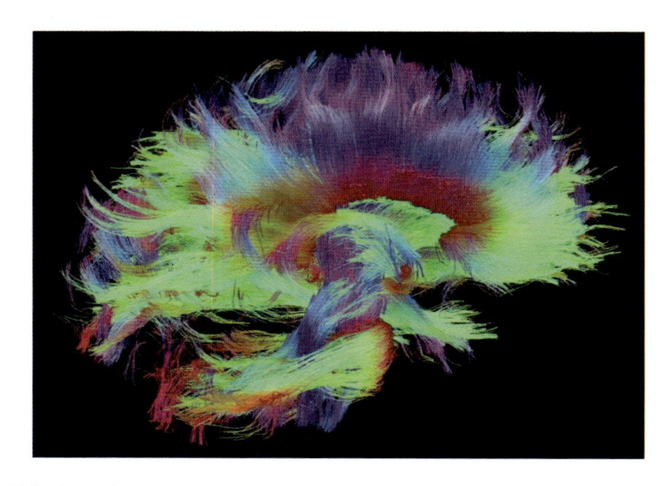

図 6.15　拡散強調画像によるヒトの脳の神経線維束画像
赤が脳の左右をつなぐ線維，緑が前後をつなぐ線維，青が脳の上下をつなぐ線維．The NIH Human Connectome Prosect（www.humanconnectomeproject.org）より．

diffusion weighted image（DWI）と呼びます．さらに異方性を定量化するために，ボクセル内での神経線維の方向（X 軸）と神経線維に直交する 2 方向（Y, Z 軸）を軸として，各軸方向への拡散の大きさ（拡散係数，apparent diffusion coefficient: ADC）で表される楕円体（テンソル楕円体；Basser *et al.*, 1994）を用いて解析した画像を総称して diffusion tensor image（DTI）と呼びます．ただし，画像化とは位置情報をもつ各ボクセルに 1 つの値（スカラー値）を割り当てることにほかなりませんが，各ボクセルには 6 個の変数（3 軸の拡散の大きさと方向）が含まれ，そのままでは画像化が困難なため，

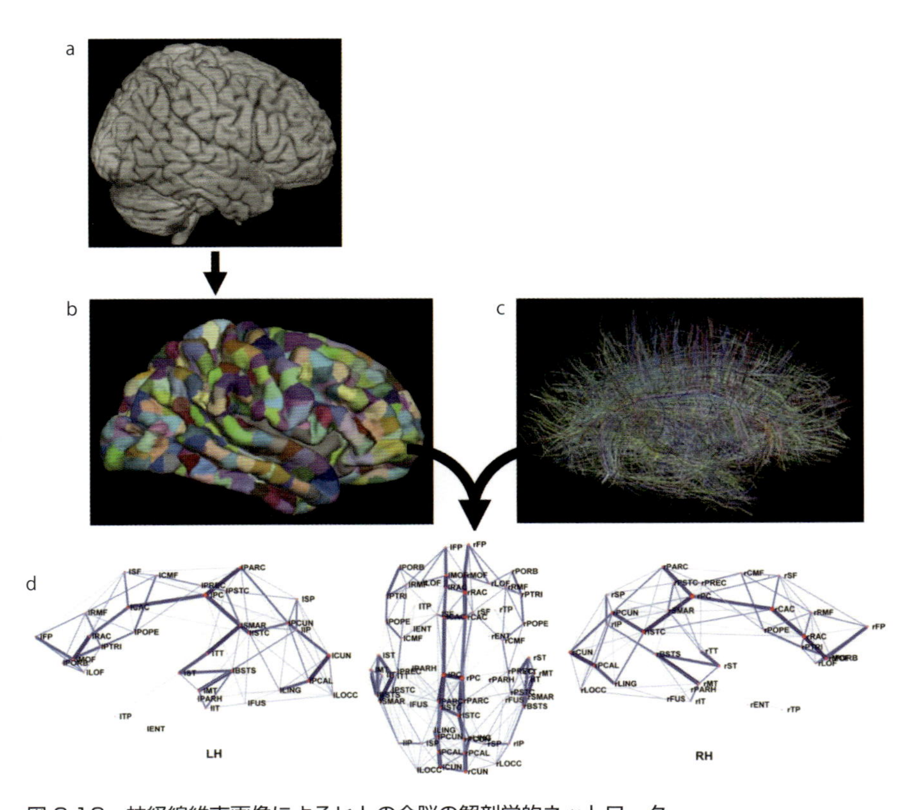

図 6.16　神経線維束画像によるヒトの全脳の解剖学的ネットワーク
MRI 構造画像（a）をもとにしてヒトの脳を 1,000 の領域に分割（b），神経線維束画像（c）とあわせて解析することにより，ヒトの全脳の神経線維による解剖学的ネットワークを可視化（d）．Hagmann *et al.*（2008）より改変．

通常は異方性の強さを示す FA 値（fractorial anisotropy; 3 方向の拡散係数の標準偏差．神経線維に富む白質では 1 に近い値，脳脊髄液では 0 に近い値となる）による FA map や，方向の情報を捨てて 3 方向の ADC の平均値による ADC map として画像にします．さらに FA map から，一定以上の拡散異方性をもつボクセルの拡散が最も大きい方向を神経線維の方向と仮定して，隣接する複数のボクセルを辿っていくことにより（fiber tracking），神経線維束を三次元画像として再構築することができます（diffusion tensor tractograph: DTT, 図 6.15; Mori and Zhang, 2006; 青木ら，2013）．

1 つのボクセル内（2 × 2 × 2 ～ 3 × 3 × 3 mm）で交差する複数の神経線維束を区別することはできないので，局所の微小な神経線維の画像化は困難です．しかし，全脳の構造画像をもとにしてヒトの脳を数十～数百の領域に分割し，神経線維束画像と合わせることにより，ヒトの脳のどの領域とどの領域が神経線維によって密に結ばれてネットワークを形成しているかを明らかにできます（図 6.16）．臨床医学での脳損傷に伴う神経線維損傷の可視化のみならず，発達に伴う白質の髄鞘化の程度（Yoshida *et al.,* 2013），脳梁線維の変化（Thompson *et al.,* 2000）や，学習による神経線維の可塑的な変化（Imfeld *et al.,* 2009），神経精神疾患患者の特定の脳領域間の神経線維による結合が健常者と異なることが報告されています（Chua *et al.,* 2008）．

6.5.2　Voxel Based Morphometry: VBM

高解像度（1 × 1 × 1 mm 程度）の脳の構造画像から脳を灰白質，白質，脳脊髄液に分離し，脳の各領域の灰白質および白質の容積を健常者群と患者群で比較したり，縦断的な研究で個人の特定の領域の灰白質・白質の容積の変化を調べられるようになりました．発想としては 18 世紀に Gall が提唱した骨相学（phrenology，解説「Gall の骨相学」参照）にまで遡ることができ，MRI による高解像度の脳の構造画像が撮像できるようになった 1980 年代からのアルツハイマー病患者の海馬萎縮などの研究があります．コンピュータの処理能力の増大に伴い，画像処理によって灰白質・白質・脳脊髄液を正確に分離できるようになり，さらに個人の構造画像を標準脳に変換し，大きさや形状が異なる脳でもボクセル単位で統計的に解析・比較できるようになったことで，

図 6.17　ロンドンの市街地の地図
Wollett and Maguire（2011）より引用.

解 説 **Gall の骨相学**

ドイツ人医師，フランツ・ガル（Franz Joseph Gall, 1758-1828）は，脳は友情，残忍性，自尊心，虚栄心，用心深さ，記憶，音や音楽に対するセンス，数と数学に対するセンス，宗教心，道徳心などの精神活動に対応した 27 個の器官の集まりであり，その機能の差によって各器官の大きさは異なり，それが頭蓋の大きさ・形状に反映されると考えました.「頭の形から性格や能力がわかる？似非科学でしょう」と思うかもしれません. しかし 18 ～ 19 世紀にかけては，当時の最先端の脳科学として隆盛を極め，作曲家のハイドンなど，当時の有名人の頭蓋骨が墓から盗まれたり，ゲーテやヘーゲルの思想にも影響を与えています. また非侵襲脳機能イメージングの大前提となる,「脳の異なる領域は，それぞれ異なる機能を司る」という脳機能局在のきっかけとなった学説でもあります. その後の大脳生理学の発展によって 20 世紀以降は骨相学は否定されています. しかし，1994 年にアフリカの小国ルワンダで 100 日間に 80 ～ 100 万人が殺された，いわゆる「ルワンダの大虐殺」の原因を辿っていくと，1920 年代にルワンダがベルギーの植民地だった時代に，ルワンダの 2 つの民族を優生学や骨相学に基づいて分類し，一方を優遇したことに一因があるとされています. 脳科学の間違った学説，間違った使われ方が引き起こした悲劇です. 骨相学自体は現在では似非科学の代表例として取り上げられることが多いのですが，Gall 自身は神経学の分野で優れた業績も数多く残しています.

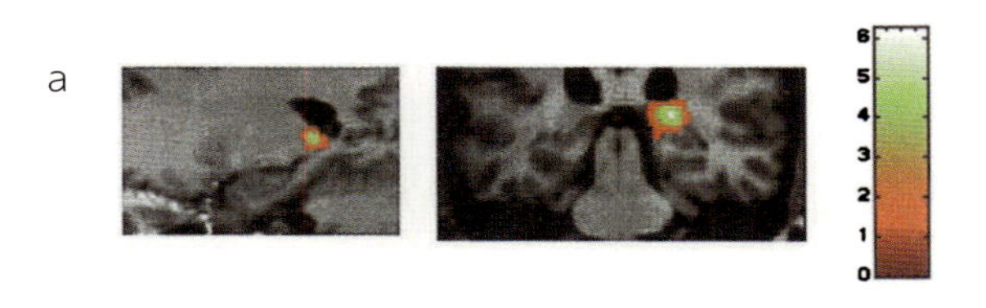

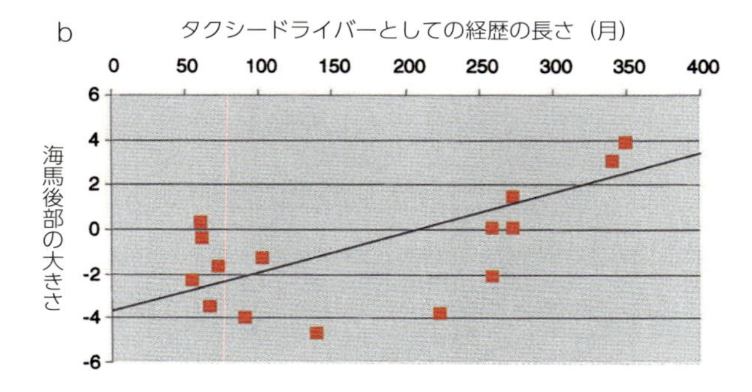

図 6.18　タクシードライバーとしての経歴の長さと海馬後部の大きさ
ロンドンのタクシーの運転手の海馬後部はタクシー運転手ではない人よりも大きく（a），運転歴が長い人ほど大きい（b）．Maguire *et al.*（2000）より改変．

2000 年前後から全脳を対象にした詳細な比較が可能になりました（Ashburner and Friston, 2000）．

VBM を用いた有名な研究として，ロンドン市内のタクシー運転手の海馬後部に関するものがあります．ロンドン市内の数万の道路（図 6.17）をすべて覚えなければ試験に合格できないロンドンのタクシーの運転手の海馬後部は，タクシー運転手でない人と比べて大きいことが報告されています（図 6.18a）．この差は運転手歴が長い人ほど海馬後部が大きく（図 6.18b; Maguire *et al.*, 2000），さらにタクシー運転手の志願者の海馬の大きさを 3 ～ 4 年の間隔を置いて 2 回計測すると，試験の合格者の海馬後部は不合格者の海馬後部より大きかったことから，もともと海馬が大きい人がタクシー運転手になれたのではなく，ロンドン市街地の道路を覚えることにより海馬後部の容積が増加したことを示しています（Woollett and Maguire, 2011）．さらに視覚障害（Boucard *et al.*, 2009）や自閉症（McAlonan *et al.*, 2005）における特定の脳領域の容積の減少，発達（Giedd *et al.*, 1999）・加齢（Good *et al.*,

2001）や知覚運動学習（Quallo *et al.*, 2009）に伴う灰白質・白質の容積の変化が報告されています．

ただし VBM によって計測される灰白質・白質の容積の変化がどのような機序によってもたらされているかという点については，まだ一致した見解が得られていないことに注意すべきです．従来，成体では再生されないと考えられてきたニューロンがヒトの海馬歯状回で新生されること（Eriksson *et al.*, 1998）や，サルの側脳室下帯で新生されたニューロンが前頭・頭頂連合野に移動することが報告されていますが（Gould *et al.*, 1999），第 1 章で述べたように，脳の灰白質には 1 mm^3 に数万個の神経細胞があり，VBM で検知可能なほどの多数のニューロンが新皮質で新生されるとは考えにくいのです．灰白質の主な構成要素は，細胞体（神経細胞・グリア細胞）とニューロンから伸びる樹状突起（dendrite），棘突起（spine）です．実験室の飼育ケージのような単調な環境に置かれた動物よりも複雑な環境に置かれた動物のほうが，ニューロンの樹状突起，棘突起（dendritic spine），およびシナプスが増えることが齧歯類だけでなくサルでも報告されています（Kozorovitskiy *et al.*, 2005）．したがって現時点では，学習による灰白質の増加は主に樹状突起，棘突起，シナプスの増加によるものであり，一方，加齢や疾患による灰白質の減少は主にニューロン数の減少によるものと考えられています．

6.5.3　Magnetic Resonance Spectroscopy: MRS

6.3 節磁気共鳴の原理で，「同時に各スピンは，原子核の種類と静磁場強度によって決まる周波数で，…歳差運動を始める」と書きました．しかし厳密には，水素原子が他のどのような原子と結合しているかによって歳差運動の周波数はわずかに異なります（化学シフト：chemical shift）．たとえば水分子（H_2O）を構成する水素原子に比べて，脂肪に含まれるメチレン基（$-CH_2-$）を構成する水素原子は 3.5 ppm（3 テスラで，水分子を構成する水素原子のラーモア周波数 127.731 MHz に対して 447 Hz）だけ歳差運動の周波数が低くなります．したがって，得られた磁気共鳴信号における周波数スペクトルの各ピークの周波数と振幅から，水素原子が結合している分子の種類を特定できます．

この原理を用いて，ニューロンの代謝にかかわる糖やアミノ酸など，脳内の

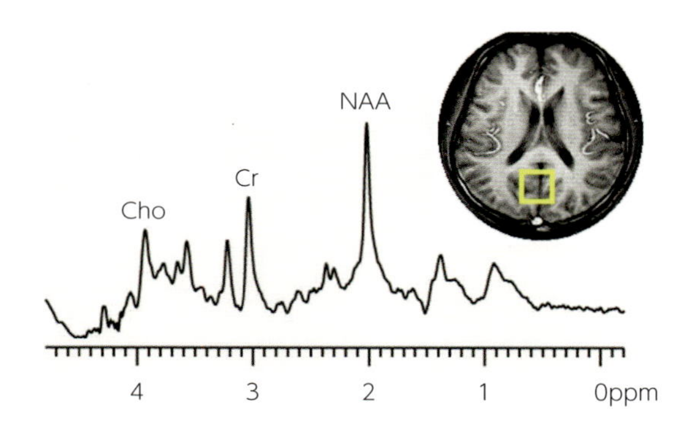

図 6.19　MRS の計測例
健常者の後頭葉皮質（右上の構造画像の黄色の枠の領域，2 × 2 × 2 cm）から計測したスペクトル．乳酸（Lac），コリン（Cho），クレアチン（Cr），N アセチルアスパラギン酸（NAA）などのピークが認められる（明治国際医療大学・田中忠蔵氏提供）．

さまざまな代謝物濃度を測定する方法が MRS です．具体的には，N-アセチルアスパラギン酸（N-acetyl-aspartate: NAA，ニューロン・軸索密度のマーカー，以下同様），コリン（choline，細胞膜や髄鞘の代謝），クレアチン（creatine，ニューロン・グリア細胞密度），乳酸（lactate，嫌気性糖代謝）などの細胞内代謝産物（二次信号）濃度や，グルタミン酸（glutamate，興奮性の神経伝達物質），γ-アミノ酪酸（gamma-aminobutyric acid: GABA，抑制性の神経伝達物質）などの神経伝達物質の濃度を計測できます．さらに放射する電磁波の周波数を変えることで，水素原子以外に ^{31}P（リン），^{13}C（炭素），^{23}Na（ナトリウム）などを含む代謝物の計測も可能です．これにより，ATP，PCr（クレアチンリン酸）などのエネルギー代謝や細胞膜を構成するリン脂質の代謝を非侵襲的に計測することもできます（図 6.19）．

MRS の原理自体は，有機化学で化合物の分子構造を調べるのに用いられてきた核磁気共鳴分光法（nuclear magnetic resonance spectroscopy）そのものであるため，磁気共鳴を用いた脳機能に関連した計測法としては fMRI よりも早く，1980 年代から研究が行われてきました．1991 年には，嫌気性糖代謝物の乳酸の濃度が視覚刺激提示後数分以内に視覚野で 50％以上増加し，その後徐々に減少していくことが報告されています（Prichard *et al.*, 1991）．しかし生体内の水分子に含まれる水素原子に比べて，細胞膜や脂質に含まれる水素原子や他の原子は圧倒的に少なく信号が小さいため，計測には長時間を要し，ボクセルサイズも通常は 10 × 10 × 10 mm 程度に制限されます．したがって，現在までのところ健常者の脳機能計測に用いられることは少ないのですが，臨床医学での脳腫瘍の悪性度や変性疾患の判定とともに，小児の発達に伴う NAA や choline 濃度の変化，うつ病患者における GABA やグルタミン酸の変化が報告されています（Sanacora, 2004; Hasler *et al.*, 2007）．今後，磁気共鳴画像装置の高磁場化による信号強度の増強および周波数スペクトルの高分解能化に伴って，MRS は健常者の脳の代謝活動を非侵襲的に計測する方法としても発展していくと考えられます（成瀬，2012）．

今でも核磁気共鳴は有機化合物の分子構造を調べるのに使われていますか．

はい．磁気共鳴は医学での断層像の撮影に応用されるよりも前から，有機化合物，高分子材料の解析に使われていました．現在でも物理学，化学の基礎研究から，材料科学，医薬品や食品の開発まで，多くの分野において重要な計測法です．

MRI の中で作業を行ってもらい実験することもあると思いますが，そういった機器の中での作業は現実とはかなりかけ離れた環境だと思います．実際の現場に近づけるような工夫などはしているのですか．また，実際の現場とは異なることから生じやすい傾向などは何かあったりしますか．

fMRI で脳活動を計測する際の制限として，以下の 3 点があります．

1．高磁場

本文で説明したように，MRI 装置は超伝導磁石によって地磁気の数万倍という非常に強い磁場が発生しています．また画像を撮像する際は，磁場を傾斜させて急速に反転させるという操作を繰り返します．したがって，MRI 内部には鉄などの常磁性体（解説「常磁性体・反磁性体・磁化率」参照）を持ち込むことはできません．間違って持ち込んでしまった場合は，磁場に引っ張られて装置内にいる被験者が怪我をすることもあるので十分な注意が必要です．また常磁性体でなくても導電性の物質は画像に悪影響を及ぼすことがあります．このような環境で MRI 装置の中にいる被験者に視覚刺激を提示したり，ボタン押しなどの運動を記録するためには，非磁性材料や光ファイバなどを利用します．

2．仰臥位で動けない

MRI の被験者は，MR マグネットの外で被験者用のテーブルに仰向けになり，頭部をクッションなどで固定されてから，テーブルをスライドして MR マグネット内に入っていきます．そして撮像中はできるだけ頭を動かさないように指示されます．仰向けで動かないでいれば当然眠くなります．本文で説明した脳の構造画像や神経線維を画像化する拡散強調画像を撮像する際には，そのまま眠ってしまっても大丈夫です．ところが fMRI では，その状態でいろいろな刺激を見てボタンを押すなどの作業をしてもらいます．眠くなれば難しい作業はできなくなりますし，被験者によっては目を閉じて眠ってしまうこともあります．このような場合は脳活動を測れなくなります．前日の夜にたっぷり眠ってもらうように頼んだり，実験を数分ずつのセッションに分けて，休憩を入れながら計測するようにします．

3．騒音

病院で MRI 検査を受けた人ならば知っていることですが，MRI は撮像時に大きな騒音を発生します．傾斜磁場の反転によって磁場をつくるためのコイルやその他の金属が振動することが原因です．したがって聴覚に関連した実験では，撮像と撮像の間に聴覚刺激を出したり，特殊な防音用ヘッドホンを用いるなどの工夫が必要です．

計測に際しての，脳の浅い部位と脳の深い部位の差はいかがでしょうか．たとえば大脳皮質と基底核や視床とで，実験の難易度の差を教えてください．

fMRI や PET など血流を計測する方法では，脳の浅い部位でも深い部位でも同じように計測できます．ただし同様に血流を計測している NIRS は，頭皮上から入って脳深部を通り再び頭皮まで戻ってくる光はほとんどないため，脳深部の活動を計測することはできません．また脳波や脳磁図では，多くの錐体細胞の樹状突起が並行している大脳皮質以外の部位における脳活動を計測することは困難です．TMS も磁場の強度はコイルからの距離の 2 ～ 3 乗に反比例して減弱するため，脳深部を刺激することは困難です．

引用文献

青木茂樹・阿部　修・増谷佳孝・高原太郎 編（2013）これでわかる拡散 MRI 第 3 版．秀潤社

Ashburner J, Friston KJ（2000）Voxel-based morphometry—the methods. *NeuroImage*, **11**: 805-821

Basser PJ, Mattiello J, LeBihan D (1994) MR diffusion tensor spectroscopy and imaging. *Biophysics Journal*, **66** (1) : 259

Beaulieu C, Allen PS (1994) Determinants of anisotropic water diffusion in nerves. *Magn Reson Med*, **31**: 394-400

Beaulieu C (2002) The basis of anisotropic water diffusion in the nervous system - a technical review. *NMR in Biomedicine*, **15**: 435-455

Boucard C, Hernowo A, Maguire R, Jansonius M, Roerdink J, Hooymans J, Cornelissen F (2009) Changes in cortical grey matter density associated with long-standing retinal visual field defects. *Brain*, **132**: 1898-1906

Chua TC, Wen W, Slavin MJ, Sachdev PS (2008) Diffusion tensor imaging in mild cognitive impairment and Alzheimer's disease: a review. *Curr Opin Neurol*, **21**: 83-92

Eriksson PS, Perfilieva E, Björk-Eriksson T, Alborn AM, Nordborg C, Peterson DA, Gage FH (1998) Neurogenesis in the adult human hippocampus. *Nature Medicine*, **4**: 1313-1317

Evans AC, Collins DL (1993) A 305-member MRI-based stereotactic atlas for CBF activation studies. *Proceedings of the 40th Annual Meeting of the Society for Nuclear Medicine*.

Fox PT, Raichle ME (1986) Focal physiological uncoupling of cerebral blood flow and oxidative metabolism during somatosensory stimulation in human subjects. *Proc Natl Acad Sci USA*, **83**: 1140-1144

Fox PT, Raichle ME, Mintun MA, Dence C (1988) Nonoxidative glucose consumption during focal physiologic neural activity. *Science*, **241**: 462-464

Giedd JN, Blumenthal J, Jeffries NO, Castellanos FX, Liu H, Zijdenbos A, *et al.* (1999) Brain development during childhood and adolescence: a longitudinal MRI study. *Nature Neuroscience*, **2**: 861-863

Good CD, Johnsrude IS, Ashburner J, Henson RN, Friston KJ, Frackowiak RS (2001) A voxel-based morphometric study of ageing in 465 normal adult human brains. *NeuroImage*, **14**: 21-36

Gould E, Reeves A, Graziano M, Gross C (1999) Neurogenesis in the neocortex of adult primates. *Science*, **286**: 548-552

Hagmann P, Cammoun L, Gigandet X, Meuli R, Honey CJ, Wedeen VJ, Sporns O (2008) Mapping the structural core of human cerebral cortex. *PLoS Bio*, **6**: 1479-1493

Hasler G, van der Veen J, Tumonis T, Meyers N, Shen J, Drevets W (2007) Reduced prefrontal glutamate/glutamin and γ-aminobutyric acid levels in major depression determined using proton magnetic resonance spectroscopy. *Arch Gen Psychiatry*, **64**: 193-200

Imfeld A, Oechslin MS, Meyer M, Loenneker T, Jancke L (2009) White matter plasticity in the corticospinal tract of musicians: a diffusion tensor imaging study. *NeuroImage*, **46**: 600-607

Kim SG, Ogawa S (2012) Biophysical and physiological origins of blood oxygenation leveldependent fMRI signals. *J Cereb Blood Flow Metab*, **32**: 1188-1206

Kozorovitskiy Y, Gross CG, Kopil C, Battaglia L, McBreen M, Stranahan AM, Gould E（2005）Experience induces structural and biochemical changes in the adult primate brain. *Proc Natl Acad Sci USA*, **102**: 17478-17482

Lauterbur PC（1973）Image Formation by Induced Local Interactions: Examples Employing Nuclear Magnetic Resonance. *Nature*, **242**: 190-191

Logothetis NK, Pauls J, Augath M, Trinath T, Oeltermann A（2001）Neurophysiological investigation of the basis of the fMRI signal. *Nature*, **412**: 150-157

Logothetis NK, Wandell BA（2004）Interpreting the BOLD Signal. *Annual Reviews of Physiol*, **66**: 735-769

Logothetis NK（2008）What we can do and what we cannot do with fMRI. *Nature*, **453**: 869-878

Maguire EA, Gadian DG, Johnsrude IS, Good CD, Ashburner J, Frackowiak RSJ, Frith CD（2000）Navigation-related structural change in the hippocampi of taxi drivers. *Proc Natl Acad Sci USA*, **97**: 4398-4403

McAlonan GM, Cheung V, Cheung C, Suckling J, Lam GY, Tai KS, *et al.*（2005）Mapping the brain in autism. A voxel-based MRI study of volumetric differences and intercorrelations in autism. *Brain*, **128**: 268-276

Mori S, Zhang J（2006）Principles of diffusion tensor imaging and its applications to basic neuroscience research. *Neuron*, **51**: 527-539

Mukamel R, Gelbard H, Arieli A, Hasson U, Fried I, Malach R（2005）Coupling betweenneuronal firing, field potentials, and fMRI in human auditory cortex. *Science*, **309**: 951-954

成瀬昭二 監修（2012）『磁気共鳴スペクトルの医学応用—MRI の基礎から臨床まで—』インナービジョン

Ogawa S, Lee TM, Kay AR, Tank DW（1990a）Brain magnetic resonance imaging with contrast dependent on blood oxygenation. *Proc Natl Acad Sci USA*, **87**: 9868-9872

Ogawa S, Lee TM, Nayak AS, Glynn P（1990b）Oxygenation-sensitive contrast in magnetic resonance image of rodent brain at high magnetic fields. *Magn Reson Med*, **14**: 68-78

Olman CA, Harel N, Feinberg DA, He S, Zhang P, Ugurbil K, Yacoub E（2012）Layer-specific fMRI reflects different neuronal computations at different depths in human V1. *PLoS ONE*, **7**: e32536

Polimeni JR, Fischl B, Greve DN, Wald LL（2010）Laminar analysis of high isotropic resolution BOLD activation with a resolution pattern stimulus in human V1 at 7T. *NeuroImage*, **52**: 1334-1346

Frichard J, Rothman D, Novotny E, Petroff O, Kuwabara T, Avison M, *et al.*（1991）Lactate rise detected by 1H NMR in human visual cortex during physiologic stimulation. *Proc Natl Acad Sci USA*, **88**: 5829-5831

Quallo MM, Price CJ, Ueno K, Asamizuya T, Cheng K, Lemon RN, Iriki A（2009）Gray and white matter changes associated with tool-use learning in macaque monkeys. *Proc Natl Acad Sci USA*, **106**: 18379-18384

Sanacora G, Gueorguieva R, Epperson C, Wu Y, Appel M, Rothman D, *et al.* (2004) Subtype-specific alterations of γ-aminobutyric acid and glutamate in patients with major depression. *Arch Gen Psychiatry*, **61**: 705-713

Sereno MI, Dale AM, Reppas JB, Kwong KK, Belliveau JW, Brady TJ, *et al.* (1995) Borders of multiple visual areas in humans revealed by functional magnetic resonance imaging. *Science*, **268**: 889-893

Talairach J, Tournoux P (1988) *Co-planar stereotactic atlas of the human brain*. Thieme, Stuttgart.

Thompson PM, Giedd JN, Woods RP, MacBonald D, Evans AC, Toga AW (2000) Growth patterns in the developing brain detected by using continuum mechanical tenser maps. *Nature*, **404**: 190-193

Woollett K, Maguire EA (2011) Acquiring "the Knowledge" of London's layout drives structural brain changes. *Current Biology*, **21**: 2109-2114

Yacoub E, Harel N, Ugurbil K (2008) High-field fMRI unveils orientation columns in humans. *Proc Natl Acad Sci USA*, **105**: 10607-10612

山本　徹 (2007) デオキシヘモグロビンと fMRI 信号の多様な関係 . 脈管学 , **47**: 5-10

Yoshida S, Oishi K, Faria AV, Mori S (2013) Diffusion tensor imaging of normal brain development. *Pediatric Radiology*, **43**: 15-27

7 近赤外線スペクトロスコピー (Near-Infrared Spectroscopy: NIRS)

7.1 近赤外線スペクトロスコピーとは

近赤外線スペクトロスコピー（near-infrared spectroscopy: NIRS）は，近赤外線を物質に照射し，透過してきた光を解析して非破壊的に対象物の構成成分を分析する方法で，食品科学や農業などさまざまな領域で用いられています．身近なところでは果物の糖度計測が挙げられます．生体への応用はDuke大学のJöbsisが初めてで，1977年に近赤外線をネコの脳やイヌの心臓に照射し透過光を検出して，その光を分析することによって組織の酸素化状態を非侵襲的に計測できることを発表しました（Jöbsis, 1977）．それ以来，NIRSは生体組織における血流・酸素代謝モニタ法として研究開発が進められてきました．1990年代初期には，神経活動に連動した脳血流変化に伴うヘモグロビン (Hb) 変化がNIRSによってとらえられることが相次いで報告され (Chance *et al.*, 1993; Hoshi and Tamura, 1993; Kato *et al.*, 1993: Villringer *et al.*, 1993)，新しい神経機能イメージング法（functional NIRS：fNIRS）としても注目されるようになりました．近年では，酸素モニタとしてよりはfNIRSとしての応用が進んでいます．

7.2 計測原理

研究者によって近赤外線に対する定義は若干異なりますが，通常700～1300 nmの波長領域の光を指します．この領域の光は可視光に比べて生体を

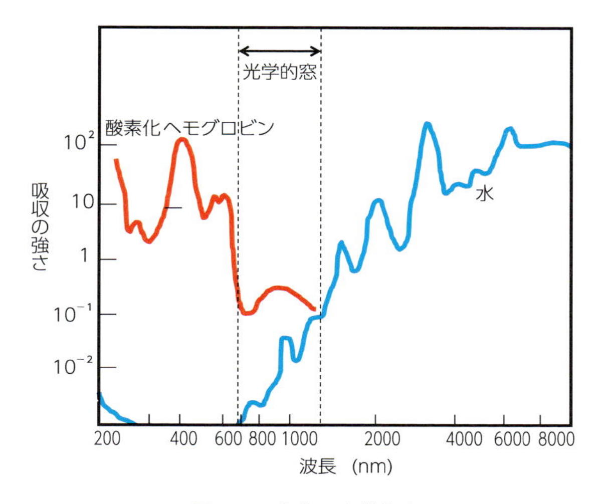

図 7.1　生体の光学的窓

透過しやすい性質をもっています．生体に照射された光は吸収あるいは散乱によって減光されますが，生体組織がどのくらい光を吸収・散乱するのかは波長に依存しています．吸収係数（μ_a）・散乱係数（μ_s）は媒質における光の吸収・散乱の程度を示す指標で，μ_a，μ_s は距離の逆数の単位（mm^{-1} あるいは cm^{-1}）をもちます．これらの逆数で与えられる数値は，光がその距離だけ進むと，吸収あるいは散乱によって光強度が e^{-1}（e はネイピア数）になることを意味しています．図 7.1 は，生体の主たる光吸収物質である水と酸素化ヘモグロビンの吸収スペクトルを示しています．近赤外領域は，両者による吸収が小さく光の透過性がよいことから「生体の光学的窓」と呼ばれています．

生体物質で近赤外領域の光を吸収するのは，主として血液成分の赤血球に含まれるヘモグロビン（Hb），筋肉中のミオグロビン（Mb），そしてミトコンドリアにおける電子伝達系の酵素であるチトクローム C オキシダーゼ（cyt. ox.）です．図 7.2A は近赤外領域における Hb の吸収スペクトルを示していますが，酸素化ヘモグロビン（oxy-Hb，実線）と脱酸素化ヘモグロビン（deoxy-Hb，点線）では吸収スペクトルが異なります．oxy-Hb は 930 nm に吸収ピークをもちますが，この吸収強度は可視光領域に比べてはるかに小さく，可視光領域の吸収の約 1/40 以下で，deoxy-Hb では 760 nm と 905

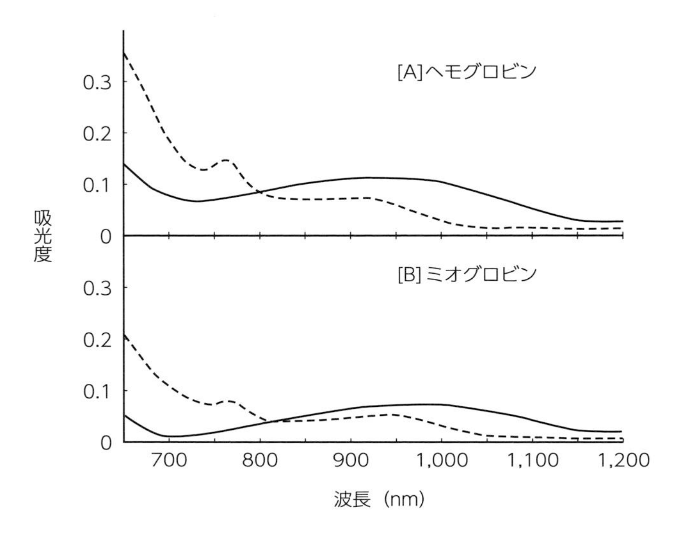

図 7.2　近赤外領域におけるヘモグロビン［A］とミオグロビン［B］の吸収スペクトル
実線：酸素化型，点線：脱酸素化型．星・田村（1994）より引用．

nm に吸収のピークがあります．Mb は Hb とほぼ同じスペクトルを示し，両者をスペクトルから区別することは非常に難しいです（図 7.2B）．

cyt. ox. はミトコンドリア内膜に存在して電子伝達系の末端に位置し，直接酸素に電子を伝達する役割を担っています．cyt. ox. は 2 個のヘム（heme a と heme a_3）と 2 個の銅（Cu_A と Cu_B）を有し，heme a_3 と Cu_B は酸素との反応に直接関与し，heme a と Cu_A は主に電子の伝達経路と考えられています．図 7.3 が示すように，酸化型では 830 nm 付近に幅広い吸収が見られますが，この吸収の約 85％は Cu_A に由来し，残りの約 15％は Cu_B と heme 群に，そして可視光領域の吸収は heme a と heme a_3（heme a+a_3）に由来しています．

このように NIRS は，近赤外線の吸収される程度が Hb，Mb の酸素化状態，cyt. ox. の酸化状態によって変化することを利用し，生体に近赤外線を照射して照射点から数 cm 離れたところで体外に現れた光を検出し，その性状を解析して Hb 濃度変化などを求めます．また，Hb の等吸収点（oxy-Hb と deoxy-Hb の吸光度が等しくなる波長：近赤外領域では 800 nm 前後）での

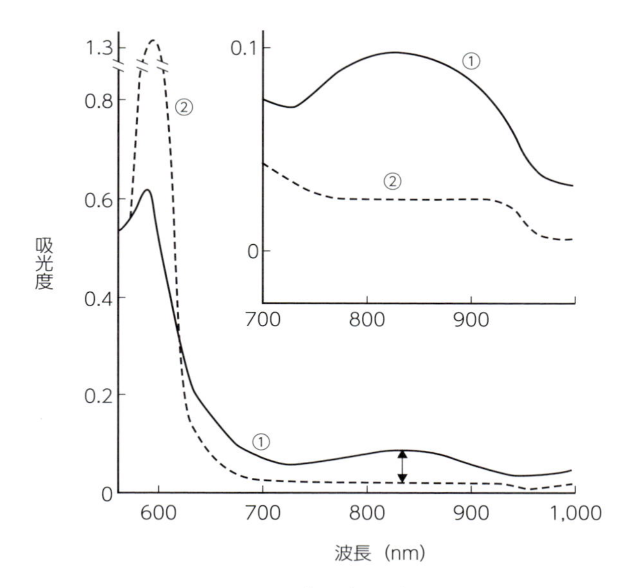

図 7.3 チトクローム c オキシダーゼの吸収スペクトル
①酸化型，②還元型．Warton and Gibson（1966）より引用．

吸収は，血液量の変化の測定に用いることができます．

7.3 計測法

7.3.1 連続光計測

NIRS には複数の異なる計測法があり（図 7.4），それぞれに対応する計測システムがあります（図 7.5）．その中で最も一般的なのは，拡張ベア・ランバート則（modified beer lambert law: MBLL; Delpy *et al*, 1988）に基づき，連続光（continuous wave light）を用いて Hb など光を吸収する物質の濃度変化を求める方法であり，CW（continuous wave）計測と呼ばれています（図 7.4 ①）．

光が透明試料に照射された場合，試料を透過し検出された光と照射光の強度の関係は，

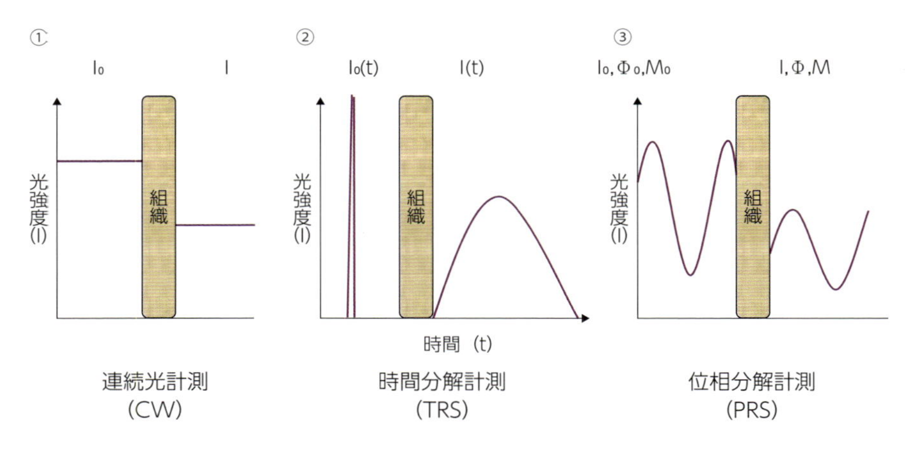

図 7.4　代表的な NIRS 計測方法
星（2010）より引用，一部改変.

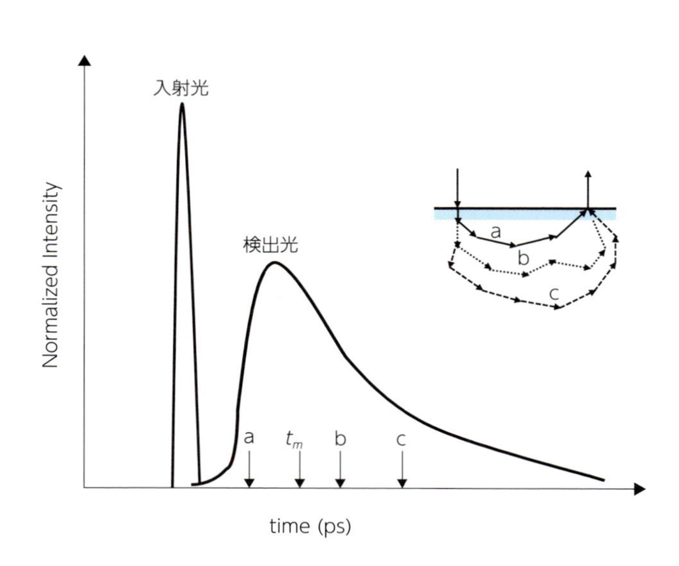

図 7.5　TRS で計測された検出光の時間プロファイル
t_m，重心に対応する時間．a，b，c，各光路 a（実線），b（破線），c（点線）を通った光子が検出された時間．星（2014）より引用，一部改変.

A（吸光度 absorbance として計測される光減衰 attenuation）
$= -\log I/I_0 = \varepsilon CL$

で表されます．ここで I_0 と I は照射ならびに検出光の光量，ε はモル吸光係数，C は光吸収物質の濃度，L は照射された光が検出されるまでに通った媒質内における経路の長さ（光路長，照射—受光間距離）で，この関係式はベア・ランバート則として知られています，ベア・ランバート則は，散乱のない均一な透明試料で成立しますが，生体のような散乱粒子を含む不均一系でも近似的に用いることができ，MBLL と呼ばれています．

MBLL は $A = -\log I/I_0 = \varepsilon C\beta L + S$ で表されます．βL は生体組織での光路長（個々の光子は違う経路を通るのでそれらの平均光路長で，散乱の影響で照射—受光間距離 L より長くなりますが，実測できないためここでは β 倍長くなると記述します）で，S は主として散乱による光の減衰を示す項で通常定数と見なされています．ある波長 λ_1 の光が生体に照射されている間に状態 A が状態 B に変化した時，ΔS_1 は 0 となり，吸光度差 ΔA_1 は次の式で表されます．

$$\Delta A_1 = (\varepsilon_{o1}\Delta[\text{oxy-Hb}] + \varepsilon_{d1}\Delta[\text{deoxy-Hb}] + \varepsilon_{c1}\Delta[\text{oxidized cyt. ox.}])\beta_1 L_1 \quad (7.1)$$

ここで ε はモル吸光係数，Δ[　　] はそれぞれの濃度変化で，cyt. ox. による吸収変化は Hb に比べて非常に小さいことから，

$$\Delta A_1 = (\varepsilon_{o1}\Delta[\text{oxy-Hb}] + \varepsilon_{d1}\Delta[\text{deoxy-Hb}])\beta_1 L_1 \quad (7.2)$$

となります．生体計測では複数の波長の光を用いて，個々の波長について式 7.2 と同様の式を立てます．比較的近い波長を用いる場合（波長差が 100 nm 未満），光路長はすべての波長で同じ値であると見なし，連立方程式を解いて oxy-Hb, deoxy-Hb，両者の和である総 Hb（t-Hb）の濃度変化を求めますが，光路長を実測することができないため，得られる信号は濃度変化と光路長の積です．しかし，光路長は波長依存性があるばかりでなく，計測部位によっても異なります．また，装置によって用いられている波長や演算式が異なり，さらに演算式によっては，モル吸光係数も未知数として取り扱っているものがあります．したがって，NIRS 信号は［mM・mm］（濃度×長さ）の単位で表現さ

れることもありますが，単位をもたない無次元量あるいは任意単位（arbitrary unit）として表現するのが適切です．

このように，CW 計測では Hb の濃度変化を定量的に計測することができませんが，マルチチャンネル装置であっても 500 ms 以下のサンプリングタイムが維持され，かつ装置の小型化が可能なため最も広く使われています．

7.3.2 時間分解計測

時間分解計測（time-resolved spectroscopy: TRS；図 7.4 ②）は，非常に短いパルス幅（ピコ秒オーダー）のレーザー光を用いて，同じくピコ秒オーダーの時間分解能をもつ超高速光検出器で光を測定する方法で（Chance *et al.*, 1988），検出光強度は時間の関数（temporal point-spread function: TPSF；本稿では「時間プロファイル」とも呼びます）で表されます．比較的直進に近い状態で生体内を透過した光子は早い時間成分になり，散乱を強く受けた光子は遅い時間成分になります（図 7.5）．つまり，TRS は反射型計測の場合，時間依存の深さ方向の情報を得ることができます．また，光子の飛行時間分布である TPSF から平均飛行時間（t_m：時間プロファイルの重心に対応する時間）が決まり，生体内における光速を t_m で乗ずることによって平均総光路長を求めることができます．さらに，後述する光拡散方程式の解析解から導出された時間プロファイルを実測で得られた時間プロファイルにカーブフィッティングすることによって，μ_a（この値から Hb の濃度を算出することができます）と μ_s を求めることができます．しかし，CW 計測に比べてサンプリングレートは低く，装置の小型化は今後の課題です．

7.3.3 位相分解計測

位相分解計測（phase-resolved spectroscopy: PRS，図 7.4 ③）は，phase-modulated spectroscopy, frequency-domain spectroscopy とも呼ばれ，100 MHz 程度の高周波で変調された光を照射して検出光の位相と強度変化を解析します（Lakowickz and Berndt, 1990）．この強度・位相変化の信号は TRS で得られる TPSF とフーリエ変換で関係づけることができ，拡散方程式に基づいて μ_a および μ_s を，さらに平均光路長を求められますが，

TPSF と同じ情報を得るためには定常光からほぼ連続的に 2 GHz くらいまでの範囲で変調した光で計測する必要があり，日本では装置として市販されていません.

7.4 ヒト頭部における光伝搬特性

7.4.1 生体における光伝播数理モデル

検出された光が生体組織のどこを透過してきたのかということは，信号を解釈する上で重要です．生体における光伝搬を正確に記述するのは輻射輸送方程式 7.3 です.

$$\left\{\frac{1}{c}\frac{\partial}{\partial t}+\hat{\mathbf{s}}\cdot\nabla+(\mu_s+\mu_a)\right\}I(\mathbf{r},\hat{\mathbf{s}},t)=\mu_s\int_{4\pi}p(\mathbf{r},\hat{\mathbf{s}}\cdot\hat{\mathbf{s}}')\,I(\mathbf{r},\hat{\mathbf{s}}',t)\,ds'+q(\mathbf{r},\hat{\mathbf{s}},t) \quad (7.3)$$

ここで，$I(\mathbf{r},\hat{\mathbf{s}},t)$ は，位置 $\mathbf{r}$，方向 $\hat{\mathbf{s}}$，時刻 t における光強度で，c は光速，μ_s，μ_a は散乱係数と吸収係数，$p(\mathbf{r},\hat{\mathbf{s}}\cdot\hat{\mathbf{s}}')$ は散乱位相関数，$q(\mathbf{r},\hat{\mathbf{s}},t)$ は組織内の光源強度です．輻射輸送方程式は偏微分積分方程式であるため，解析解のみならず数値解を求めることも容易ではありません．生体組織による光の散乱パターンは散乱位相関数により表され，強い前方散乱でありますが，およそ 1 cm よりも大きな組織を光が伝搬する場合は，散乱を繰り返すことにより巨視的には等方散乱と見なすことができます．そこで，生体組織を等方散乱媒質と考え，輻射輸送方程式を近似した光拡散方程式（7.4）が生体内光伝播の数理モデルとしてよく用いられています（Ishimaru, 1978）.

$$\frac{1}{c}\frac{\partial\phi(\mathbf{r},t)}{\partial t}=\nabla[D(\mathbf{r})\nabla\Phi(\mathbf{r},t)]-\mu_a(\mathbf{r})\Phi(\mathbf{r},t)+s(\mathbf{r},t) \quad (7.4)$$

$\phi(\mathbf{r},t)$ は，位置 $\mathbf{r}$，時間 t におけるフルエンス率（$I(\mathbf{r},\hat{\mathbf{s}},t)$ を全方向について積分した積分光強度）で，$D(\mathbf{r})=1/3\mu_s'(\mathbf{r})$ は光拡散係数，$\mu_s'(\mathbf{r})=(1\text{-}g)\mu_s(\mathbf{r})$ は換算散乱係数，g は異方散乱パラメータ（散乱位相関数を重みとする散乱の天頂角の平均余弦），$S(\mathbf{r},t)$ は内部光源強度です．g は -1 ～ 1 までの値をとり，完全前方散乱，等方散乱，後方散乱の場合，それぞれ $g=1$，$g=0$，$g=-1$ の値をとり，生体組織では $g=0.8$ ～ 0.95 と見なされています．式 7.4 は適当な初期条件と境界条件を与えることによって，有限要素法などで数値的に，あるいは単純形状に対しては解析的に解いて $\phi(\mathbf{r},t)$ を得ることができます．

時刻 $t=0$ にインパルス光（パルス幅がゼロのパルス光）を組織表面の位置 $\mathbf{r}_s$ に照射する場合，初期条件は $\phi(\mathbf{r},t)=\delta(\mathbf{r}-\mathbf{r}_s)\delta(t)$ となります（δ はクロネッカーのデルタ関数）．また，照射点以外の表面の位置 $\mathbf{r}_b$ での境界条件は，境界での反射を考慮して式7.5で表されます．

$$D(\mathbf{r}_b)\nabla_n\Phi(\mathbf{r}_b) = -\frac{1}{2A(\mathbf{r}_b)}\Phi(\mathbf{r}_b,t) \tag{7.5}$$

n は表面に垂直な方向ベクトルで，A は媒質と周囲の屈折率の違いから生じる境界反射を考慮した係数です．組織表面の検出位置 $\mathbf{r}_b$ で観測される光量 $\Phi(\mathbf{r}_b,t)$ はフルエンス率 $\Phi(\mathbf{r},t)$ の検出位置での流束で，Fick の法則から式7.6で与えられます．

$$\Phi(\mathbf{r}_b,t) = -D(\mathbf{r}_b)\nabla_n\Phi(\mathbf{r}_b,t) \tag{7.6}$$

このようにして，組織表面で測定される光強度 $\Phi(\mathbf{r}_b,t)$ を計算でき，この $\Phi(\mathbf{r}_b,t)$ は TRS 計測で得られる TPSF に相当します．

7.4.2　モンテカルロシミュレーションを用いたヒト頭部における光伝播

生体における光伝播は，上述の数理モデルを構築して決定論的に解析するだけでなく，確率論的手法によっても解析されています．後者としてよく用いられているモンテカルロ法は，確率的に生じる現象について乱数を用いて解析する方法で，さまざまな分野で応用されています．モンテカルロシミュレーションでは，光を光子の集まりとして扱い，組織の光学特性値（μ_a, μ_s, g など）と乱数を用いて個々の光子の挙動を追跡しますが，散乱された光が次に散乱されるまでに直進する距離 L とその方向（天頂角 θ と方位角 ψ）は次の式で表されます．

$$L = \frac{\ln(R_1)}{\mu_t},\ \theta = f^{-1}(R_2),\ \psi = 2\pi R_3 \tag{7.7}$$

ここで R_1, R_2, R_3 は 0 ～ 1 の値をとる擬似一様乱数，$\mu_t=\mu_a+\mu_s$ は全減衰係数，$f(\theta)$ は散乱位相関数の累積確率です．また，光子は k 番目の相互作用で，そのエネルギー E_k のうち，吸収によって μ_a/μ_t だけ減衰し，その後のエネル

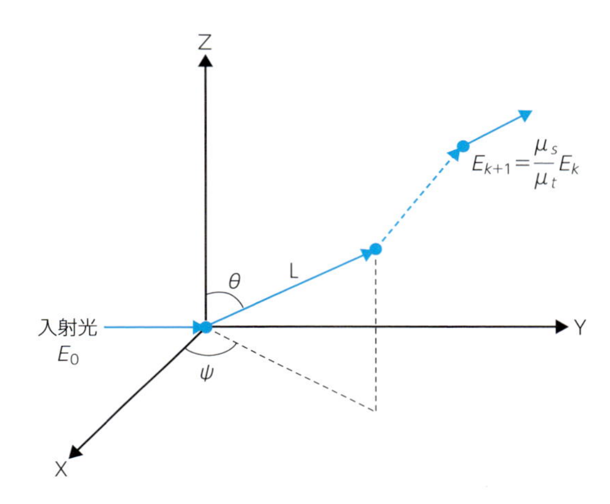

図 7.6　モンテカルロ法による光伝播シミュレーション

ギーは $E_{k+1}=\frac{\mu_s}{\mu_t}E_k$ となります（図 7.6）．組織を微小要素に分割して，要素 j 内における吸収係数 $\mu_{a,j}$ と光子の伝達距離 $L_{i,j}$ を用いて検出光強度に対する i 番目の光子の重み W_i を計算すると式 7.8 で表されます．

$$W_i = \exp\left[-\sum_j^N(\mu_{a,j}, L_{i,j})\right] \tag{7.8}$$

ここで，N は全光子数で，検出ファイバに到達した全光子について重み W_i を加算して検出光量を求めます．また，各要素内における光子の平均光路長を計算し，検出光の伝播経路分布（照射—受光ペアの空間感度分布）を求めることができます．

近年，磁気共鳴画像法（magnetic resonance imaging: MRI）などから得られた解剖学的情報をもとに，生体の形状・光学特性値の不均一性を考慮した高精度のシミュレーションが行われ，光伝播の様相が詳細に検討されています．ヒト成人頭部では照射—受光間距離が 3 cm と 5 cm では検出光の到達深度に大きな差はなく（Fukui *et al.,* 2003），照射—受光間距離が 3 cm の場合，頭皮上から約 2.5 cm より深部に達した光はほとんど検出されません（Hoshi *et al.,* 2005）．つまり，NIRS が計測できる脳領域は脳底部を除く頭蓋骨に面する大脳皮質ですが，脳活動の増加に連動した脳血流増加は脳表に存在する軟膜動脈が拡張することによって生じており（第 3 章参照），NIRS はこの血管反応を検出するのに適しています．

7.4.3　総光路長と部分光路長

MBLL に基づいて Hb 濃度変化を算出した場合，その値は Hb 濃度変化と光路長の積になりますが，脳血流計測で必要なのは，脳実質内での光路長（皮膚血流は変化しないと仮定；部分光路長，p-PL）との積です（図 7.7）．総光路長（t-PL）は，TRS や PRS で計測できますが，p-PL は計測できません．そこで，p-PL についてはモンテカルロ法などによるシミュレーションによって求められています．

図 7.8 は，4 層頭部モデル（頭皮，頭蓋骨，脳脊髄液，脳組織）において，モンテカルロシミュレーションによって p-PL を求め，t-PL との関係を調べた 2 例（健康成人）の結果を示しています．4 層頭部モデルは，各被験者の MRI 画像から各層の厚さを決め，時間分解計測から得られた平均的な光学特性値（μ_a と μ_s'）を用いて，それぞれの層における光学特性値を逆問題解析によって求めてつくりました（Hoshi *et al.*, 2005）．照射—受光間距離はすべて 30

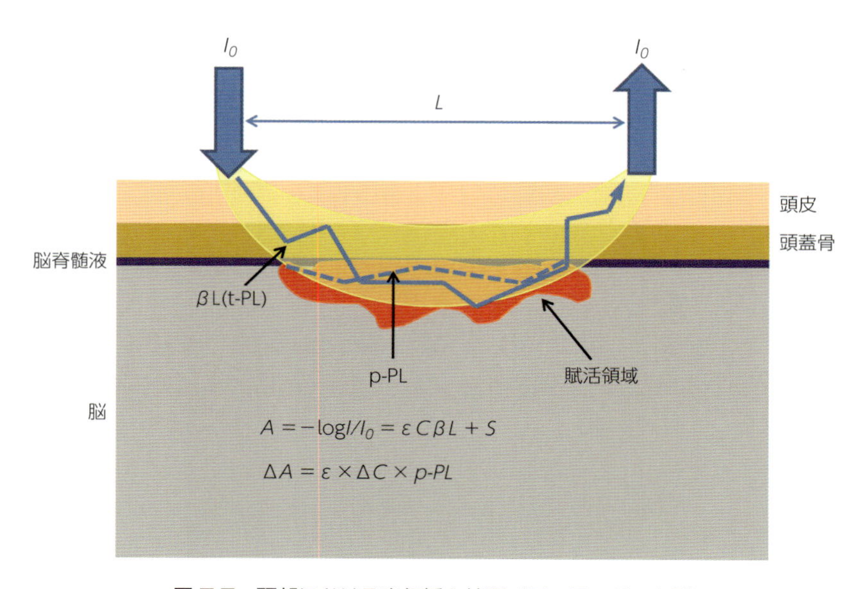

図 7.7　頭部における光伝播と拡張ベア・ランバート則
星（2010）より引用．

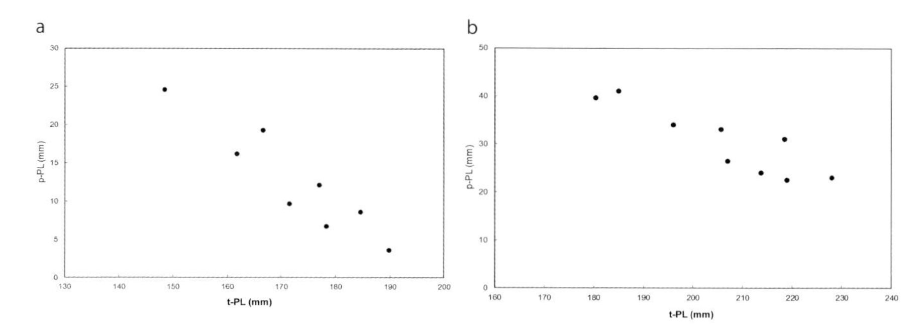

図 7.8　MRI 画像に基づくヒト頭部 4 層モデルにおけるモンテカルロシミュレーションで求めた部分光路長（p-PL）と総光路長（t-PL）の関係

a，b はそれぞれ異なる被験者の結果で照射―受光間距離は 3 cm で一定ですが，計測部位により t-PL と p-PL は異なります．Hoshi *et al.*（2005）から引用，一部改変．

mm で一定ですが，t-PL は同じ被験者であっても計測部位によって異なり，すべての被験者において p-PL は t-PL に対して負の傾きをもつ関係にありました．このことは，t-PL の値を用いて NIRS 信号を補正した場合（NIRS 信号の値を t-PL で除して Hb 濃度変化を求める），Hb 濃度変化が小さく見積もられるばかりでなく，誤った値が算出されることを意味しています．また，t-PL と p-PL の関係は被験者によって異なるため，t-PL の値から p-PL を予測することはできません．さらに，t-PL の計測部位による違いは，2 倍を超えることはほとんどありませんが，p-PL では 2 ～ 3 倍以上の違いが生じることもあります．

t-PL では左右半球間の対応する部位での差は小さいので，左右差が比較できるという意見もありますが，少人数の計測結果に基づいています（Katagiri *et al.*, 2010）．さらに，図 7.8 は同じ被験者で t-PL が同じ値であっても，計測部位が異なると p-PL は異なることも示しています．もともと，t-PL に比べて p-PL の値は小さいためこの差は無視できないものと考えます．したがって，NIRS 信号の振幅の個体間，部位間比較は，脳内 Hb 濃度変化の比較にはなりません．

7.5 脳活動領域における NIRS 信号

7.5.1 ヘモグロビン

局所脳活動の増加によってその領域の酸素・グルコース消費が亢進し，脳血流増加が生じる現象は，神経―血管―代謝カップリングと呼ばれており，この現象の存在によって，脳血流や代謝変化の計測から脳の活動状態を知ることができます（第 3 章参照）．この場合，血流増加の程度は酸素消費増加のそれを上回るため，NIRS 計測では活動領域で oxy-Hb と t-Hb の増加，deoxy-Hb の減少を認めることが多いのですが（図 7.9），t-Hb と deoxy-Hb は必ずしもそのような変化を示すとは限りません．脳血流の変化が小さい場合には oxy-Hb と deoxy-Hb は鏡像的に変化し，t-Hb の変化は認められません．また，deoxy-Hb は静脈血の酸素化状態のみならず血液量によっても変化するため，脳血流増加が大きい場合は細静脈も拡張して deoxy-Hb が増加し，静脈血の酸素化による deoxy-Hb の減少を相殺，あるいはそれを上回って増加を示すことがあります．一方，oxy-Hb の変化方向は常に脳血流のそれと同じで，

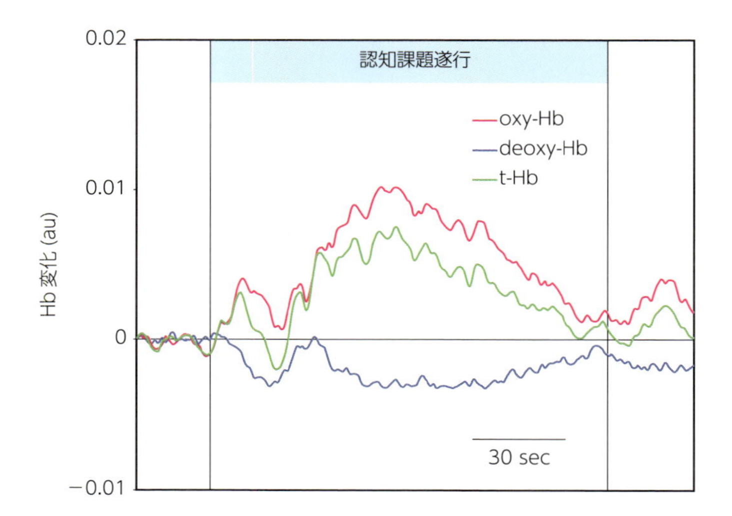

図 7.9　脳賦活領域で観察される NIRS 信号変化の典型パターン
ワーキングメモリ課題遂行中における左前額部（腹外側前頭前野に相当）での計測結果を示します．

NIRS 計測における oxy-Hb は局所脳血流変化のよい指標となりえます (Hoshi *et al.,* 2001).

NIRS 信号は動脈，細動脈，毛細血管，細静脈，静脈のうち，どの血管の Hb 情報をもつのかということがしばしば問題にされています．単純に考えると静脈血の占める割合が多いので静脈血に由来すると思われますが，脳賦活領域では脳表から脳内へ垂直に走る穿通動脈（細動脈）から拡張が始まり，さらに脳表を走る軟膜動脈，毛細血管内 Hb の濃度変化は無視できないと考えられます．したがって，各血管内 Hb 変化の NIRS 信号に対する寄与度は，検出光の伝播経路内における血管分布によって異なると考えられます．

7.5.2 チトクローム C オキシダーゼ

NIRS 計測対象である cyt. ox. の酸化―還元状態は酸素濃度に依存しており（図 7.10），直接細胞内の酸素化状態を反映しています．NIRS 開発当初は，組織酸素モニタの新しい指標として盛んに計測が試みられましたが，装置によって得られる結果は必ずしも一致していませんでした．この原因として，Hb に比べて cyt. ox. による吸収が極めて小さく血流変化の影響を受けやすいこと，また，生体での cyt. ox. のモル吸光係数を実験的に決めることができないために *in vitro* の値を代用したことなどが考えられます．特に議論の的になった

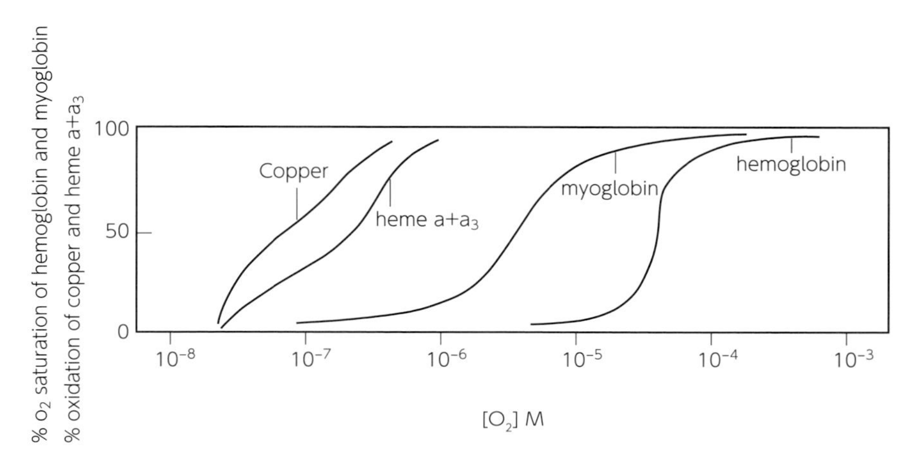

図 7.10 生物学的酸素濃度指示物質
Hb，Mb の酸素化－脱酸素化状態，cyt. ox.（heme $a+a_3$，CuA）の酸化―還元状態は酸素濃度に依存しています．Hoshi *et al.*（1993）から引用．

のは，正常状態での cyt. ox. の酸化―還元状態でした．当初は，cyt. ox. は正常酸素圧状態ですでに 10 数％還元されていて，低酸素状態に変化した時，Hb の脱酸素化と並行して cyt. ox. の還元が進むと考えられていましたが，改良された演算方法で得られた結果から，正常酸素圧状態で cyt. ox. は 100％酸化の状態にあり，その還元は重症低酸素状態で生じると結論されました（Hoshi *et al.*, 1997）．その後 cyt. ox. 計測機能を有する NIRS 計測装置は市場から姿を消し，自家製装置をもつ少数の研究グループによってのみ研究は続けられています．近年，ヒトの脳賦活領域における cyt. ox. の変化は一様でなく，酸化される部位と還元される部位が混在するという結果が報告され（Kolyva *et al.*, 2012），単離ミトコンドリアを用いた実験結果とは異なっています．*in vitro* 実験では，heme a + a_3 は正常空気圧状態であってもエネルギー消費が増加するとより酸化されますが，Cu_A はエネルギー状態によって酸化―還元状態は変化せず，酸素濃度が大きく低下しない限り還元されないことが確認されています（Hoshi *et al.*, 1993）．したがって，今後，さらなる検討が必要と思われます．

7.6 機能的近赤外スペクトロスコピー

7.6.1 光トポグラフィ

CW 計測による光トポグラフィ（または光マッピング）が 1990 年代後半に開発され，NIRS による神経機能イメージング研究は急速に広まりました．光トポグラフィは，マルチチャンネル装置を用いて複数の領域を計測し，計測された複数の信号変化を組織（たとえば頭部）表面に沿って二次元画像として表示します．通常の装置では，照射―受光間距離はすべての照射―受光の組み合わせで約 3 cm とし，各計測領域の光路長を照射―受光間距離が同じなら一定と見なして，Hb の濃度変化のマッピング画像を示します（図 7.11）．しかし，光路長は照射―受光間距離が同じでも計測部位によって異なりますので，NIRS 信号の変化の大きさは必ずしも Hb 濃度変化の大きさを示しているわけではありません．したがって，画像から脳活動の大小について定量的議論を行うことはできません．また，計測領域全体で Hb 濃度が一様に変化するという

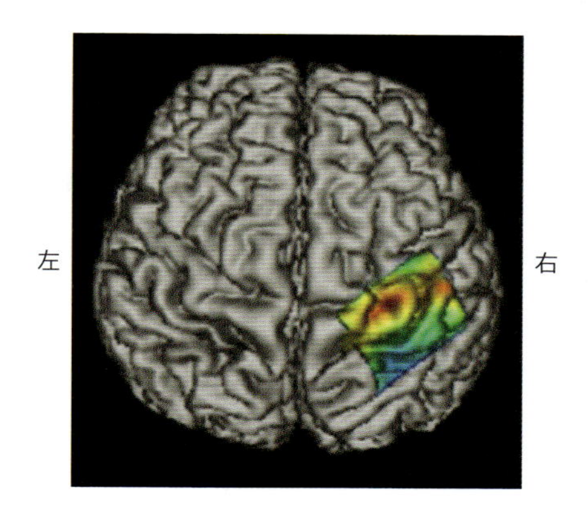

図 7.11 左指タッピング時の oxy-Hb(oxy-Hb 変化と光路長の積)による光トポグラフィ画像

極端な場合には，光トポグラフィは光路長の画像を示していることになりますので，データの解釈には注意が必要です．さらに，皮膚血流に変化が生じた場合，それが NIRS 信号に影響することは必至です．皮膚血流の影響を取り除く方法はいくつか提案されていますが，市販されている装置に組み込まれている例はまだ少ないようです（7.7.1 項参照）．このような課題はあるものの，皮膚血流変化は，びまん性で局所的には生じないという仮定のもとで，多チャンネル装置で計測しています．そして局所的に変化が認められた場合は，光トポグラフィ画像は脳血流変化を検出していると考えて，いろいろな分野への応用例が発表されています．しかし，信頼性の高いデータを得るためには，皮膚血流やその他の脳外組織の影響を取り除く方法を早期に実用化すべきであると思われます．

7.6.2 実験デザイン

NIRS は脳の表層レベルの情報しか得ることができませんが，装置が簡便で測定時に厳しい体動制限を必要とせず，日常生活と同じような環境で計測することができるなどの利点をもちます．このような NIRS の利点は，乳幼児や精神神経疾患患者，そして運動中など生理的ならびに物理的に PET（Positron Emission Tomography）や fMRI 計測が難しい対象に脳機能計測の道を拓き，その応用範囲は認知脳科学に留まらず，工学や教育学などさまざまな領域に広まりつつあります．一方，NIRS 信号の振幅は Hb の濃度変化と光路長の積であり，光路長は計測部位によって異なるため，単純に部位間比較を行うことができず，また基本的に脳波のように時系列信号であることから，実験デザインにはいくつかの制約があります．

NIRS 計測でよく用いられている実験デザインは，基本的には fMRI の実験デザインと同じです．fMRI の実験デザインには，刺激呈示方法に基づく分類とデータ解析方法に基づく分類があり，前者は，ブロックデザイン（block design）と事象関連デザイン（event-related design）の２種類，後者は categorical design，parametric design，factorial design などで，ブロックデザインや事象関連デザインと組み合わせて用いられます．

ブロックデザインでは，一定時間持続して課題や刺激呈示が行われ，次に一定時間持続する別の課題，刺激，あるいは安静状態が続き，繰り返し回数は実験目的に応じて決められます．事象関連デザインでは，比較的短い刺激を複数回適当な間隔で繰り返し与え，脳活動を複数試行の加算平均としてとらえます．

categorical design は，異なる２つの状態（課題遂行中と安静状態など）における脳活動の差を調べる方法で差分法とも呼ばれます．parametric design とは，①実験条件の変化（課題難易度など），あるいは②被験者における反応の変化（課題成績など）に対応して変化する脳活動を特定する方法ですが，個体間比較が必要になる②の parametric design は，多くが NIRS 計測の実験デザインとしては不適切です．

factorial design は，認知的構成要素の組み合わせが異なる課題を用いて，特定の認知的構成要素に対する脳活動や要素の交互作用を調べる方法です．たとえば，物体を見てその名前をいう時には，視覚的分析（VA），物体認知（OR），音韻検索（PR），スピーチ（S）という認知的構成要素が必要です．この方法を最初に提案した Friston（1996）らは，VA と OR に関連する脳領域を分離して検出するために，VA・S（課題 A），VA・OR・S（課題 B），VA・OR・PR・S（課題 C），V・PR・S（課題 D）からなる４課題を設定し，ANCOVA（analysis of covariance）を用いて，OR と PR の主効果とそれらの交互作用について調べました．この実験デザインは，最近では NIRS 計測でもよく利用されるようになってきていますが，NIRS 信号は部位間比較ができないということを念頭に置いて用いる必要があります.

実験デザインを工夫することで, NIRS 計測でもブロックデザインを活用することができます. たとえば, categorical design でテスト課題とコントロール課題における変化を比較する場合は, 複数の被験者のデータをあわせて解析し, テスト課題とコントロール課題間の違いについてグループ間比較を行うことが可能です. 一例として, 統合失調症患者が, 前頭葉機能を調べる乱数発生課題（1～9までの数字を使ってランダムな順番になるように, 1秒に1個の速さで100個まで声に出していう課題と書き留める課題）とコントロール課題（1～9までの数字を順番どおり, 1秒に1個の速さで100個まで声に出していう課題と書き留める課題）を行っている時の, 左右前頭極における NIRS 計測の結果を紹介します（Hoshi *et al.,* 2006）. 統合失調症患者は, 安

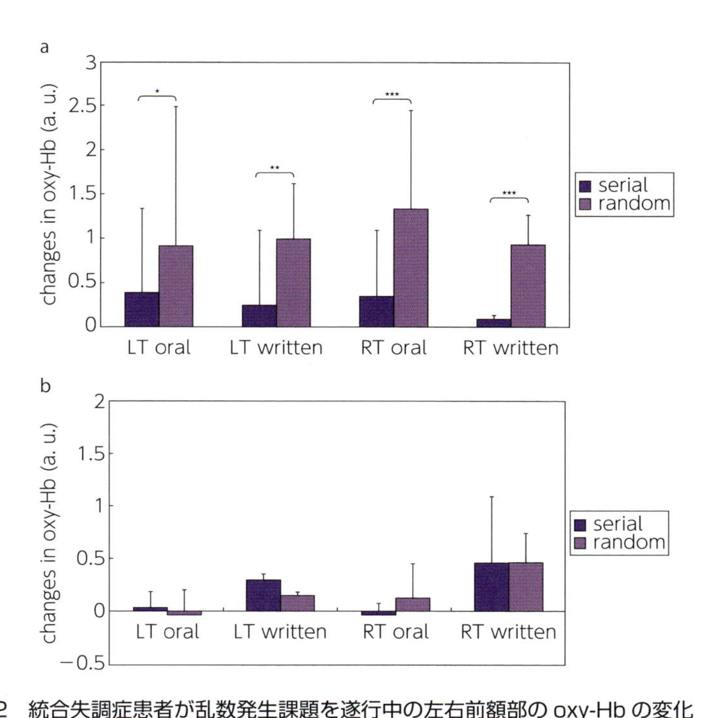

図 7.12　統合失調症患者が乱数発生課題を遂行中の左右前額部の oxy-Hb の変化
a：ハイポフロンタリティを合併しない患者, b：ハイポフロンタリティを合併している患者. written：記述する課題, oral：声に出していう課題, serial：コントロール課題, random：テスト課題. Hoshi *et al.*（2005）より引用.

静時のハイポフロンタリティ（安静時前頭部血流低下）の有無で2群に分けられています．ハイポフロンタリティを伴っていない患者群では，2つの課題でそれぞれのコントロール課題遂行中より有意にoxy-Hbが増加しました（図7.12a）．一方ハイポフロンタリティを伴う患者では，タスクパフォーマンスに差は認められませんが，乱数発生課題でコントロール課題に比べて有意な増加を認めないという結果でした（図7.12b）．統合失調症における前頭葉血流低下には前頭葉機能低下だけでなく，血管反応性自体にも何らかの障害が関与している可能性が示唆されました．

事象関連デザインは，データ解析時にNIRS信号の振幅の大小を直接比較する必要がなく，時間分解能が高いNIRSの利点を生かせる実験デザインです．ただし，NIRS装置に課題あるいは刺激呈示時点を示す同期信号を入力する必要があり，同期信号の時間軸上の位置が解析の正確さを左右するので，NIRS装置のサンプリングレートはできるだけ高く設定することが望ましいです．

7.6.3　データ解析

近年の神経機能イメージング研究で統計解析は重要な位置を占めています．fMRIやPET計測では，SPM（statistical parametric map; Wellcome Trust Centre for Neuroimaging, University College London, http://www.fil.ion.ucl.ac.uk/spm/）に代表される標準的な脳画像統計解析法が確立しており，それらの解析ソフトを用いることによって，大量のデータを半ば自動的に解析することができます．NIRS計測でも標準的解析法の開発が試みられているものの，一般化しているものはまだありません．この理由は，すでに述べたような，NIRS信号の性質に起因しています．ここでは，統計解析法に制約を与えている要因を整理して，NIRSデータ解析ツールボックスの可能性について述べます．

(1) 照射―受光ファイバ位置とNIRS信号

マルチチャンネルNIRS計測装置による光トポグラフィでは，照射―受光ファイバの配置によって得られる画像が異なることが問題視され，倍密度プローブなどの対策案が提案されています（Yamamoto *et al.*, 2002）．この方法に

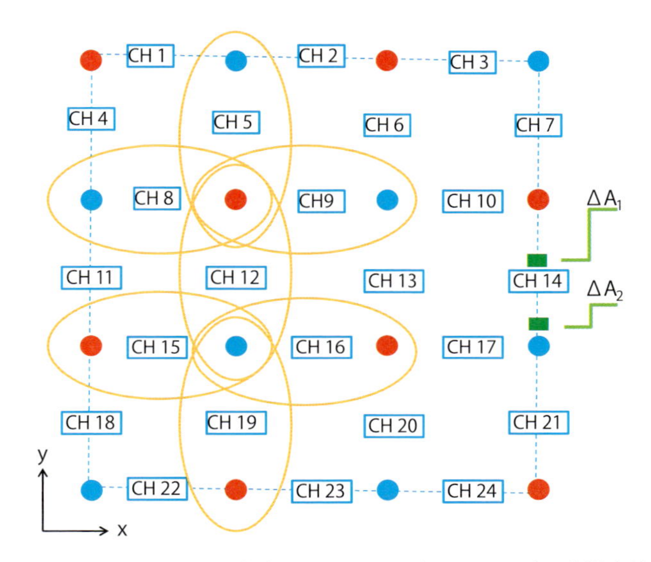

図 7.13 マルチチャンネル NIRS 計測における NIRS 信号とその空間的独立性
赤丸：照射ファイバ，青丸：受光ファイバ，黄色楕円：模式的に示した各照射—受光ペアの X-Y 軸上での検出光の空間感度分布．照射—受光ファイバと吸収物質（CH14 の緑色四角）の位置関係によって NIRS 信号は異なり，吸収物質が照射—受光間の中点に近いほど吸収変化（ΔA）は大きくなります．星（2012）から引用，一部改変．

よって，脳血流が変化した領域の空間的広がりをより正確に検出できるようになりました．一方で，NIRS 計測では照射と受光ファイバペアと吸収変化部位の位置関係により，信号の振幅が異なるという基本的な問題が残っています（図 7.13）．このことは，NIRS 信号の振幅を部位間・個体間で比較しても，正確に脳活動の大きさの違いを論じることができないことを意味しています (Strangman *et al.*, 2003)．

(2) NIRS 信号に対する脳外組織の影響

皮膚血流に変化が生じた場合，それは NIRS 信号に影響しますが，皮膚血流変化がどのような場合に生じ，その影響がどの程度であるのかについては予測できません．その理由の 1 つとして，頭部皮膚血流調整機構の複雑さが挙げられます．一般に認知課題などを用いる脳賦活試験では，被験者の緊張により交感神経が興奮して心拍数の増加や血圧上昇が生じ，皮膚血流が増加すると考えられます．しかし，頭部皮膚血管には α-adrenoreceptor と β-adrenoreceptor

の２種類の交感神経受容体が存在し，前者は交感神経の亢進により血管収縮（血流減少）に関与し（kenney *et al.*, 1991），後者は血管拡張（血流増加）に関与します（Drummond, 1977）．したがって，α-adrenoreceptor, β-adrenoreceptor の活性の度合いと体循環の因子の寄与度によって皮膚血流は決まります．

脳脊髄液（CSF）が脳組織における光伝搬に大きく影響することは，理論モデルを用いた解析によって明らかにされています（Okada *et al.*, 1997; Wang *et al.*, 2010）．頭皮，頭蓋骨，CSF，灰白質，白質の５層からなる灰白質に吸収体（脳賦活を模擬）をもつ頭部モデルを想定し，頭蓋骨あるいは CSF の厚さが吸光度のマッピングに与える影響について有限要素法を用いたシミュレーションで検討されています．頭蓋骨と CSF ではその影響が異なり，頭蓋骨では骨が厚くなるほど賦活領域に対する感度が低下するのに対して，CSF では３ mm より薄い場合は灰白質を透過する光が増加し，CSF 層がない場合（0 mm）より感度が高くなりますが，それ以上の場合は逆に灰白質へ到達する光が少なくなり感度は低下するという結果となりました（Wang *et al.*, 2010）．この理論モデルを再現するファントム実験からも，光マッピング画像には頭部構造や光ファイバの配置などが複合的に影響することが確認されています．したがって，これらの結果も，光トポグラフィによって得られた画像で脳賦活の程度を定量的に論じることはできないことを示しています．

(3) NIRS 信号の集団解析

fMRI や PET 計測においては，ある個人に特異の所見ではなく，多くの人に共通に認められる現象を見出すために，複数の被験者データを同一空間（標準脳）で解析することがルーチンに行われています．しかしマルチチャンネル NIRS 装置で得られたデータ解析において，このような集団解析は最も困難なことの１つです．デジタイザーで計測した光ファイバの位置を頭部 MRI 画像の脳表上に投射してから，解剖学的正規化と空間的平滑化を行って標準脳に変形させることは可能です．しかし，たとえ国際 10-20 法などの脳波電極部位をランドマークにして光ファイバ固定用ホルダーを設置しても，各照射―受光ペアが計測する脳領域は被験者ごとに異なります（図 7.14）．これは，ホルダーの大きさは同じでも，頭の大きさは個人で異なるためで，さらにホルダーを取りつける時に多少ずれてしまうこともあります．

標準脳に変形させてから，計測領域がほぼ同じと見なせる被験者のデータのみを用いて解析することは可能ですが，賢明な解決法とは言いがたく，関心領域（region of interest: ROI）を大きめに定めて解析を行う方法が代替案として挙げられます．脳磁図計測（MEG）や脳波計測（EEG）もNIRSと同様に標準的な集団解析の方法はなく，個人解析がまず行われ，その結果が集団解析の対象になっています．NIRS信号の解析においても，ダイレクトに集団データの中から共通項を見出すのではなく，MEGやEEGのように個人データ解析から行うのが確実であると考えます．

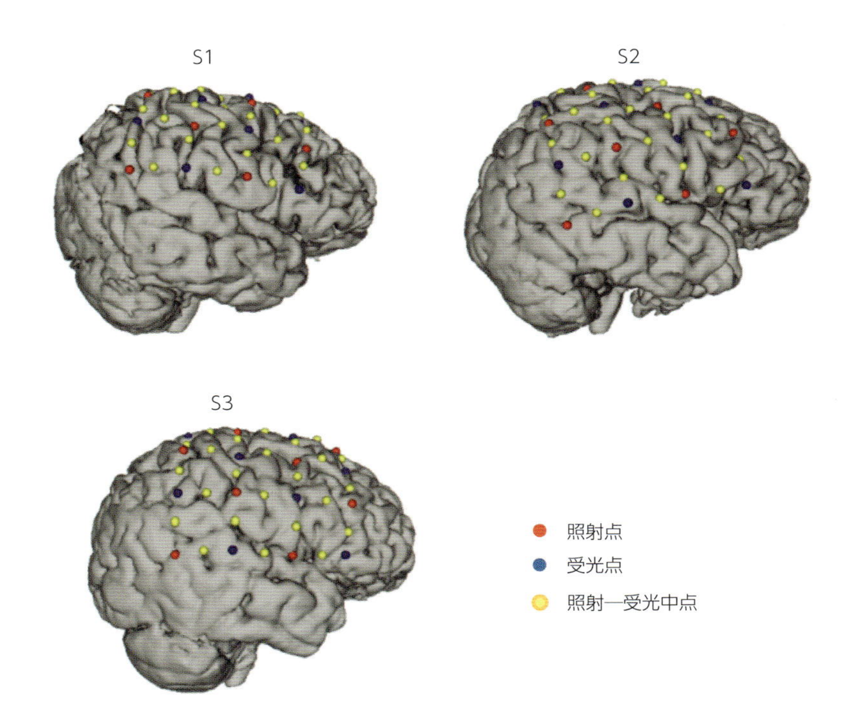

図 7.14　計測領域の個人差
同じホルダーを用いて光ファイバを装着した時の照射点（赤丸），受光点（青丸），それらの中点（黄色丸）の位置を，各被検者（S1，S2，S3）のMRI画像に重ね合わせた像を示しています．

(4) 血行動態応答関数を用いた解析

fMRIでは，あらかじめ信号変化のパターンを血行動態応答関数（hemodynamic response function: HRF）で予測し，一般線形モデルの説明変数をHRFでconvolution（畳みこみ）して解析を行い活動領域を検出しています．この方法は，NIRSデータ解析にも応用することができ，NIRS信号の振幅に影響を与える因子を考える必要がなく，NIRSデータ解析に適用できる可能性があります．実際に解析ソフトが組み込まれている装置もあります．しかし，使用にあたっては以下の注意が必要です．まず，fMRIで用いられているHRFは，BOLD (blood oxygenation level dependent) 信号 (deoxy-Hbの変化を反映）から導かれたモデルであって，NIRS信号（特にoxy-Hb）の解析に応用する妥当性についてはまだ検証されていません．また，fMRI解析ソフトでは複数のHRFから適切と思われるHRFを選択することができますが，どのHRFを用いるかによって解析結果は異なります．ある課題に対する血流反応に再現性があることが前提となりますが，指タッピング課題のような比較的単純な課題でも，ブロックごとにNIRS信号の変化パターンが異なることもあります．また，ブロックデザインで行われる認知課題などは，1ブロックが20～60秒程度と比較的長めですが，このような長めの課題に対して確立している適切なモデルはNIRSにはなく，データの蓄積が必要です．さらに，一般線形モデルで解析するためには，繰り返し計測が必要になり，実験デザインによっては慣れなどによってこの解析法を用いることができない場合もあります．HRFを用いない解析も可能ですが，NIRS信号は時系列データなので，個々の刺激に対する反応を独立と見なせるくらい十分に刺激と刺激の間隔をとる必要があります．

(5) 相互相関分析

近年，安静時のfMRI信号の相互相関分析から，デフォルトモードネットワークに代表されるようなさまざまなネットワークが見出されています，この手法は脳賦活時の解析，そしてNIRSデータ解析にも応用されています（Homae *et al.*, 2010）．ある脳領域のNIRS信号と時間的相互相関がある領域を検出する時には，計測領域（チャンネル：CH）における信号の独立性に注意する必要があります．たとえば，図7.13に示すような照射—受光ファイバ配列の場合，CH12 の信号には，CH 5, 8, 9, 15, 16, 19 で計測される脳領域での Hb 変化に基づく信号が部分的に含まれるため，これらの CH に対しては独立であるとは見なせません．したがって，相互相関分析を行う時には，分析する CH の選定に注意が必要です．

(6) NIRS データ解析ツール

データ解析は研究の醍醐味の 1 つで，方法に間違いがない限り，実験者が適切と思う方法で解析することに何ら問題はありませんが，初めて NIRS 計測を行う場合には，標準的な解析ツールがあると便利です．しかし，前述のようにさまざまな理由から，SPM のようなツールは NIRS に対しては望めません．近年，マルチチャンネル NIRS 計測装置の普及によって 1 回に得られるデータ量が増加するとともに複雑な実験デザインが用いられるようになり，テキストデータをエクセルなどで解析するのは困難です．そこで，解析用のプログラムの作成が独自に行われており（Koh *et al.*, 2007; Ye *et al.*, 2009），今後，これらのプログラムを集めて NIRS データ解析ツールボックスをつくることが可能と考えています．

しかし，たとえ優れたデータ解析ツールが開発されたとしても，データ解析は生データを見ることから始まります．NIRS 信号の解析では，まず光ファイバのずれなどによるアーチファクトと信号の区別が必要ですが，EEG と同様に最終的には実験者の目視によって判定されるので，日頃からデータをよく見て慣れておく必要があります．NIRS 信号はリアルタイムでディスプレイ上に提示されるので，計測時に信号変化を観察することが信号判読能力を養うための最も簡単かつ適切な方法です．

神経機能イメージング研究では，個人解析の結果は個々人に特有の現象となっている可能性があり，重要ではないと考えられています．また，NIRS 計測者には fMRI 計測追従の傾向があり，SPM のような集団解析ツール確立の要望は強いです．しかし，信号の本質が異なる fMRI の解析ツールを NIRS 用に修正するのではなく，NIRS 信号にふさわしい独自の解析ツールを考案すべきと考えます．

7.7 次世代 NIRS

7.7.1 NIRS の課題

これまでくり返し述べてきたように，NIRS がさらに発展するためには解決すべき問題がいくつかあり，特に，脳組織内に限局した変化を選択的かつ定量的に計測することは重要な課題です．これらは，NIRS の開発当初からの課題で，これまでにさまざまな方法が考案されてきました．そのうち皮膚血流の影響を除去する方法としては，複数の異なる照射—受光間距離で計測するマルチディスタンス法がよく知られています．この方法は，照射—受光間距離によって検出光の到達深度が異なることを利用し，10 mm 以下の照射—受光間距離で主として脳外組織での変化をとらえ，30 mm 以上で脳外組織・脳組織両方における変化を計測して，後者から前者の信号を差し引くことによって脳組織由来の信号を検出します．実際には単純な引き算ではなく，それぞれの照射—受光ペアにおける光路の違いや皮膚血流変化の計測部位による違いなどを考慮した演算式が提案されています（Saager and Berger, 2008; Gagnon *et al.*, 2011）．

また，NIRS 信号は皮膚血流だけでなく血圧・心拍など体循環の影響も受けることから，これらの影響を独立成分分析（independent component analysis: ICA）や主成分分析（principal component analysis: PCA）などの統計的手法によって取り除く試みもされています（Kohno *et al.*, 2007; Virtannen *et al.*, 2009）．しかし，これらの方法を用いても，脳組織に由来する信号の厳密な選択的抽出・定量的計測は困難です．

7.7.2 時間分解計測を用いた選択的・定量的計測

TRS の時間プロファイルは深さ方向の情報をもつため，それを利用した選択的・定量的計測法がいくつか提案されていますが（Steinbrink *et al.*, 2001; Sato *et al.*, 2013），煩雑な解析が必要であることなどからあまり一般的にはなっていません．ここでは，その中でもすでに装置に組み込まれている方法の一例を紹介します．7.3.2 項で述べたように，光拡散方程式の解析解から導出された時間プロファイルを実測で得られた時間プロファイルにカーブフィット（DE-fit）することで求めたHb濃度は，CW計測に比べてより選択的に脳内Hb濃度変化を反映しています．図7.15は，内頸動脈狭窄症に対する内膜剥離術時の，手術側前額部におけるTRS計測の結果を示しています（Sato *et al.*, 2007）．この手術では，外頸動脈，内頸動脈，総頸動脈の血流遮断後に内頸動脈を切開して肥厚内膜を摘出します．図7.15a, bはそれぞれTRSによって計測されたデータを拡張ベア・ランバート則（MBLL）と拡散理論（DE-fit）に基づいて解析したoxy-Hbの変化を示していますが，前者はCW計測と同等と見なせます．MBLLによる解析では外頸動脈結紮によってoxy-Hbと

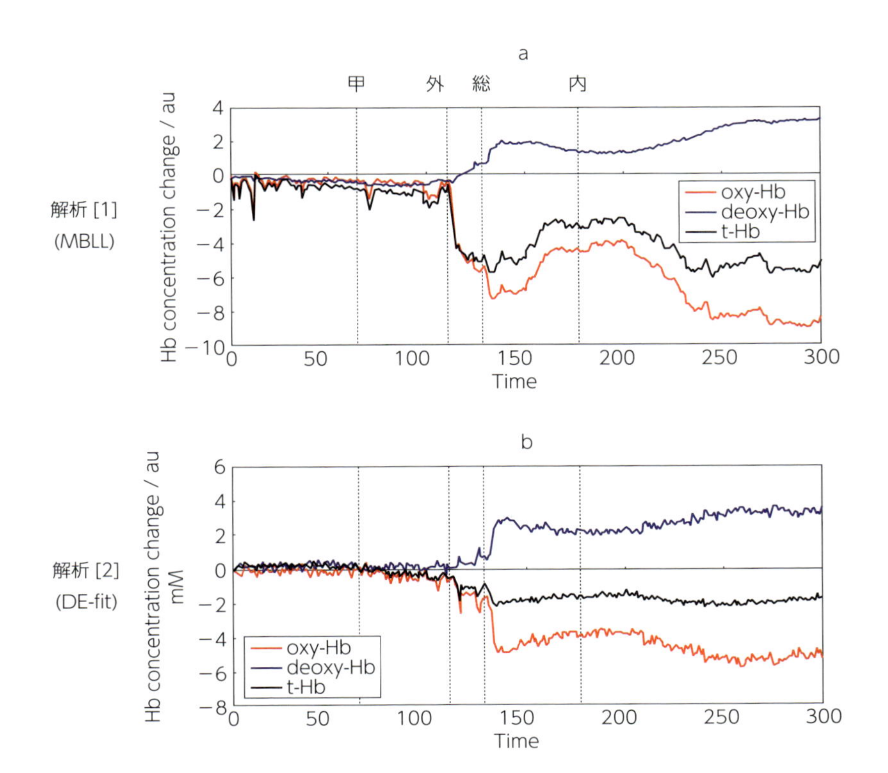

図7.15　内頸動脈内膜剥離手術時のTRS計測結果

a．解析[1]（MBLL）：拡張ベア・ランバート則を用いた解析結果，b．解析[2]（DE-fit）：拡散理論に基づいてカーブフィッティングを用いて解析した結果．甲：甲状腺動脈結紮，外：外頸動脈結紮，総：総頸動脈結紮，内：内頸動脈結紮．星（2014）より引用．

t-Hb が減少し，引き続いて行われた総頸動脈結紮では両者の減少はわずかで，反膚血流の変化を主としてとらえていたと思われます．一方，DE-fit による解析では，外頸動脈結紮による Hb の変化は小さく，総頸動脈結紮によって cxy-Hb と t-Hb が減少したことから，脳血流低下をより選択的に検出することができ，TRS を用いて DE-fit で解析したほうが脳外組織の影響を受けにくいことがわかります．しかし，この方法を用いても脳外組織の影響を完全に取り除くことはできません．

7.7.3　拡散光トモグラフィ

脳組織 Hb の変化を選択的かつ定量的に計測する方法として最も有望なのは拡散光トモグラフィ（diffuse optical tomography: DOT）です．DOT は，近赤外光を用いて複数の部位を計測して，検出される信号から μ_a や μ_s などの光学特性値や，さらに μ_a から算出される Hb 濃度などの局所的な分布を断層画像化する技術で，光トポグラフィとは似て非なる計測技術です（Arridge, 1999）．つまり光トポグラフィは，上述したように頭皮から脳組織まで異なる深さで生じた Hb 濃度変化に起因する NIRS 信号（Hb 濃度変化と部分光路長の積の総和）を深さで分離することなく，定性的に頭部表面に沿って二次元画像で表示します．一方，DOT は，それぞれの深さにおける Hb 濃度変化を定量的に二次元あるいは三次元断層画像として表示することができます．DOT は，CW，TRS，PRS のいずれの計測法でも可能ですが，画像再構成にあたってより多くの情報をもつ TRS が DOT に最も適しています．

生体組織表面の 1 点に照射された光は強く散乱され，拡散的に伝搬して組織表面の複数の部位で検出されます．これらのデータを用いて逆問題解析を行うことにより，組織内部の光学特性値（μ_a, μ_s または μ_s'）分布を求めます（画像再構成）．図 7.16 は画像再構成のプロセスを示しています．まず生体組織の光学特性値の分布を推定し，光伝搬モデル（光拡散方程式あるいは輻射輸送方程式）を用いて順問題解析を行い，検出光量分布や光量の時間変化などを得ます．そして，これらの計算結果が実際に計測された結果と一致するまで光学特性値の分布を推定しなおすプロセスを繰り返します．

反復解法としては Newton-Raphson 法あるいは conjugate gradient 法

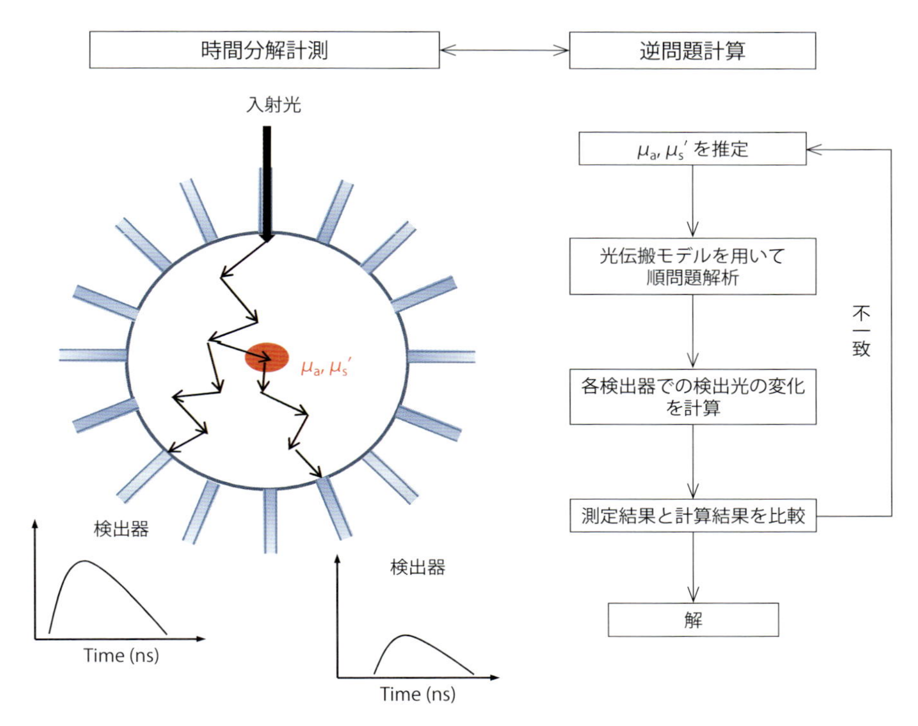

図 7.16　DOT 画像再構成プロセス
星（2013）より引用.

(CG 法）が標準的です．しかし，前者は後者に比べて収束までの時間は短いのですが，感度行列（媒質内の任意の位置において微小な吸収・散乱体の有無が検出光量に及ぼす影響を表す行列）の計算・保存が必要で，計算量が多くなります．一方，CG 法は計算量を少なくすることができますが，収束には時間がかかるという欠点があります．また，ほかに準ニュートン法や最急降下法などもありますが，それぞれ一長一短があり，DOT 画像再構成に最も適した方法はまだ確立していません.

基本的に DOT のアルゴリズムは非線形逆問題で，悪条件で未知数のほうが測定数よりも多く不定条件となる場合が多いため，解が一義的に求まらず局所解に陥る可能性もあります．それを避けるために，事前情報を組み入れたり，解の上限・下限を設定するなどの工夫がされています．DOT は，脳組織よりは乳房（乳がん検出）を対象とした研究のほうが進んでいますが（Ntziachristos *et al.*, 2002），新生児頭部（Hebden *et al.*, 2002）や成人の前腕筋肉（Zhao *et al.*, 2005）などの計測も試みられています．実用化には高精度・高速画像再構成アルゴリズムの開発などいくつか課題が残されているものの，生体のような不均一媒質の光計測の中で最も高度な技術で，生体分子イメージングを可能にする蛍光トモグラフィ（fluorescence diffuse optical tomography: FDOT）へと発展することができ，諸外国でも研究開発が進められています．

7.7.4　CW による DOT

マルチチャンネル CW 装置を用いる DOT は，すでに脳機能イメージング研究に用いられています（Eggebrecht *et al.*, 2012）．この DOT では，順問題モデルとして光拡散方程式を用いていますが，脳内で生じる吸収変化が小さく空間的にも一様で小さい場合は，Ritov 近似あるいは Born 近似を用いて順問題モデルを線形化することができ，シングルステップで逆問題を解いて画像再構成を行います．この方法は，まだ定量性に問題があり μ_a の変化量しか算出できませんが，神経機能イメージング研究には適した方法です．さらに，照射―受光ペアが異なる間隔でオーバーラップするように配置する高密度マルチディスタンス法と組み合わせることによって，画質がより改善することが報告されています．安静時には頭皮血流も自然変動を示すため，安静時の相互相関分析には CW-DOT が用いられるべきで定量性に課題は残っていますが，fNIRS としては最も進歩した方法で早期の製品化が望まれます．

重症の貧血の患者が被験者の場合，NIRS による測定は難しいのでしょうか．

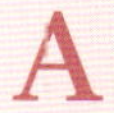
貧血の患者では総ヘモグロビン濃度が低下します．この場合，脳血流低下に伴う脳血液量の減少と，血管内のヘモグロビン濃度の低下（血流は増加していることが多いです）が区別つかなくなります．

NIRS による測定では，激しい体動があっても構わないのでしょうか．たとえば，スポーツをしている時の測定はいかがでしょう．

リハビリでトレッドミル上を歩いたり，上肢だけの運動といった比較的軽度の運動であれば大丈夫ですが，激しい運動（特に頭部の動きを伴う運動）は NIRS でも計測は難しいです．これは，体動によって光ファイバが多少ずれることによる機械的なアーチファクトだけでなく，皮膚血流の変化や，頭位による血液量の変化が，脳活動に関連した脳血流変化に重畳してしまうためです．

引用文献

Arridge SR（1999）Optical tomography in medical imaging. *Inverse Problems*, **15**: R41-R93

Chance B, Leigh JS, Miyake H, Smith DS, Nioka S, Greenfeld R, *et al.*（1988）Comparison of time-resolved and -unresolved measurements of deoxyhemoglobin in brain. *Proc Natl Acad Sci USA*, **85**: 4971-4975

Chance B, Zhuang Z, Unah C, Alter C, Lipton L（1993）Cognition-activated low frequency modulation of light absorption in human brain. *Proc Natl Acad Sci USA*, **90**: 3770-3774

Delpy DT, Cope M, van der Zee P, Arridge S, Wray S, Wyatt J（1988）Estimation of optical pathlength through tissue from direct time of flight measurement. *Phys Med Biol*, **33**: 1433-1442

Drummond PD（1997）The effect of adrenergic blockade on blushing and facial flushing. *Psychophysiology*, **34**: 163-168

Eggebrecht AT, White BR, Ferradal SL, Chen C, Zhan Y, Synder AZ, *et al.*（2012）A quantitative spatial comparison of high-density diffuse optical tomography and fMRI cortical mapping. *NeuroImage*, **61**: 1120-1128

Friston KJ, Price CJ, Fletcher P, Moore CF, Frackowiak RS, Dolan RJ（1996）The trouble with cognitive subtraction. *NeuroImage*, **4**: 97-104

Fukui Y, Ajichi Y, Okada E（2003）Monte Carlo prediction of near-infrared light propagation in realistic adult and neonatal head models. *Appl Opt*, **42**: 2881-2887

Gagnon L, Perdue K, Greve DN, Goldenholz D, Gayatri K, Boas DA（2011）Improved recovery of the hemodynamic response in diffuse optical imaging using short optode separations and state-space modeling. *NeuroImage*, **56**: 1362-1371

Hebden JC, GibsonA, Yusof RM, Everdell N, Hillman EMC, Delpy DT, *et al.*（2002）Three-dimensional optical tomography of the premature infant brain. *Phys Med Biol*, **47**: 4155-4166

Homae F, Watanabe H, Otobe T, Nakano T, Go T, Konishi Y, *et al.*（2010）Development of global cortical networks in early infancy. *J Neurosci*, **30**: 4877-4882

星　詳子・田村　守（1994）近赤外分光法―基礎と臨床応用―，小児科臨床，**47**: 17-24

星　詳子（2010）NIRS を用いた小児の発達の解析．『小児科臨床ピクシス 19 ここまでわかった小児

の発達』五十嵐隆，久保田雅也 編，中山書店，132-135
星　詳子（2012）NIRSデータの統計解析ツールボックスは可能か？『NIRS―基礎と臨床―』酒谷薫 監修，新興医学出版社，103-107
星　詳子（2014）今後の研究の方向性．特集 光トポグラフィー検査をどう使いこなすか．精神科，**25**: 294-301
星　詳子（2013）ダイナミック・マルチレベル生体光イメージングの可能性．『技術予測レポート2023（上）健康寿命の延伸を目指す日本の技術編』（日本能率協会総合研究所 編），ソレカラ社，129-142
Hoshi Y, Tamura M（1993）Detection of dynamic changes in cerebral oxygenation coupled to neuronal function during mental work in man. *Neurosci Lett*, **150**: 5-8
Hoshi Y, Hazeki O, Tamura M（1993）Oxygen dependence of redox state of copper in cytochrome oxidase in vitro. *J Appl Physiol*, **74**: 1622-1627
Hoshi Y, Hazeki O, Kakihana Y, Tamura M（1997）Redox behavior of cytochrome oxidase in the rat brain measured by near-infrared spectroscopy. *J Appl Physiol*, **86**: 1842-1848
Hoshi Y, Kobayashi N, Tamura M（2001）Interpretation of near-infrared spectroscopy signals: a study with a newly developed perfused rat brain model. *J Appl Physiol*, **90**: 1657-1662
Hoshi Y, Shimada M, Sato C, Yamada Y（2005）Reevaluation of near-infrared light propagation in the adult human head: implications for functional near-infrared spectroscopy. *J Biomed Opt*, **10**: 064032
Hoshi Y, Shinba T, Sato C, Doi N（2006）Resting hypofrontality in schizophrenia: a study using near-infrared time-resolved spectroscopy. *Schizophr Res*, **84**: 411-420
Ishimaru A（1978）Diffusion of a pulse in densely distributed scatters. *J Opt Soc Am*, **68**: 1045-1050
Jöbsis FF（1977）Noninvasive infrared monitoring of cerebral and myocardial oxygen sufficiency and circulatory parameters. *Science*, **198**: 1264-1267
Katagiri A, Dan I, Tuzuki M, Okamoto M, Yokose N, Igarashi K, *et al.*（2010）Mapping of optical pathlength of human adult head at multi-wavelengths in near infrared spectroscopy. *Adv Exp Med Biol*, **662**: 205-218
Kato K, Kamei A, Takashima S, Ozaki T（1993）Human visual cortical function during photic stimulation monitoring by means of near-infrared spectroscopy. *J Cereb Blood Flow Metab*, **13**: 516-520
Kenney WL, Tankersley CG, Newswanger DL, Puhl SM（1991）Adrenergic blockade does not alter control of skin blood flow during exercise. *Am J Physiol*, **260**（*Heart Circ. Physiol.*, **29**）: H855-H861
Koh PH, Glaser DE, Flandin G, Kiebel S, Butterworth B, Maki A, *et al.*（2007）Functional optical signal analysis: a software tool for near-infrared spectroscopy data processing incorporating statistical parametric mapping. *J Biomed Opt*, **12**: 1-13
Kohno S, Miyai I, Seiyama A, Oda I, Ishikawa A, Tsuneishi S, *et al.*（2007）Removal of the

skin blood flow artifact in functional near-infrared spectroscopic imaging data through independent component analysis. *J Biomed Opt*, **12**: 062111

Kolyva C, Tachtsidis I, Ghosh A, Moroz T, Cooper CE, Smith M, *et al.* (2012) Systematic investigation of changes in oxidized cerebral cytochrome c oxidase concentration during frontal lobe activation in healthy adults. *Biomed Opt Exp*, **3**: 2550-2566

Lakowickz JR, Berndt K (1990) Frequency domain measurement of photon migration in tissues. *Chem Phys Lett*, **166**: 246-252

Ntziachristos V, Yodh G, Schnall MD, Chance B (2002) MRI-guided diffuse optical spectroscopy of malignant and benign breast lesions. *Neoplasia*, **4**: 347-354

Okada E, Firbank M, Schweiger M, Arridge SR, Cope M, Delpy DT (1997) Theoretical and experimental investigation of near-infrared light propagation in a model of the adult head. *Appl Opt*, **36**: 21-31

Saager R, Berger A (2008) Measurement of layer-like hemodynamic trends in scalp and cortex: implications for physiological baseline suppression in functional near-infrared spectroscopy. *J Biomed Opt*, **13**: 034017

Sato C, Yamaguchi T, Seida M, Ota Y, Yu I, iguchi Y, *et al.* (2007) Intraoperative monitoring of depth-dependent hemoglobin concentration changes during carotid endarterectomy by time-resolved spectroscopy. *Appl Opt*, **46**: 2785-2792

Sato C, Shimada M, Tanikawa Y, Hoshi Y (2013) Estimating the absorption coefficient of the bottom layer in four-layered turbid mediums based on the time-domain depth sensitivity of near-infrared light reflectance. *J Biomed Opt*, **18**: 097005

SPM, Wellcome Trust Centre for Neuroimaging, UniversityCollege London, http://www.fil.ion.ucl.ac.uk/spm/

Steinbrink J, Wabnitz H, Obrig H, Villringer A, Rinneberg H (2001) Determining changes in NIR absorption using a layered model of the human head. *Phys Med Biol*, **46**: 879-896

Strangman G, Franceschini MA, Boas DA (2003) Factors affecting the accuracy of near-infrared spectroscopy concentration calculation for focal changes in oxygenation parameters. *NeuroImage*, **18**: 865-879

Villringer A, Plank J, Hock C, Schleikofer L, Dirnagl U (1993) Near-infrared spectroscopy (NIRS): a new tool to study hemodynamic changes during activation of brain function in human adults. *Neurosci Lett*, **154**: 101-104

Virtannen J, Noponen T, Meriläinen P (2009) Comparison of principal and independent component analysis in removing extracerebral interference from near-infrared spectroscopy signals. *J Biomed Opt*, **14**: 054032

Wang S, Shibahara N, Kuramashi D, Okawa S, Kakuta N, Okada E, *et al.* (2010) Effects of spatial variation of skull and cerebrospinal fluid layers on optical mapping of brain activities. *Opt Rev*, **17**: 410-420

Warton DC, Gibson QH (1966) Spectrophotometric characterization and function of copper in cytochrome c oxidese In: Peisach J, Aisen P, Blumberg WE (eds)

Biochemistry of Copper, Acadenic press, New York, 235-244

Yamamoto T, Maki A, Kadoya T, Tanikawa Y, Yamada Y, Okada E, *et al.* (2002) Arranging optical fibers for the spatial resolution improvement of topographical images. *Phys Med Biol*, **47**: 3429-3440

Warton DC, Gibson QH (1966) Spectrophotometric characterization and function of copper in cytochrome c oxidase. In : Peisach J, Aisen P, Blumberg WE (eds) *Biochemistry of Copper*, Acadenic press, New York, 235-244

Ye JC, Tak S, Jang KE, Jung J, Jang J (2009) NIRS-SPM: Statistical parametric mapping for near-infrared spectroscopy. *NeuroImage*, **44**: 428-447

Zhao H, Gao F, Tanikawa Y, Homma K, Yamada Y (2005) Time-resolved diffuse optical tomographic imaging for the provision of both anatomical and functional information about biological tissue. *Appl Opt*, **44**: 1905-1916

8 PET/SPECT (Positron Emission Tomography/Single Photon Emission Computed Tomography)

8.1 核医学の概要

核医学は，ラジオアイソトープ（RI）の体内分布を計測して生体の機能を測定する方法です．RIで標識した放射性追跡薬剤（以下，放射性トレーサー）を静注法や吸入法で体内に投与すると，血流で運ばれて，毛細血管から拡散や担体搬送などの物理的過程を通して体内組織に分配され，さらに組織内で代謝や受容体への結合などのさまざまな化学的過程を経てから，時間とともに再び毛細血管を通して血流に戻ります（図8.1）．この様子を体外から測定することで，生体や疾患のさまざまな病態生理が推定され，最終的に疾患の病態生理を調べることができます．核医学は，放射性トレーサーを標識合成する放射薬品化学分野，生体内の放射能分布の時空間的分布を測定する物理工学分野，測定した生体組織と血液中の放射性トレーサー濃度からトレーサー挙動を解析す

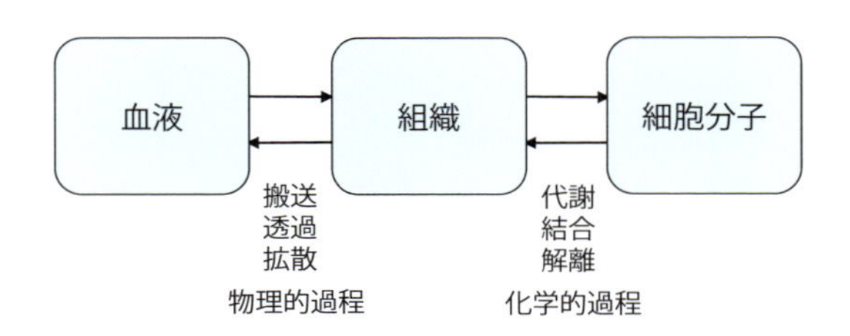

図8.1　放射性トレーサーの体内挙動
放射性トレーサーは，血流を介して主に物理的過程を経て組織へ出入りします．さらに続いて，主に化学的過程を経て組織内の細胞や分子へ結合と解離を繰り返します．

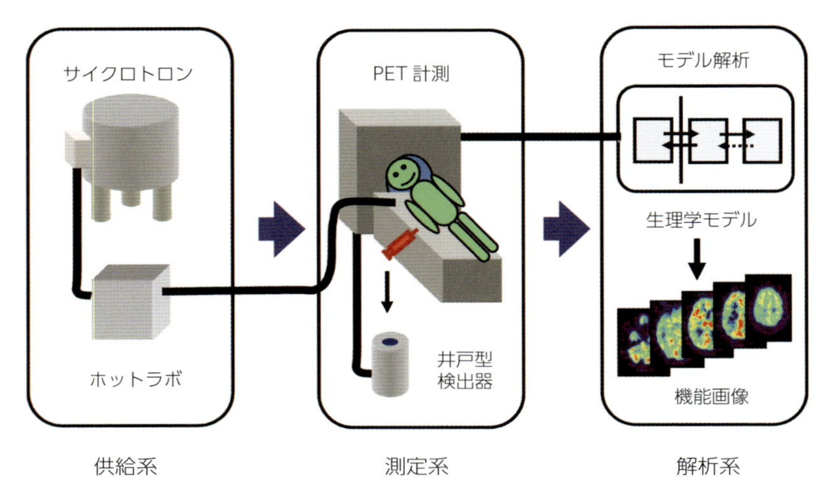

図 8.2　PET 施設の 3 部門の連携
PET 検査では，放射性トレーサーを供給する系，測定する系，解析する系の連携がスムーズに運用されて，初めて PET 施設として機能します．

る数理モデル解析学分野，得られた画像指標をもとに病態解明や臨床診断を行う医学分野を含む多分野にまたがる学際研究になります．特に positron emission tomography（PET）は，使用する RI トレーサーの半減期が短いために，施設内に RI を製造するサイクロトロンと RI 製剤合成用の周辺設備を動かす部門，PET 装置で体内トレーサーを測定する部門，測定放射能濃度をモデル解析する部門などの連携体制ができて初めて有効に機能します（図 8.2）．最近の核医学の画像は断層像が標準ですが，使用する RI により，単光子線（ガンマ線）を放射する RI を使う single photon emission computed tomography (SPECT）と，ポジトロン（陽電子）を放出する RI を使う PET とに分けて考えます．SPECT と PET では，検出器や装置の物理的性能が違います．SPECT はコリメータを通過したガンマ線を直接計数しますし，PET はポジトロンが電子と出会って消滅する時に放射する一対の消滅ガンマ線（消滅線：511keV，解説「keV」参照）を対向する検出器でそれぞれ計数した後に，両者の同時性を同時計数回路で検出します．いずれも体幹を囲むように配置される検出器で，横断面の外周に沿って RI からの放射線の分布を測定します．

解 説 **keV（kilo-electron-volt：キロ電子ボルト）**

ガンマ線のエネルギーの単位です．PET で使用するガンマ線は陽電子消滅線で，陽電子消滅線は消滅する電子の質量に等価な 511keV と比較的エネルギーが高いため，原子番号 Z の高い元素を含む素材（BGO や LSO 等）が検出器に使われます．SPECT では放射性核種により，^{133}Xe の 81keV，^{99m}Tc の 140keV，^{123}I の 160keV と異なるエネルギーのガンマ線を使用しますが，エネルギーが低いため従来から NaI が検出器として使われます．

8.2　PET と SPECT の歴史

RI は 1896 年に Becquerel により発見されました．医学に使うようになったのは，1920 年代に Hevesy が RI が体内を巡って移動することからトレーサーと名づけ，現在の多様な放射性トレーサーの体内移動の原理をつくってからです．1950 年代に入り体外から計測できる一次元スキャナーを Cassen がつくり，さらに二次元カメラを Anger（1964）が開発して，*in vivo* 核医学イメージングのもとができました．

最初に測定された断層画像は PET でした．1950 年代になって Robertson がポジトロンを使った断層法を示し，その後，Massachusetts General Hospital（MGH）の Brownell が縦断断層法を示しました．Washington 大学で Ter-Pogossian と Phelps らが横断断層法 PET の開発を始めました（Ter-Pogossian *et al.*, 1975）．PETT III から始まり，当時ベンチャー企業だった CTI 社と協力して emission computed assisted tomograph（ECAT）を開発，初の PET 商用機として本格的な普及を目指した PET 装置になりました（Phelps *et al.*, 1978）．

SPECT は最初に断層撮影装置を臨床的に実用化しました．それは，Pennsylvania 大学の Kuhl が対向型スキャナーを並行移動して回転した Mark スキャナー（Kuhl and Edwards, 1968）で，最終的に Mark IV という四角形スキャナーが回転する方式に発展しました．これを使い，^{99m}Tc による脳血液量など，当時としては画期的な臨床断層画像を報告しました（Kuhl *et al.*, 1976）．また，Kuhl らとは独立に，1970 年代後半から脳血流量の断層測定を目指して拡散性トレーサー ^{133}Xe のクリアランスを測定できる高速測定が可能な SPECT が，デンマークの Lassen ら（Stokely *et al.*, 1980）や我が国の Kanno ら（Kanno *et al.*, 1981）によりそれぞれ開発され市販されました．しかし，1990 年代に脳組織に捕獲固定されるケミカルマイクロスフェア型トレーサーの ^{99m}Tc や ^{123}I 標識の脳血流トレーサーが市場に出始めると，測定時間が遅くとも分解能が優れているガンマカメラを回転する SPECT が普及するようになりました．

8.3　PET と SPECT のハードウェア

8.3.1　ガンマ線検出器

PET，SPECT 装置の心臓部となるガンマ線検出器は，ガンマ線が入射した時微弱な光を発するシンチレータとその発光を電気信号に変換する光電素子からなります．PET と SPECT では計測するガンマ線のエネルギーが異なります．SPECT では 100 ～ 200 Kev ですが，PET では 511Kev と高いため，ガンマ線阻止能の高い（＝原子番号 Z の高い）ビスマス酸化ゲルマニウム（BGO），発光時間が短く発光量の多いガドリニウム酸化シリコン（GSO）やルテシウム酸化シリコン（LSO）などのシンチレータ結晶が実用化され，さらに高密度，高発光量，高速なシンチレータの開発が続いています（表 8.1）．また，発光を電気信号に変える光電変換素子も当初の光電子増倍管（PMT）という真空

	NaI	BGO	GSO	LSO	LYSO
実効原子番号	51	75	59	65	66
密度（g/cm^3）	3.67	7.13	6.71	7.35	7.35
相対発光量（%）	100	15	20	70	70
蛍光減衰時間（ns）	230	300	60	40	40
潮解性	あり	なし	なし	なし	なし

表 8.1　代表的な核医学用のシンチレーション結晶
SPECT 用シンチレーション結晶は NaI ですが，PET 用シンチレーション結晶は，2000 年代まで使われていた BGO から最近開発された LYSO まで，より高性能なシンチレーション結晶の開発が進んでいます．

管から，最近では MRI と合体する PET 装置の開発が進められ，強磁場環境でも正常に動作するアバランシェ光電ダイオード（APD）やシリコン光電素子（SiPM）など半導体の光電変換素子が開発されて PET 用検出器は急激に変貌しています．

8.3.2 空間分解能の限界

PET の空間分解能はシンチレータのサイズに依存しますが，物理的に超えられない限界があります．1 つはポジトロンレンジと呼ばれる現象です．これは RI から放射されたポジトロンが体組織中の原子と衝突して減速し，電子とともに消滅するまでの距離で，RI 固有のポジトロン放射エネルギーにより異なります．^{18}F や ^{11}C は放射されるポジトロンのエネルギーが比較的低いため，ポジトロンレンジは 1 mm 以下で分解能への影響はほとんど問題になりません．一方，^{15}O は放射されるポジトロンのエネルギーが高いため 1 ～ 2 mm に達し，3 ～ 4 mm の高分解能 PET 装置にとっては無視できなくなります．もう 1 つの物理的な限界は，角度揺動と呼ばれる現象です．これは，ポジトロン消滅の際の消滅線が 180 度からわずかに揺らぐため，対向して検出された検出器軸上とポジトロン消滅の位置が異なることです．平均 0.6 度と実測されています．角度搖動が分解能に与える誤差は，検出器径に比例してその効果が大きくなりますが，検出器径が 80 cm の臨床 PET 装置では約 2 mm，15 cm の動物 PET 装置で約 0.4 mm と見積もられます．

SPECT の空間分解能はコリメータの性能に依存します．ガンマカメラのコリメータの分解能はコリメータからの距離に従って劣化するため，臨床 SPECT 装置ではコリメータに近い脳表の分解能が最も高く，数 mm の分解能が実現しても脳中央部の分解能は 10 ～ 20 mm 程度に劣化します．したがって，PET の分解能とは逆に，SPECT の分解能は脳表が高く脳中央部で低下することになります．ただし，小動物用の SPECT 装置では被写体サイズが小さいためにコリメータの性能は視野中心部でもほとんど劣化せず，マルチピンホールコリメータを備えた小動物 SPECT 装置では 1 mm 以下の分解能が実現しています．

8.3.3 PET 装置

PET 装置の空間分解能は前述のようにシンチレータの小型化により向上していて，動物用では 1 mm 以下，臨床用では頭部用で 2 mm 程度にまでなっています．また，シンチレーション時間が速いシンチレータを実用化し，光電変換された信号の処理回路も高速になって，同時計数の時間分解能がそれまでの数 ns から最新の装置では 500ps 程度に短くなりました．その結果，対向検出器で検出されるポジトロン消滅位置の判別距離が 7.5cm に短縮され，光速のガンマ線の time-of-flight（TOF）原理が実用的になってきました．TOF 情報を用いることで実質的なノイズが低減し，それが放射能測定感度の向上に貢献して市販装置に実装されつつあります．

新しい検出器として，ガンマ線のシンチレータ内での停止位置（depth-of-interaction: DOI）を検出可能な DOI 検出器が開発されています．511Kev のガンマ線の透過力が大きく，斜め方向から入射するガンマ線が突き抜けて隣のシンチレータに進むため，視野中心部に比べて斜め入射ガンマ線の多い周辺部の分解能が低下します．DOI 検出器ではこのような分解能の劣化を避けられることから，高分解能を保持したままリング径を小さくでき，広い立体角が得られて測定感度を上げることができます．さらに，シンチレータを細かい立方体の集合にしたクリスタルキューブという検出器の開発や，検出器の配置を工夫したズーム機能を有する頭部用の装置，放射線治療中に同時に PET 検査ができるオープン PET 装置の開発など，さまざまな新しい試みが放射線医学総合研究所の開発チームで進んでいます．ただし，これらの検出器や斬新な PET 装置が臨床的に実用化されるにはまだ時間がかかると考えられます．

近年の核医学イメージングは，優れた放射性トレーサーの開発によって，核医学本来の生体内分子の生化学的な挙動を画像化する方法論として名称も分子イメージングと呼ばれるようになり，分子や細胞レベルの生化学的情報の計測手段として定着しています．PET 装置の市場にはシーメンス，GE，フィリップスの海外 3 大メーカーが大きなシェアを占めており，国産企業は島津製作所と東芝が生き残っています．市販されている PET 装置はすべてが CT と合体した PET/CT になり，一部は，MRI と合体した PET/MR が市販され始めています．臨床装置として市販されている PET 装置は，シンチレータが 3 ～ 5 mm，深さ 15 ～ 25 mm の検出器を，直径 70 ～ 80 cm で体軸方向視野が 20 ～ 30 cm の円筒形に配置してあり，脳のほぼ全体をカバーできるようになっています．2000 年に入ってから動物による基礎研究と臨床研究を相互に橋渡しする双方向トランスレーショナル研究が高まり，これに呼応して 2010 年以降は動物用の PET 装置／SPECT 装置の市場も活況を示しています．

8.3.4　SPECT 装置

SPECT 装置は，鉛でできたコリメータで入射方向を絞った検出器によりガンマ線を測定します．このような検出器を被写体周囲に配置するもしくは回転することで，被写体から 360 度方向へ放射するガンマ線を検出し，それらのデータをもとに放射能分布を再構成します．SPECT ではガンマ線エネルギーが ^{99m}Tc（140keV）や ^{123}I（160keV）と，PET（511keV）に比べて比較的低いので，シンチレータ結晶として NaI，光電変換素子として光電子増倍管（PMT）という従来の組み合わせのままですが，最近は小型カメラなど特殊な目的でシンチレータと光電変換素子が一体化したカドミニウムテルライド（CdTe）検出器が開発されています．

臨床装置として SPECT では複数台のガンマカメラを対向配置，三角型配置，四角型配置して回転するか，リング型配置で断層画像を測定しています（図

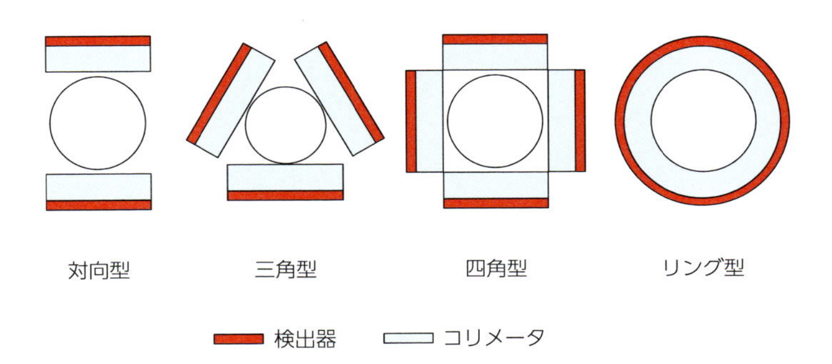

図 8.3　SPECT 装置の検出器
ほとんどの SPECT 装置は 2 ～ 4 個のガンマカメラを多角形に配置して回転する方式をとっています．リング型は高速なデータ収集が可能ですが，現在は市販されていません．

8.3)．リング型 SPECT 装置はガンマカメラ組み合わせ型に対して高速に計測できるため，^{133}Xe クリアランス法以外に定量できる脳血流量測定法がなかった時期は盛んに開発されました．しかし，頭部測定用に限定されることや，脳血流量分布に比例して集積するケミカルマイクロスフェア型の ^{99m}Tc や ^{123}I 標識トレーサーが開発されるにつれ高速測定が不要になったことから，開発が中止されました．

PET にない SPECT の特徴は，ガンマ線のエネルギーが異なる放射性核種であれば，複数の RI トレーサーを同時に測定できることです．SPECT 核種の ^{99m}Tc や ^{123}I にはさまざまな薬剤を標識合成するノウハウも数多く蓄積されているため，必要に応じて複数の異なる RI トレーサーを組み合わせ，同時に測定することで複数の病態機能を同時に評価できます．

8.3.5　CT や MRI との複合装置

フルオロデオキシグルコース（FDG）の PET 撮影が悪性腫瘍を診断する保険診療として 2002 年に認可されて以降，PET における医療上最も重要な役割は悪性腫瘍の検診になっています．このために PET-FDG では，FDG の集積画像と対応する形態画像の CT を重ね合わせた融合画像が腫瘍診断に欠かせません．特に，頭蓋骨に収まっている脳と異なり，胸部や腹部の体幹部を測定する場合は測定体位の設定の再現が難しく，FDG-PET 撮影と CT 撮影が同時撮影され，重ね合わせることで悪性腫瘍の診断が飛躍的に向上しました．その結果，現在は臨床用 PET 装置の市場に PET 単体の装置がなくなり，CT と合体した PET/CT 装置のみが出回っています．

ただ，通常の PET/CT 装置は，CT が PET の手前のベッド側にありトンネル部分が長いため，頭頸部がトンネルの奥に入って被験者の表情がわからず脳や頭頸部の測定には使い勝手が悪く不便です．唯一，国産メーカーだけが PET と CT の位置関係を逆にし，PET がベッド側にある脳機能測定に不自由しない装置を開発しています．しかし，海外の三大メーカーとのコスト競争に負けてなかなか普及していません．

また，形態情報という観点では，CT より MRI の T1，T2 強調画像などに悪性腫瘍に関する質的情報量が多いため，PET と MRI を一体化した PET/MRI

装置が開発され，最近市販されています．これらの合体は，前述したようにハードウェアの立場では PET 側からも MRI 側からもそれぞれの技術的な懸案を克服する必要があり，PET/MRI 装置のコストは PET/CT 装置に比べはるかに高価ですが，MRI のもっている可能性と PET 情報の融合により今後さまざまな臨床応用の可能性があると期待されています．

8.4 PET と SPECT のソフトウェア

PET/SPECT の画像再構成法の基本アルゴリズムは，一次元投影データから二次元画像を再構成する X 線 CT と同じです．横断面周囲 360 度（180 度）方向からのガンマ線の一次元投影分布を二次元空間に逆投影し，元の 2 次元放射能分布を横断断層画像として再構成します．一次元投影分布は横断面を 1 周するようにして，SPECT の場合は 360 度にわたり，PET の場合は対向データのため 180 度にわたり測定します．これを測定角度順に配列したものをサイノグラムと呼び，画像再構成の基本データになります（図 8.4）．画像再構成の原理は，サイノグラムデータに低周波数成分を低減するような空間フィルター（解説「空間周波数と空間フィルター」参照）をコンボリューション（重畳積分）した後の逆投影です．これをフィルター逆投影法（filtered back-projection：FBP 法）と呼びます．この時，一次元投影の素データが X 線

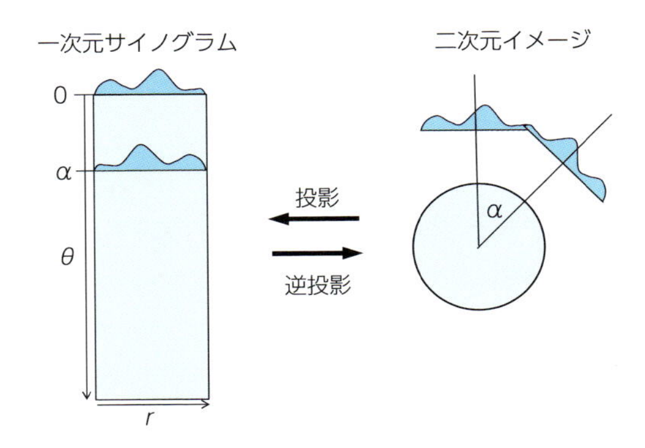

図 8.4　一次元サイノグラムと二次元イメージの関係
一次元サイノグラムは，検出器で測定された放射能分布を角度 θ 軸と位置 r 軸に配列したものです．二次元イメージは一次元サイノグラムから画像再構成したものになります．

解説　空間周波数と空間フィルター

空気の振動である音は，時間軸に沿って信号が強弱に変化し，これを分析すると多くの時間周波数成分が重なり合っていて，さらにこれをフーリエ変換するとその時間周波数分布があることがわかります．同じように画像の場合は空間的な X 軸と Y 軸に沿って濃淡があり，これも周波数分析すると多くの空間周波数成分が重なり合っていて，フーリエ変換すると平面的な X 軸と Y 軸に沿った空間周波数分布があることがわかります．これを空間周波数と呼び，画像再構成する時，空間周波数分布は空間フィルターにより任意に加工できます．

CT では X 線吸収分布を乗算した積算値であるのに対して，PET や SPECT では RI 量を加算した加算値になります．さらに，PET や SPECT では，素データは被写体内部での散乱線成分を含み，組織内の位置ごとに異なるガンマ線吸収減衰の影響を受けています．これらの影響については，サイノグラム段階で事前に補正される方法と二次元画像を再構成した段階で事後に補正される方法があります．PET や SPECT の測定データに含まれる散乱線や吸収減衰の影響を正しく補正することは，測定の定量性を保証するために重要な課題になります．これは，放射能濃度の測定が被写体の形や大きさなどに依存せず，繰り返し測定しても同じ値が再現される定量測定を実現するために不可欠な補正です．この定量性は，信頼性のある臨床測定に必須です．吸収減衰補正や散乱線補正については次項以降で述べます．

8.4.1　吸収減衰とその補正法

ガンマ線は，生体組織を通る時コンプトン散乱（解説「コンプトン散乱」参照）により減弱します．これを吸収減衰と呼び，通過する組織の距離とガンマ線エネルギーで決まります．PET でも SPECT でも，実測される素データは吸収減衰で過小評価されるため，画像再構成法ではこれらの過小評価量（吸収減衰率）を推定して補正します（図 8.5）．PET では吸収減衰率は対向する消滅線のそれぞれの吸収減衰率の積，すなわち横切る対向軸の長さで一意に決まります．吸収減衰率は体外に 511keV 線源を置いて実測できるため，初期の PET 装置では ^{68}Ge-^{68}Ga の外部線源を用いて実測する方法が用いられました．

解説 **コンプトン散乱**

ガンマ線など高エネルギーの電磁波が物質内の軌道電子などの粒子に衝突した時，電磁波のエネルギーの一部は粒子に渡され，電磁波は元の波長よりも長くなり（エネルギーが低くなり），また，進行方向も曲げられます．これをコンプトン散乱と呼びます．この時，元のガンマ線（電磁波）がもっていたエネルギーと運動量の一部分は衝突した粒子に移動しますが，全体としては保存されます．コンプトン散乱では，ガンマ線の進行方向が変わる角度（散乱角）とガンマ線が粒子に渡すエネルギーとの間には Klein-Nishina の式で表される関係があります．

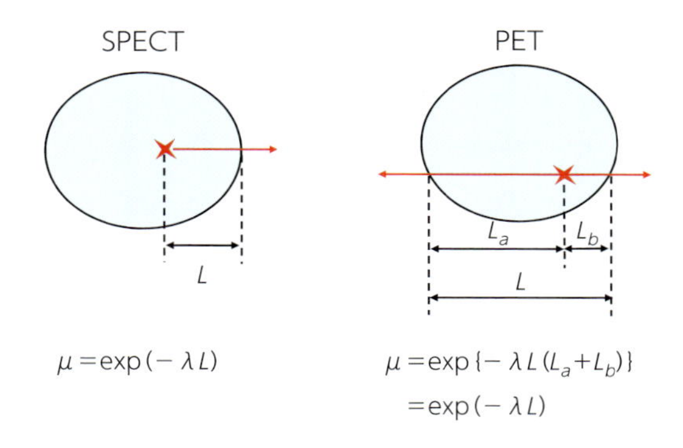

図 8.5 SPECT（左）と PET（右）の吸収減衰
SPECT では，ガンマ線発生位置から体内を通過する距離 L に相当する減衰になります．PET ではポジトロン消滅線上の位置によらず，消滅線が通過する距離 $L_a + L_b = L$ が同じなので消滅位置が消滅線上のどこでも同じ減衰になります．

しかし，最近の PET/CT 装置では，CT 画像の X 線吸収分布から 511keV 消滅線に相当する吸収減衰を推定する補正法, あるいは, ^{68}Ge（半減期＝ 280 日）より半減期が長い ^{137}Cs（半減期＝ 30 年）を用いて推定する補正法が実装されています．推定された吸収減衰率は，サイノグラム段階で補正されて画像再構成されます．なお，PET/CT 装置で CT を用いる吸収減衰の推定法は，PET/CT 装置の市販当初，被験者の CT による放射線被曝量が投与 RI による被曝量よりはるかに大きいということで問題になりましたが，最近の装置では CT による被曝量が改善されているといわれています．

SPECT では被験体の吸収減衰率の推定が困難なので，補正なしの素の再構成画像から輪郭情報を推定し，それをもとに輪郭内組織を一様な吸収体と仮定してガンマ線エネルギーに対する吸収減衰率補正を近似的に行う方法や，Chang らの逐次近似法（Chang, 1978）による補正が広く行われています．

8.4.2 散乱線とその補正法

ガンマ線は体内を透過する時に体内の原子と衝突してコンプトン散乱し，エネルギーの一部を失って進行方向が変化します．コンプトン散乱はガンマ線を使用する核医学イメージングでは不可避であり，擬似情報として誤った位置情報を与えるため，画質低下の大きな要因となります（図 8.6）．SPECT では散乱線は本来のエネルギーより低く，しかも線源と異なった方向から入射します．散乱線の混入を低下させるため，SPECT ではガンマ線検出器のエネルギー弁別幅を狭めることである程度散乱線を除けますが，微小な散乱角度の散乱線（すなわち，エネルギー損失が微小な散乱線）の除去は困難です．これらの散乱線成分は空間周波数的には（解説「空間周波数と空間フィルター」参照），低周波成分として分布するため，画像再構成前にサイノグラム上で低周波成分をカットする空間フィルターで補正するか，画像再構成後に再構成画像上で補正します．

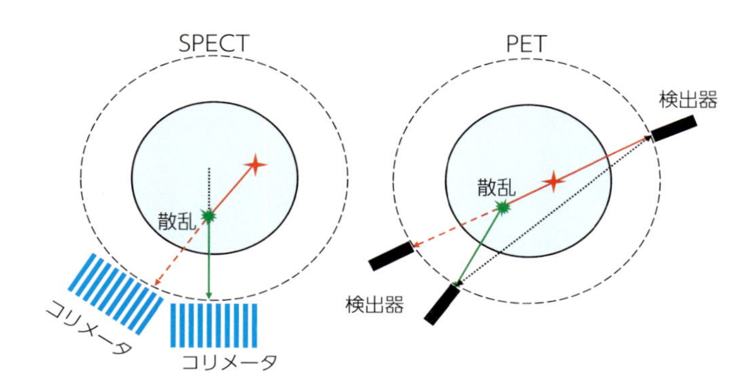

図 8.6　SPECT（左）と PET（右）の散乱線の影響
散乱によりガンマ線の進行方向が変わるので，SPECT も PET も入射した検出器が誤った位置を指示（緑線）することになり，画像の定量性を低下させます．

8.4.3　PET の擬似同時計数とその補正処理

PET では，擬似の同時計数として先述の散乱線による散乱線同時計数とランダム同時計数があります（図 8.7）．散乱線同時計数は，対向して放射する一対のポジトロン消滅線の片方，あるいは両方が散乱後に検出器に入射した同時計数です．この時，検出した対向検出器軸上にはポジトロン消滅が存在していないため，誤った位置情報を与えます．散乱線同時計数を補正するには，ハードウェア的に検出器のエネルギー弁別値を下げた散乱線が多い計数と，弁別値を上げた散乱線が少ない計数を独立に収集して，その差分から散乱線同時計数を補正する方法や，ソフトウェア的に視野外の計数として誤って認識された同時計数から散乱線同時計数を推定し，補正する方法などがあります．それぞれ，サイノグラム上あるいは再構成画像上で補正します．

一方，ランダム同時計数は，独立に発生したポジトロン消滅からの消滅線が偶然異なる検出器で検出されると，その時間差が同時計数時間窓（τ）内であればその検出器を結ぶ軸上にポジトロン消滅があったと誤認される計数です．この計数は個々の検出器のシングル計数率を N_1 と N_2 とすれば，時間窓 τ 内には $2\tau N_1 N_2$ の確率で発生します．通常は近似的に $N_1 = N_2$ なので，ランダム同時計数はシングル計数率の 2 乗，すなわち視野内の放射能量の 2 乗に比

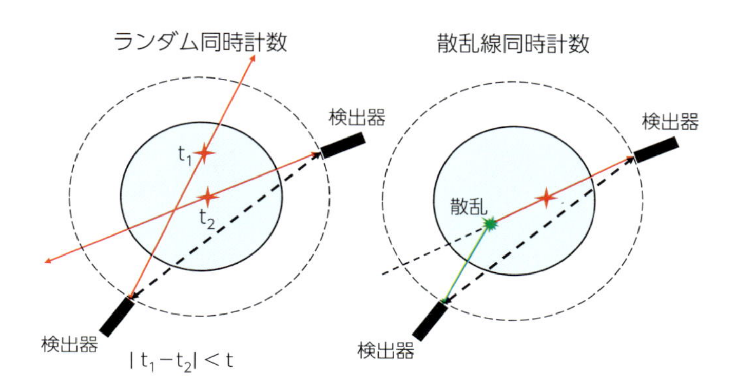

図 8.7　PET における擬似同時計数
ランダム同時計数（左）は，独立なポジトロン消滅が偶然同時に起こり，その消滅線がそれぞれ検出器に入射した擬似同時計数（点線）を指します．散乱線同時計数（右）は消滅線の一方が散乱した擬似同時計数（点線）を指します．

例します．ランダム同時計数はシングル計数率 N から推定するか，同時性を外した遅延同時計数回路で実測するかで，ハードウェア的な補正が可能です．ランダム同時計数を抑えるには，時間分解能を上げて同時計数の時間窓 τ を狭めることが重要になります．

散乱線同時計数もランダム同時計数も，これらの補正法は PET 装置メーカーが独自に組み込んでいますが，ほとんどがブラックボックス化され，装置メーカー間により測定画像特性の互換性に欠ける温床になっています．これは 8.6.3 項で述べる多施設間の共同研究を行う時の大きな障害になります．

8.4.4　デッドタイム補正

ガンマ線検出器は常に 1 回の計数ごとに処理時間がかかるため，検出器の視野内に多くの放射線が入射すれば，一定の割合で計数損失が起こります．これをデッドタイム損失と呼びます．計数率に比例して損失が大きくなるので，定量性を実現するためには常に補正が必要です．特に脳での計数のダイナミックレンジが広い動態測定では，十分に注意が必要です．ランダム同時計数も含めて，分布する RI 量が多い高計数率測定時は特に注意しなければなりません．

8.4.5　PSF による分解能改善

見かけ上の分解能を改善するために，検出器の点応答関数（point spread function: PSF）分布を画像再構成法に組み込むソフトウェアが開発されています．通常の画像再構成法で 3 ～ 4 mm の分解能が，2 mm 程度まで向上するといわれています．ただ, PSF 画像再構成法は検出器のもつ固有の分解能（半値幅）をデコンボリューションで回復させる方法であるため，結果的に空間周波数を無理矢理押し上げることになります．十分な測定計数を確保しないと画像ノイズを増強する可能性があります．加えて，空間周波数分布が時間とともに変わるダイナミック測定では定量性が保証されていません．経時的なダイナミック測定データからモデル解析でパラメータを解く神経伝達機能の測定には注意して適用する必要があります．

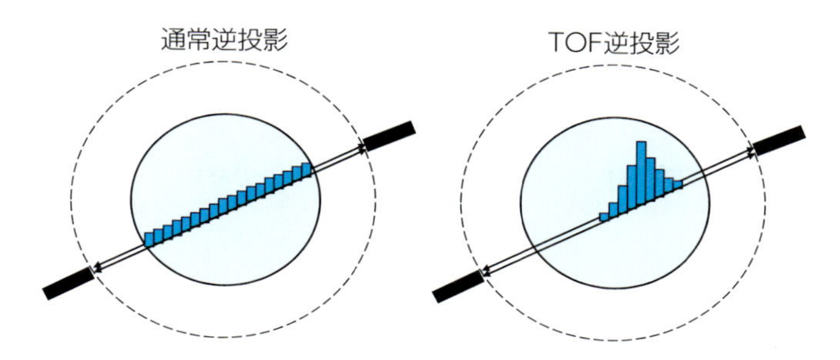

図 8.8 TOF (time-of-flight) PET の画像再構成
通常の逆投影では同時計数線上に均等に書き込みますが，TOF 逆投影では消滅発生領域に限定して書き込むため，逆投影データに含まれる統計誤差による画像ノイズがその領域に限定されます．

8.4.6 time-of-flight (TOF) 情報による画像ノイズの低減

対向するポジトロン消滅線を同時検出する PET では，時間分解能は検出器のキーとなる性能の 1 つです．ガンマ線検出器用に蛍光時間が短いシンチレータが開発されて処理回路が速くなり，時間分解能も向上してきたため，2 個の対向する消滅線の飛行時間 (time-of-flight) の差が求まり，対向する検出器軸上のポジトロン消滅が起こった位置を特定することが可能になりました．この結果，二次元画像の再構成法では特定された近傍にだけ逆投影することで，素データに含まれる統計ノイズが影響する範囲を狭められます (図 8.8)．たとえば，時間分解能差が 500 ps なら，この間の光速のガンマ線の飛行距離は 15 cm になり，ポジトロン消滅の発生領域は対向する検出器の時間差を中心とする 7.5 cm 径に絞られます．この範囲に逆投影し，統計的画像ノイズを閉じ込めることができます．このように，画像再構成時に TOF 情報を組み込むことで，同じ測定計数値でも画像ノイズを低減 (S/N 比を向上) した画像再構成が可能で，実効的に検出器感度を向上したことと等価になります．

8.4.7 部分容積効果

PET でも SPECT でもその空間分解能が不十分なため，測定された画像は正しい放射能濃度を反映できません (図 8.9)．これを部分容積効果 (partial

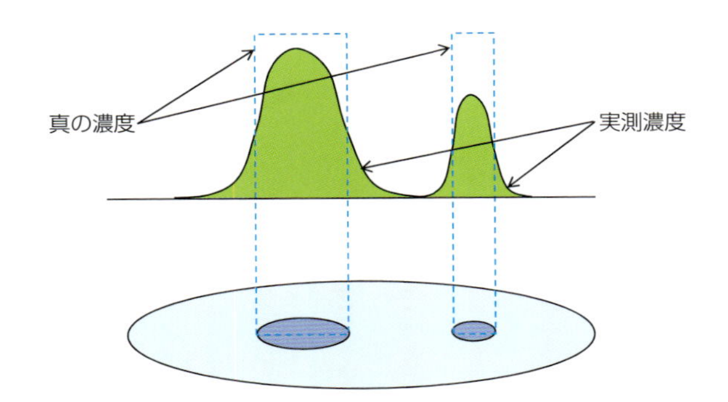

図 8.9　核医学における部分容積効果による過小評価
PET や SPECT ではその分解能が脳の構造体より低いため，再構成された画像上の解剖学的構造体の放射能濃度は，真の放射能濃度を過小評価します．

volume effec: PVE）といいます．CT や MRI のような形態情報画像に比べ，定量性を扱う PET や SPECT の機能情報画像では特に重要な概念になります．関心領域（region of interest: ROI）を設けて脳のさまざまな領域の値を測定する時に注意する必要があります．一般的に，大脳皮質のように周辺領域より放射能濃度の高い領域の ROI 値は過小評価され，逆に白質のように周辺より低い領域では過大評価されます．さらに，ダイナミック測定データの解析モデルで定量パラメータを求める時にもさまざまな形で影響することに注意する必要があります．PVE は MRI などの形態画像があれば，形態情報から推定される灰白質や白質の情報に基づいて補正する方法が開発されています．

8.5　PET と SPECT の機能解析法

これまで述べたさまざまな補正によって，物理的には定量的に正しい PET や SPECT 画像が得られますが，これらの画像はまだ放射能濃度にすぎません．PET や SPECT の最終的な目的は，これらの画像から生体機能を推定することになります．このことを機能解析法といいます．機能解析法では，体内に投与された放射性トレーサーが，循環する血流を通して体内のさまざまな臓器に搬送され，続いて，臓器から血流に洗い出される様子を放射性トレーサーごとに推定できる生体内での挙動をモデル化し，さまざまな仮定のもとに生体機能を解析することになります．核医学では，井戸型検出器によって動脈血中放射能濃度を，PET や SPECT によって臓器組織の放射能濃度を測定します．以下，放射性トレーサーの挙動から生体機能を推定する解析法について説明します．

8.5.1　標準集積値

標準集積値は PET における最も簡単な放射性トレーサー挙動の評価法です．腫瘍の病態や治療効果は FDG の集積量で評価できますが，FDG を用いたがん検診では動脈採血を行うことはほとんどないため，代わりに PET 局所の集積量を体重あたりの放射性トレーサーの投与量で基準化して評価します．すなわち，次式で示される標準集積値（standardized uptake value: *SUV*）で評価されます．

$$SUV = (\text{PET 値}/CCF) / (\text{投与量}/\text{体重})$$

なお，*CCF*（cross calibration factor）は PET と井戸型検出器の校正係数で，8.5.5 項で詳しく述べます．*SUV* は，対象部位の放射能濃度を投与された放射性トレーサーが体内に均等分布した場合の濃度で基準化した指標です．もし全身に均等分布した場合には 1 になります．

8.5.2　Fick の原理

脳血流量は脳の生理機能の基本であり，放射性トレーサーを脳に供給する基本になるため詳しく説明します．Kety and Schmidt（1948）は，容積が *V* で一定の脳血流 *F* が流れている脳に不活性ガスの笑気ガス N_2O を供給する

解説｜Fick の原理

血液で運ばれる物質が，ある臓器を循環する時にその物質量が保存されるという質量保存の法則になります．すなわち，血液に溶け込んで臓器に動脈から流入する特定の物質量は，臓器に取り込まれる量と静脈から流出する量の和に等しいという原理になります．特定の物質を放射性トレーサーに置き換えて考えると，すべてのトレーサー動態モデルに当てはまります．脳血流量を測定する時はモデル数式を導くのに Fick の原理が有用になります．

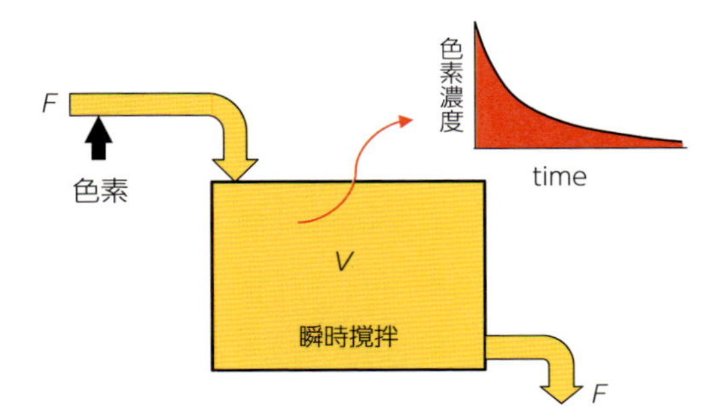

図 8.10　Fick の原理による水槽の色素濃度の変化
撹拌されている容積 V の水槽に流速 F の水が常に流入し，流出しています．その入口に色素を滴下すると，水槽内の濃度は瞬時に上昇し続いて指数関数（F/V）状に低下します．水槽を脳，水を血流，色素を放射性トレーサーとして考えることができます．

と，Fick の原理（解説「Fick の原理」参照）に従って脳組織濃度 C_t の変化率が供給量 FC_a と排出量 FC_v の差になることを導きました．拡散性トレーサーの場合は脳組織濃度 C_t と静脈血中濃度 C_v は常に平衡になっていると考えられるため，$C_v = C_t$ となり，

$$dC_t / dt = F(C_a - C_t)$$

で，笑気ガス N_2O が飽和する時間から F が求められます．

その後，Lassen がこの原理を応用して笑気ガス N_2O の代わりに放射性希ガス ^{85}Kr や ^{133}Xe を用い，飽和時間の代わりにクリアランス時間から脳血流量を求める方法を開発しました（図 8.10）．脳クリアランス法では，トレーサー平均通過時間 MTT が脳血流量 F に逆比例し，通過する容積 V に比例します．

$$MTT = V / F,\ \text{あるいは},\ F = V / MTT$$

したがって，平均通過時間 MTT と通過容積 V がわかれば脳血流量 F が計算できます．^{133}Xe のように脳内に自由に拡散する拡散性トレーサーを用いれば，その全脳容積と洗い出し時間（平均通過時間：MTT）から脳の単位容積あたりの脳血流量が計算できます．

一方，CT や MRI の造影剤のように，脳血液関門（Blood Brain Barrier：

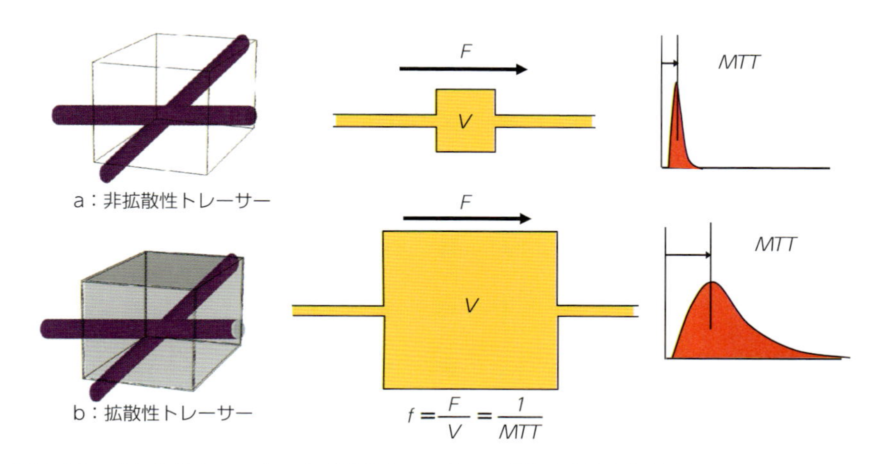

図 8.11 非拡散性トレーサーと拡散性トレーサーの通過容積と平均通過時間
非拡散性トレーサー（上段）の通過容積（＝血管容積）は，拡散性トレーサー（下段）の通過容積（＝全脳容積）の数十分の 1 なので，通過時間も数十分の 1 に短くなります．前者は CT や MRI の造影剤に，後者は ^{133}Xe や $H_2{}^{15}O$ などの拡散性トレーサーに相当します．

BBB）を透過せず血管内腔に留まる非拡散性トレーサーを用いた場合でも，洗い出し時間（*MTT*）が測定できれば脳血流量が計算可能です．拡散性トレーサーであれば全脳容積が通過容積ですが，非拡散性トレーサーであれば通過容積は全脳容積の 3 ～ 4％ですので，平均通過時間も 3 ～ 4％に短くなります（図 8.11）．したがって，CT や MRI で造影剤の脳内通過時間を高速にダイナミック測定することができれば，原理的に脳血流量が求められます．

$H_2{}^{15}O$ は拡散性トレーサーですが，PET では平均通過時間測定原理というより，脳血流量に比例して分布するマイクロスフェア型トレーサーの測定原理に近い方法で脳血流量を求めます．測定したインプット関数から脳血流量ごとの脳組織トレーサー積分量をノモグラフとしてあらかじめ計算し，それをピクセルごとに参照して対応する脳血流量を得ます（図 8.12）．オートラジオグラフィ（ARG）法とも呼ばれます．この時に注意すべきことは，積分量と脳血流量の関係は上方に凸形の非線形になるため，たとえば，脳血流量の異なる領域が隣接している場合，ピクセル値はその平均値になり，その結果，参照される脳血流量は必ず過小評価されます（図 8.13）．ほとんどの場合，組織混合効

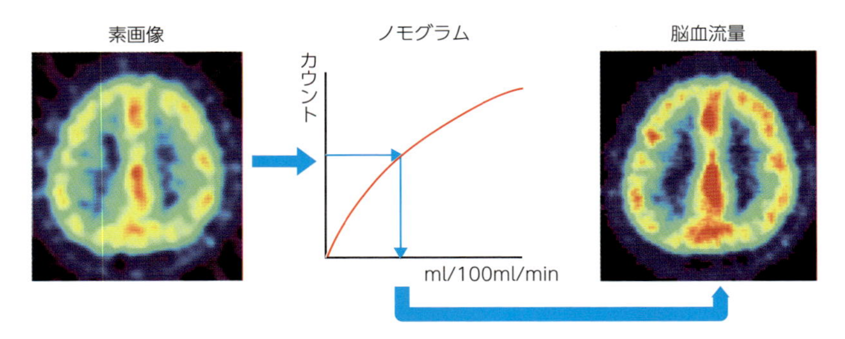

図 8.12　放射能濃度から生理機能への変換
動脈血濃度から測定されたインプット関数に基づいて，放射能濃度を脳血流量に変換するノモグラムを計算します．放射能測定画像はピクセルごとにノモグラムを参照することで，素画像から脳血流量画像へ変換します．

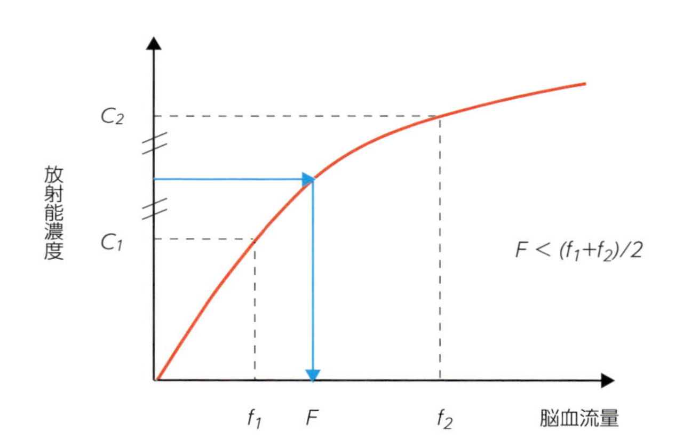

図 8.13　組織混合効果による平均値の過小評価
放射能濃度を生理的機能に変換する時の両者の関係は，非線形関係になります．この結果，異なる濃度が隣接している画素の放射能濃度の平均値は生理関数の平均値に対応せず，ほとんどの場合は過小評価されます．

果は過小評価をもたらします．また，^{123}I-IMP は当初マイクロスフェア型トレーサーとして扱われていましたが，その後の解析で大きな分布容積をもつ拡散性トレーサーとして扱うことがより適切であると判明しました．1 点動脈採血で標準インプット関数をキャリブレーションすることで，一定時間後の脳集積画像から脳血流量を計算する ARG（autoradiography）法が開発され，

原理	拡散性	ケミカル マイクロスフェア	非拡散性
BBB	透過	透過	非透過
分布領域	脳組織	血管壁	血液
通過時間	数分		＜ 10 秒
(例)	^{133}Xe, $H_2{}^{15}O$	^{99m}Tc-HMPAO ^{99m}Tc-ECD	CT/MRI の 造影剤

表 8.2　脳血流量測定用トレーサーの比較
脳血流量測定用トレーサーは拡散性，ケミカルマイクロスフェア，非拡散性の 3 種類の原理に分けられます．

SPECT でも定量的脳血流量が求められる唯一の方法として広く普及しています（Iida *et al.*, 1994）．

このほかに，トレーサーが毛細血管を塞栓する，あるいは，毛細血管に捕獲される状態でそこに留まるという，マイクロスフェアトレーサーを用いる測定モデルがあります．先述の式の静脈血中濃度 $C_V = 0$ ということで，脳組織には脳血流 F に比例してトレーサーが捕獲されます．動物実験で用いられますが，物理的に塞栓する本物のマイクロスフェアは臨床測定では使えません．その代わりに，臨床測定でも使用できるように化学的に毛細血管に捕獲されるケミカルマイクロスフェアトレーサーが，1980 年以降いくつか開発されました（表 8.2）．ケミカルマイクロスフェアトレーサーには，SPECT における ^{99m}Tc 標識トレーサーの ^{99m}Tc-HMPAO（Neirinckx *et al.*, 1987）や ^{99m}Tc-ECD があります．

なお，一般的にケミカルマイクロスフェアトレーサーでも拡散性トレーサーでも共通する現象として，毛細血管をこれらが通過する時，実際にはそれぞれ BBB 透過あるいは捕獲が 100％行われることはなく，初回通過摂取率を E とすれば，$E < 1$ になります．一般に管腔を通過するトレーサーが管腔から滲み出す量は，管壁の浸透率 P と表面積 S の積（PS product）の関数で，流体の流量を f とすれば，$E = 1\text{-}\exp(-PS/f)$ で表されます．PS 積はトレーサーによって決まります．したがって，E は f に依存し，f が高ければ E は低下します．ケミカルマイクロスフェアトレーサーの場合はさらに，脳虚血などの脳組織の酵素密度や脳組織病変によって一旦捕獲されたはずのマイクロスフェアトレー

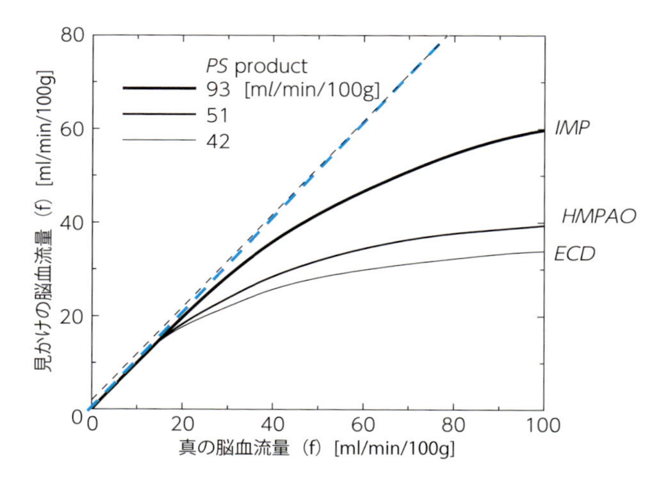

図 8.14　マイクロスフェア型トレーサー集積の脳血流量依存性
ケミカルマイクロスフェア型トレーサーは初回通過で 100％脳へ移行するのが理想的ですが，実際の初回通過摂取率は 100％より低く，さらに初回通過摂取率は脳血流量に依存します．トレーサーごとに実測されています．

サーが血管内へ戻る割合もあるため，これらの脳血流量以外の要因も十分に把握して使用することが肝心です（図 8.14）．

8.5.3　コンパートメントモデル解析法

放射性トレーサーの機能解析法の中で代表的なものがコンパートメントモデル解析法です．ここでは放射性トレーサーが移動するいくつかのコンパートメントを想定します．これをコンパートメントモデル解析といいます（図 8.15）．コンパートメントモデル解析では，放射性トレーサーが生体内のコンパートメント間を移動すると仮定します．この時，放射性トレーサーの挙動は各コンパートメントの放射能濃度とコンパートメント間を移動する速度定数（解説「速度定数」参照）による微分方程式で表されます．この微分方程式は，インプット関数と測定された組織濃度関数を境界条件として解かれ，解かれた放射性トレーサーの挙動パラメータから生体の病態生理が推定できます．使用する放射性トレーサーにより想定するコンパートメント数が異なり，微分方程式の解き方もそのパラメータの解釈も異なります．以下，代表的なコンパートー

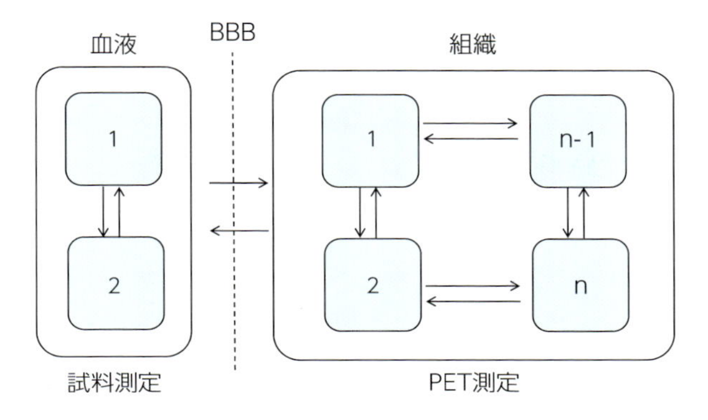

図 8.15 放射性トレーサーのコンパートメントモデルの概念
仮想的な空間として，血液内や脳組織内で結合体や化学形からなる複数のコンパートメントを仮定します．放射性トレーサーはコンパートメント間を移動し，移動する速さを速度定数と呼びます．速度定数とコンパートメント濃度の関係は微分方程式で表されます．

解説 速度定数

コンパートメントモデルで，放射性トレーサーがコンパートメントの間を移動する速さを速度定数と呼びます．単位は時間の逆数になります．ある特定のコンパートメントから流れ出る放射性トレーサーの量は，そのコンパートメントの放射性トレーサー濃度に速度定数を乗じた量になります．放射性トレーサーの動態を示す微分方程式では一般的に速度定数は未知数ですが，測定されたインプット関数や脳組織放射能濃度関数を境界条件として，速度定数を解くことができます．

メントモデル解析を説明します．

(1) 1 組織 2 コンパートメントモデル（1T2CM）解析法

最も簡単なコンパートメントモデルは，脳組織を 1 個のコンパートメントと見なす 1 組織 2 コンパートメントモデル（1T2CM）になります（図 8.16）．血液のトレーサー濃度を C_a とすれば，C_t の濃度の時間変化は血液からの流入量 $K_1\ C_a$ と組織からの流出量 $k_2\ C_t$ の差になり，以下の微分方程式で表されます．

$$dC_t / dt = K_1 C_a - k_2 C_t$$

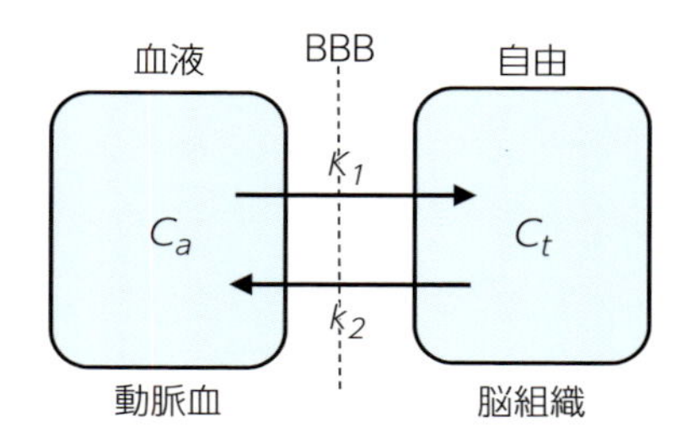

図 8.16　1 組織 2 コンパートメントモデル（1T2CM）
脳内を 1 個のコンパートメントと想定し，血液とあわせて 2 個のコンパートメントと考える最も簡単なモデルで，脳血流測定に使われます．それぞれの放射能濃度 C_a と C_t が速度定数 K_1 と k_2 で移動するとして，最も簡単な微分方程式で表されます．

ここで，K_1 は脳血流量に相当します．この微分方程式は，$t = 0$ での放射能濃度 $C_t = 0$ であるという境界条件のもとで解くことができます．

$$C_t = K_1 C_a * \exp(-k_2 t)$$

すなわち，動脈血からの流入量（$= K_1$ とインプット関数 C_a との積）と組織からの洗い出し関数 $\exp(-k_2 t)$ のコンボリューションになります．これは，動脈血中濃度 C_a と脳組織濃度 C_t が測定されれば非線形最小二乗近似（non-linear least square: NLLS）法で K_1 と k_2 が解けることになります．ここで，K_1 と k_2 の比

$$DV = K_1/k_2$$

は分布容積と呼ばれ，トレーサーが実効的に分布する仮想的な容積を示す重要なパラメータになります．また，K_1/k_2 比は拡散性トレーサーの場合は分配定数とも呼ばれますが，トレーサーの血液への溶解度に対する脳組織への溶解度の比を示す重要なパラメータです．

(2) 2 組織 3 コンパートメントモデル（2T3CM）解析法

最も代表的なコンパートメントモデルは脳組織を 2 コンパートメントと見なす 2 組織 3 コンパートメント（2T3CM）です．脳組織に入るほとんどの放射性トレーサー挙動はこのモデルで表されます（図 8.17）．この場合，トレーサーは血液 C_p（インプット関数）から BBB を介して脳との間で K_1，k_2 の速

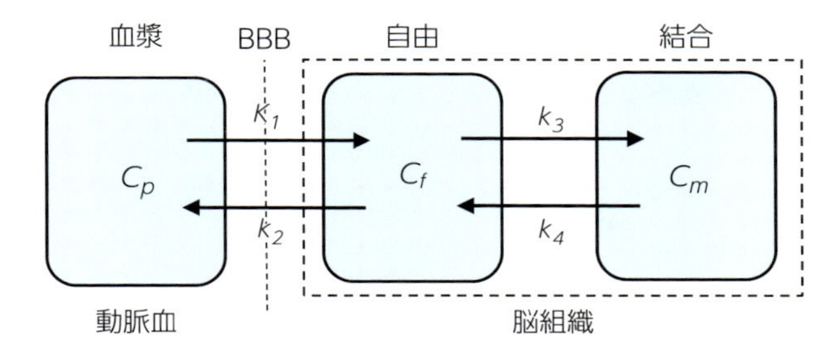

図 8.17　2 組織 3 コンパートメントモデル（2T3CM）
脳内に 2 個のコンパートメントを想定して，血液とあわせて 3 個のコンパートメントと考えるモデルです．FDG 脳糖代謝量測定や多くの放射性トレーサーで使われます．プラズマ放射能濃度 C_p は採血から，脳内自由空間 C_f と結合空間 C_m はその和が PET から測定されます．放射能は K_1 ～ k_4 の速度で移動します．

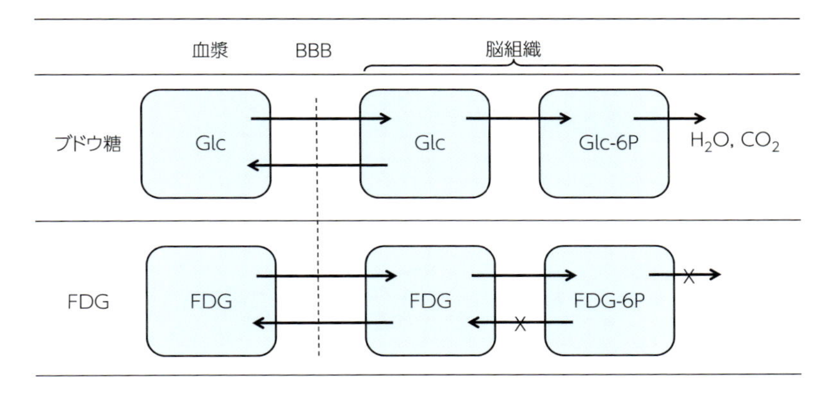

図 8.18　FDG 糖代謝量測定モデル
ブドウ糖は，脳内で 6 リン酸化された後に TCA サイクルで水と CO_2 まで代謝されます．FDG は 6 リン酸化されたところで代謝が止まります．2T3CM 解析法で $k_4 = 0$ の場合に相当します．プラズマと PET による放射能濃度から速度定数が求められ，ブドウ糖消費量が計算されます．

度定数で流入，流出し，一旦細胞間の自由空間 C_f へ移動した後，速度定数 k_3 で代謝（結合）空間 C_m へ移動し，また，逆に k_4 で自由空間 C_f に戻ります．1T2CM より複雑ですが，インプット関数 C_p と PET での組織放射能測定量（C_f ＋ C_m）より，K_1 ～ k_4 まで解くことができます．

FDG 糖代謝量モデルは PET の初期に初めて確立した定量的な脳糖代謝量測

定法で，典型的な 2T3CM 解析法の応用でもあります．FDG は，Sokoloff が脳の糖代謝量を求めるために使用した ^{14}C-デオキシグルコース（DG）法（Sokoloff *et al.*, 1977）をヒトに応用するため，^{14}C 標識を ^{18}F 標識で置き換えた放射性トレーサーです．FDG は最初 BBB から脳糖代謝量に応じて脳内に入り，リン酸化酵素により 6 リン酸化されますが，そこで代謝が止まり，FDG-6P として集積するため（図 8.18）．結果的に糖消費量に比例して集積します．上段の実際の脳糖代謝量との競合を数式化して糖消費量を測定します．

(3)　コンパートメントモデルの簡略化

一般的に，神経受容体の結合や密度などを測定する方法は，自由空間の放射性トレーサーのほかに特異的に結合する特異的結合組織と非特異的に結合する非特異的結合組織に分けられる 3 組織 4 コンパートメント（3T4CM）解析法があります（図 8.19）．3T4CM 解析法は 6 個の速度定数がありますが，そのままでは微分方程式は一義的には解けません．そのため，たとえば受容体の結合能を求める場合，非特異的結合コンパートメントを脳の他の部位を参照領域として代用することで，コンパートメント数を減らし，2T3CM 解析法として解くことができます．さらに，2T3CM 解析法でも 2 個のコンパートメン

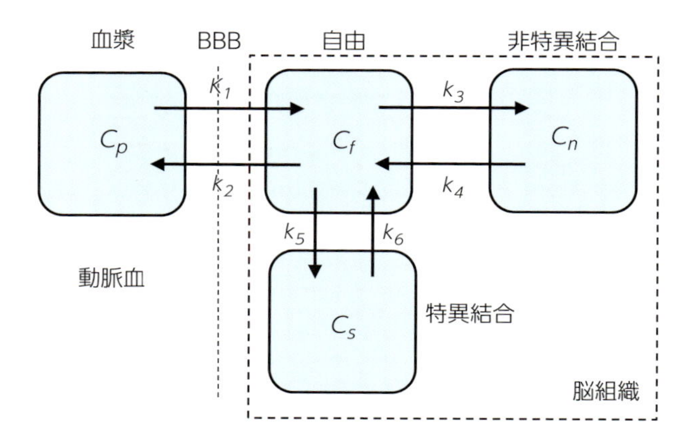

図 8.19　3 組織 4 コンパートメントモデル
脳内に 3 個のコンパートメントを想定して，血液とあわせて 4 個のコンパートメントを考えるモデルです．神経受容体密度の測定で多く使われます．放射性トレーサーが自由空間（C_f）から，特異的な結合（C_s）と非特異的な結合（C_{ns}）の独立なコンパートメントに移動します．

トのトレーサー挙動が近い場合は，1T2CM 解析法モデルに簡略化して解く場合もあります．

(4) グラフィック解析法

一般的にコンパートメントモデルを解くには NLLS 法によりますが，この方法は非線形最小二乗法であるため計算時間がかかり，画像ノイズの影響も受けやすくなります．しかも最近は装置のピクセル数が多くなり，生体のパラメータをピクセルごとに解いて画像として表示する場合，NLLS 法では時間がかかって実用的でありません．そこで，比較的画像ノイズに強く，しかも線形化して短い解析時間で必要なパラメータを与えるグラフィック解析法が開発されました．

Patlak-Gjedde プロット法（図 8.20）は，脳に放射性トレーサーが FDG のように蓄積される場合に有用な方法です（Patlak *et al.*, 1983）．放射性ト

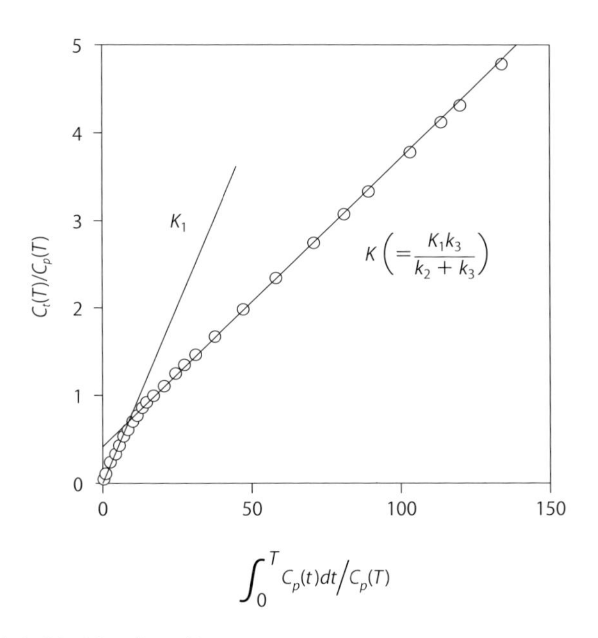

図 8.20　Patlak-Gjedde プロット

時間軸としてプラズマ積分量とプラズマ濃度の比，縦軸に脳組織濃度とプラズマ濃度の比をプロットすると，十分時間が経過した直線部分の勾配は，放射性トレーサーが脳に集積する統合速度定数 K になります．

レーサーの血漿濃度のインプット関数 C_p の時刻0～Tまでの積分値をその時刻の血漿インプット濃度 $C_p(T)$ で割った比をX軸，脳組織濃度 $C_t(T)$ をその時刻の血漿インプット濃度 $C_p(T)$ で割った比をY軸にプロットします．この時，X軸はインプットが均等に入った場合に相当し，基準化時間と呼ばれます．脳組織に取り込まれるトレーサーでは，Y軸は基準化時間Xとともに漸増し，$Y = aX + b$ の直線に漸近します．その勾配 a が脳への取り込み率になり，$a = K_1k_2/(k_2 + k_3)$ になります．また，X軸＝0近辺の初期の勾配は K_1 に相当します．

Loganプロット法（図8.21）は，神経受容体の測定のように，放射性トレーサーの脳への取り込みと脳からの流失がつり合う場合に用いられます (Logan *et al.,* 1990)．脳組織濃度 C_t の時刻0～Tまでの積分値と $C_t(T)$ との比をY軸，血漿インプット関数 C_p の時刻0～Tまでの積分値と $C_t(T)$ の比をX軸にプロットすると，脳組織と血漿でトレーサー濃度がつり合う場合，$Y = aX + b$ の直線に漸近し，勾配 a はそのトレーサーの分布容積になります．分布容積は神経受容体の解析では重要なパラメータになります．

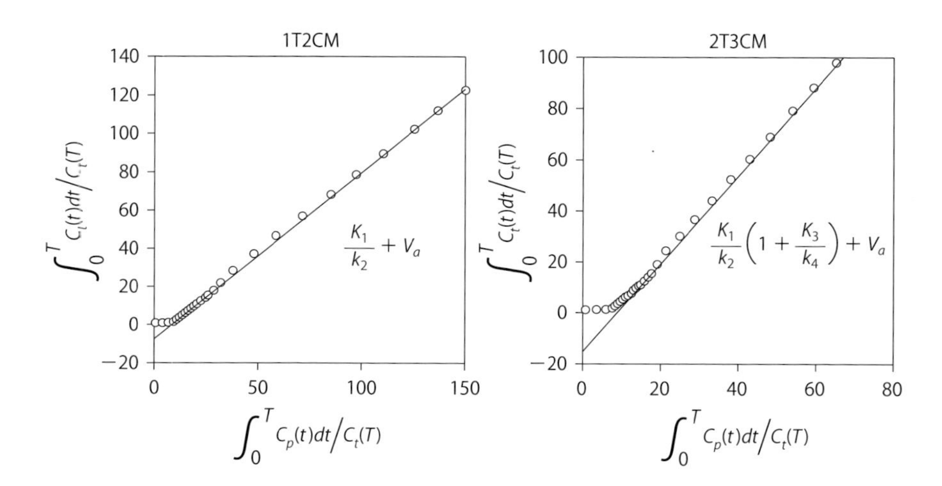

図8.21　Loganプロット
横軸にプラズマ積分量と脳組織濃度の比，縦軸に脳組織濃度積分量と脳組織濃度の比をプロットすると，十分時間が経過した直線部分の勾配は，放射性トレーサーの分布容積になります．

グラフィック解析法は，いずれも血漿インプット濃度や脳組織濃度の時間関数で正規化することで，微分方程式を線形的に解く方法です．NLLS 法に比べ計算時間が速いだけでなく，プロットの勾配から求められるため，得られる結果もノイズに強く安定で，ピクセルごとに解くことが可能になります．最近では PET の分解能向上によりピクセル数が増え，必須の解析法になっています．

8.5.4 インプット関数

放射性トレーサーは動脈血から脳組織へ供給されます．したがって，放射性トレーサーのインプット関数は，放射性トレーサーの脳内挙動を解析する時の基本となります．最も正確な測定法は動脈血採血により直接計測する方法ですが，最近はこのような侵襲的な動脈穿刺を避けるためにさまざまな代替方法が試みられるようになっています．

(1) インプット関数の誤差

橈骨動脈などの末梢動脈血採血で測定されたインプット関数は，実際に脳組織に供給される真のインプット関数に比べ，遅延時間，ぼけ関数（点広がり関数，なまり関数とも呼ばれます）などで時間的に歪んでいます．これらは可能な限り補正する必要があります．また，測定される放射能濃度は必ずしも投与された化学式だけでなく，体内循環の間に加水分解などで代謝され，BBB を移行しない水溶性代謝物が時間経過とともに増加するため，これも可能な限り補正しなければなりません．

(2) 動脈採血法

通常，橈骨動脈にカテーテルを留置して採血します．^{15}O 標識トレーサーのように高速な測定では，吸入ポンプなどを使用して数分間持続的に採血し，途中に β 線検出器を通して全血放射能濃度を測定します．持続測定を行う場合は，持続採血系のそれぞれの遅延時間とぼけの時定数をあらかじめ求めておいて補正することが必須になります．そのほかの ^{11}C や ^{18}F 標識トレーサーなどの比較的半減期の長いトレーサーの場合は，一定時間ごとに用手的に採血した後，血漿と全血に分離して井戸型検出器でそれぞれの放射能濃度を測定します．侵襲的ですが，正確な動脈血中濃度が得られます．必要であれば，血漿をさらに脂溶性成分と水溶性成分に分離して代謝物の測定を行います．

(3) 形態画像による推定方法

動脈採血法の侵襲性を避けるために，画像から頸動脈位置を推定してインプット関数を推定する方法です．最近の体軸方向視野が広い PET 装置では頸動脈などが視野内に入るため，PET 画像から頸動脈にあたる領域の放射能濃度を求めますが，部分容積効果（PVE，図 8.9）を克服するのが困難です．最近は PVE を低減するため，同一被験者の MRI や CT の形態情報に基づいた内頸動脈のぼけ画像から頸動脈に対応する PET 画像の PVE を推定し，インプット関数とする方法が開発されているものの，実用化には時間を要すると考えられます．

(4) 独立成分分析法による推定方法

脳組織全体における動態画像の全ピクセルを独立成分分析して，動脈成分に相当する成分のみを抽出し，それをインプット関数とする方法も開発されています（Naganawa *et al.*, 2005）．これは放射性トレーサーごとの特性が大きく影響するので，すべてのトレーサーに適用できる方法はまだ開発されていません．

(5) 参照領域法

最近の神経伝達機能の測定では，インプット関数として脳内に非特異結合組織だけがある領域を選択し，そこを参照領域としてインプット関数の代わりに使用する方法が開発されています．この場合の利点の 1 つは放射性トレーサーの血中の水溶性代謝物が BBB を透過しないため，水溶性代謝物の影響が避けられることです．問題点としては，特定の放射性トレーサー（リガンドとも呼ばれます）に対して純粋に非特異的結合だけの領域はなかなか存在せず，適切な参照領域の選択が難しいことが挙げられます．

8.5.5 クロスキャリブレーション

モデル解析では，脳組織の放射能濃度を測定する PET や SPECT の測定と，血中の放射能濃度を測定する井戸型検出器の測定が同じ単位で比較できることが前提条件になります（図 8.22）．そのためには，両者の検出器の測定感度が同じであるように校正しておくことが必要です．このことをクロスキャリブレ

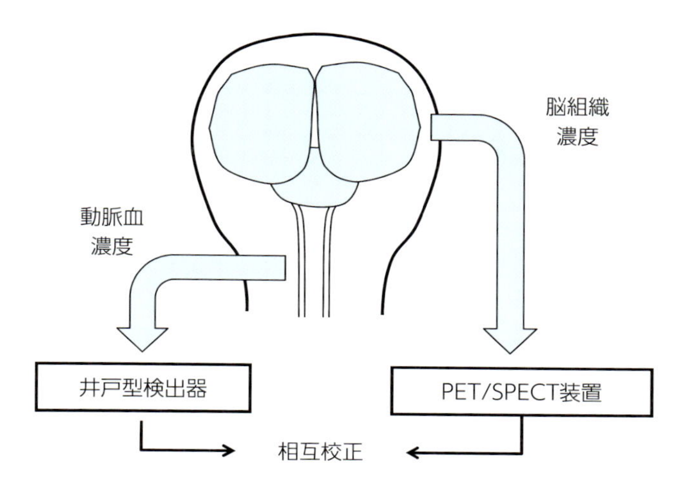

図 8.22 クロスキャリブレーション
動脈血の放射能濃度を測定する井戸型検出器と脳組織の放射能濃度を測定する PET は独立な測定系であるため，同じ放射能濃度を両者で測定し，両者の感度を相互に校正します．これをクロスキャリブレーションと呼びます．

ーションと呼びます．ただし，ここで校正されるのは放射能濃度の絶対濃度というよりは，投与放射能に対する血液中の放射能濃度やターゲット臓器の放射能濃度という相対濃度です．

放射能投与量はキューリーメーターで，採血した試料の放射能は井戸型検出器で，体内分布放射能は PET や SPECT 装置自身で測定されます．特に，井戸型検出器，PET や SPECT 装置間の相対感度は微妙に揺らぎますので，クロスキャリブレーションを定期的に実施し，その係数，クロスキャリブレーション係数 (CCF) は装置ごとに常に最新の値に更新しておく必要があります．ただ，最近は SPECT で採血する検査法が非常に少なくなっており，ほとんどは研究目的の PET 測定で行われます．脳機能を定量的に測定する施設ではクロスキャリブレーションを毎週あるいは毎月定期的に行わなければなりません．

8.5.6 放射性トレーサー

PET や SPECT では測定する生体機能に応じて適切な放射性トレーサーが選べるようになっています．放射性トレーサーとして必要な性質をまとめます．

(1) 脂溶性と水溶性

通常の臓器の毛細血管の内皮細胞は間隙が開いていて，放射性トレーサーは組織と血液の間を自由に出入りできますが，脳の毛細血管の内皮細胞は密着接合し，脳と血液の間の物質交換が制限されていて，文字どおり脳血液関門（BBB）と呼ばれています．しかし，BBB を構成する細胞は基本的に脂質膜なので，放射性トレーサーの脂溶性が高ければ BBB を比較的通りやすく，水溶性が高ければ通りにくくなります．脂溶性であるか水溶性であるかは脳の放射性トレーサーとして重要な性質になります．$^{15}O_2$，$C^{15}O$，$C^{15}O_2$ 等のガス分子は物理的に自由に拡散します．また，BBB を構成する内皮細胞には特定の分子を搬送する複数の担体（キャリアー）があり，脳に必要な分子は特定のキャリアーを介して選択的に出入りします．

(2) トレーサーアマウント

核医学で重要な概念は，使用される放射性トレーサーはその薬理的な効果が無視できるほどごく微量であることです．たとえば，神経伝達機能を測定するためのさまざまなリガンドは，そのままでは麻薬などと等価な化学形ですが，実際に体内に入る量は生理学的作用を引き起こさない超微小量であるという概念です．これをトレーサーアマウントといいます．

(3) 比放射能

もう 1 つ重要な核医学特有の概念として，放射性トレーサーの化学形のうち RI で標識されている比率を比放射能といいます．通常，比放射能はトレーサーの化学形全体のモル数に対する放射能量ベクレルで定義されます．

比放射能＝放射能（ベクレル）／化学量（モル）

これは，RI トレーサーを合成する時の標識率に相当します．体内に大量に基質がある循環代謝や，アミノ酸／蛋白質測定用の放射性トレーサーではほとんど問題になりませんが，神経伝達機能にかかわる神経受容体や神経伝達物質は脳内に微量しかありません．そのため，これらの濃度や活性を測定する放射性トレーサーは，比放射能が十分高くないと投与するトレーサー自身が体内の基質と競合することになって薬理効果を避けられず，測定に影響を与えます．最終的に，トレーサーアマウントの概念が成立しなくなり，PET/SPECT の結果がトレーサー基質により影響された結果を示す可能性もあり，測定結果を解釈する時には注意が必要です．

8.6 PET と SPECT の施設

PET も SPECT も，RI で標識した放射性トレーサーを体内に投与して，その体内分布から病態生理を診断測定するという点では基本的に同じですが，先に述べたように両者は RI の物理的化学的特性が違うため，その施設の環境も大きく異なります．

8.6.1 PET 施設

PET 用の RI は，小型サイクロトロンから供給される ^{11}C（半減期 20 分），^{13}N（同 10 分），^{15}O（同 2 分），^{18}F（同 110 分）や ^{68}Ge ジェネレータから得られる ^{68}Ga（同 68 分）があります．PET 核種の特徴は，^{68}Ga 以外の ^{11}C，^{13}N，^{15}O，^{18}F（H のアナログ）がそれぞれ生体の構成元素なので，生体内にある分子やその類似分子として標識できます．脳機能測定用の PET トレーサーとしては，血管から BBB を透過して脳組織へ移動するか否かがその放射性トレーサーの有用性を決めるポイントになります．

^{18}F 以外は，いずれの核種も半減期が短いためサイクロトロンが施設内に必要で，これらを標識して放射薬トレーサーを合成するためにはホットセルなどの標識合成設備がなくてはなりません．最近は GMP（good manufacturing practice）設備（解説「GMP」参照）が標準とされ，その設備投資の費用が膨らんでいます．放射薬トレーサーを合成する専属スタッフがいない施設では，

解説 **GMP（good manufacturing practice）**

「医薬品及び医薬部外品の製造管理及び品質管理の基準」を指します．サイクロトロンをもつ施設では，合成した放射性トレーサーを医薬品として患者に投与するため，製薬会社の製品管理基準と設備基準である GMP 基準を満たすことが要求されます．新規の PET 施設では，日本核医学会の指導のもとで GMP 基準が設けられるようになっています．

数千万円単位の放射性標識薬剤の化学合成ユニットを購入しなければなりません．しかし，これまでに保険診療が認められているのは，FDG による悪性腫瘍診断や ^{15}O 標識ガスによる脳機能診断，^{18}F-NaF による骨腫瘍診断，^{13}N アンモニアによる心疾患診断などごく少数の PET 検査だけです．大部分は保険診療が認められていません．臨床研究という扱いのため一般病院に広く普及することは難しい状況です．

8.6.2　SPECT 施設

SPECT 用の RI の半減期は，^{99m}Tc が 6 時間，^{123}I が 12 時間と長いため，製薬会社からの配達が可能です．特に，^{99m}Tc 標識トレーサーが最も普及しています．^{99m}Tc そのものについては，各施設で親核種 ^{99}Mo のジェネレータから生理食塩水で溶出するミルキングという方法で $^{99m}TcO_4$ 生食液が得られます．それをキットとし，供給されているバイアルに入れて撹拌するだけでさまざまな放射薬剤に標識されるようになっていて，そのキットだけを施設で保管すればいつでも使用できます．^{123}I 標識薬剤は製薬会社から供給されます．SPECT は，SPECT 装置だけあれば臨床検査として使用可能で，簡便な方法といえます．

SPECT 用トレーサーは，脳血流量測定用の ^{99m}Tc-HMPAO や ^{99m}Tc-ECD，^{123}I-IMP が最も広く使用されています．中枢性ベンゾジアゼピン受容体マーカーの ^{123}I イオマゼニルや，最近ではドーパミントランスポーターマーカーの ^{123}I-イオフルパンの市販が始まりました．このほか，化学活性の高い ^{123}I 標識によるさまざまな神経伝達機能測定用のリガンドが開発されていますが，臨床的に有用な検査ができる放射性トレーサーとして確立し，医療保険承認薬剤となるまでには長い時間がかかります．

8.6.3　多施設共同研究

最近の薬剤の開発や治療法の効果判定の際に，治療法の評価，疾患診断などにおける施設縦断的な臨床試験が広く行われるようになってきています．核医学イメージングは，薬物介入など治療の評価法の 1 つとしてわかりやすく，客観性が高いために，治療薬や治療法の評価法として多く使用されます．ここで重要なことは，多施設間で異なる機種のPET/SPECT装置を使用しても互換性のある臨床データが得られることです．この時，測定のプロトコルも重要ですが，大きく問題となるのがPETやSPECT装置の互換性です．認知症診断を確立するために米国で行われているADNI（alzheimer's disease neuroimaging initiative）という最近の共同研究では，施設間で使用する装置間のばらつきを前もってファントム実験で評価し，一定の誤差の範囲に収まっていない施設は共同研究グループから外されるという厳しい基準を設けています．また，国内11のPET施設で ^{15}O 標識トレーサーによる脳循環代謝量の正常値のデータベースを構築したマルチセンター共同研究では，あらかじめ，PET装置，測定手法，被験者の状態等についての施設間の差異を評価しました（Ito *et al.*, 2004）．

ガンマカメラをベースにしたSPECT装置であれば，ガンマカメラはメーカー間の差異が比較的小さいことから，散乱線補正法や吸収減弱補正法を均質化した後で一定の画像再構成法が適用でき，分解能や散乱線の補正法，吸収減衰の補正法の均質化が可能になります．その結果，施設間の共同研究も比較的容易になります．このようなプロセスを可能にする解析ソフトウエアのQSPECT法は飯田らによって開発されました（Iida *et al.*, 1994）．QSPECT法では，ガンマカメラをベースにするSPECT装置の吸収補正や散乱線補正を共通化することで装置間の物理性能を同じにできますので，これを用いた多施設研究も進んでいます．SPECTがPETよりはるかに広く普及していることから，EBM（evidence-based medicine）の観点では，PETより施設数が多いSPECTがよりエビデンスが多く，優れていると判断されます．このため，PETで実現した疾患診断法をSPECTの画像診断法へフィードバックするさまざまな方法が試みられています．一方，PETでは散乱線補正や吸収減衰補正，ランダム同時計数補正が各メーカーや各装置により異なるため，誤差の補正法にさまざまな癖があり，多施設間の共同研究にはまだ大きな障害があります．ただ，形態をベースにする研究に関しては，SPMという汎用的な道具があり，比較的容易に施設間のデータ比較が可能です（Friston *et al.*, 1991）．SPMをベースにした脳血流量画像やFDG糖代謝量画像を鑑別診断するソフトウェアが開発され，PETは臨床現場において必須となっています（Matsuda *et al.*, 2007).

8.7 PET と SPECT の臨床応用

8.7.1 血流代謝トレーサーと脳血管障害

脳血流量は脳機能を示す基本となるパラメータです．1960 年代に Lassen が，初めて放射性希ガスの ^{133}Xe を用いて局所的に脳血流量を定量測定できる方法を確立しました．当初は，^{133}Xe 生食液の内頸動脈注入法による脳クリアランスを，側頭部から二次元検出器で測定していましたが，1980 年代に SPECT 時代が到来し，^{133}Xe ガス吸入法となって非侵襲的な脳クリアランス SPECT 法へ進化しました．ダイナミック SPECT からの脳血流量解析法を Kanno and Lassen (1979) が開発し，SPECT では唯一の定量的に測定できる脳血流量測定法として 1990 年代後半まで君臨しました．1990 年代に入ると，マイクロスフェア原理に基づく集積型の SPECT トレーサーである ^{99m}Tc-HMPAO，^{99m}Tc-ECD や ^{123}I-IMP が次々に開発されました．これらは高速測定が可能な SPECT が不要で，しかも ^{133}Xe に比べガンマ線エネルギーが高いため，空間分解能も優れており急速に普及しました．

^{133}Xe-SPECT の登場とほぼ同時期に，PET の ^{15}O 標識ガス定常吸入法による脳血流酸素代謝測定が実用化されました (Frackowiak *et al.*, 1980)．これは $C^{15}O_2$ ガス，$^{15}O_2$ ガスをそれぞれ 10 ～ 15 分間持続吸入すると，^{15}O 放射能の脳への流入，脳からの流出，時間減衰が平衡に達し，この時の脳内放射能濃度から脳血流量，酸素摂取率を測り，脳酸素消費量を測定する方法です．$C^{15}O_2$ ガスは吸入すると肺胞で炭酸脱水酵素によって，^{15}O が生体中の水分子の酸素原子と置換して瞬時に $H_2{}^{15}O$ に変換され，これが拡散性トレーサーとなって脳血流量が測定されます．$^{15}O_2$ ガスを吸入すれば血中のヘモグロビンに取り込まれ，脳内に供給されると酸素消費量に比例して代謝水 $H_2{}^{15}O$ に変換されます．この時の循環水を補正して代謝水を定量することで，脳酸素消費量が測定できます．また，$C^{15}O$ ガスを吸入すればヘモグロビンと結合して赤血球を標識し，脳血液量が測定できます．これは $^{15}O_2$ ガス測定時の血液成分の補正にも使用されます．以上のような ^{15}O 標識ガス定常吸入法は，当初

は 2 時間以上かかる測定法でしたが，$H_2{}^{15}O$ 静注法と $^{15}O_2$ ガス瞬時吸入法による ^{15}O 動態短時間測定法が開発され，短時間で繰り返し測定が可能になりました（Mintun *et al.*, 1984）．最近ではより進化し，30 分以内に測定できるようになっています．ただし，^{15}O-PET では定量的に測定するために侵襲的な動脈採血が避けられませんので，重症な脳卒中急性期の患者には難しい検査法になります．

脳卒中などの脳血管障害では，脳組織が虚血から機能不全，さらに不可逆的変化に陥る脳血流の臨界状態を知ることが患者の治療指針と予後推定に必須です．急性期では脳血流低下による酸素不足に陥りますが，その組織はまだ活動しているため脳酸素代謝が維持されています．この状態は酸素消費に対して脳血流による酸素供給が少ないため，貧困灌流と呼ばれます．1 週間ほど経過すると血管の再開通などで脳血流が回復しますが，この時にはすでにその領域の

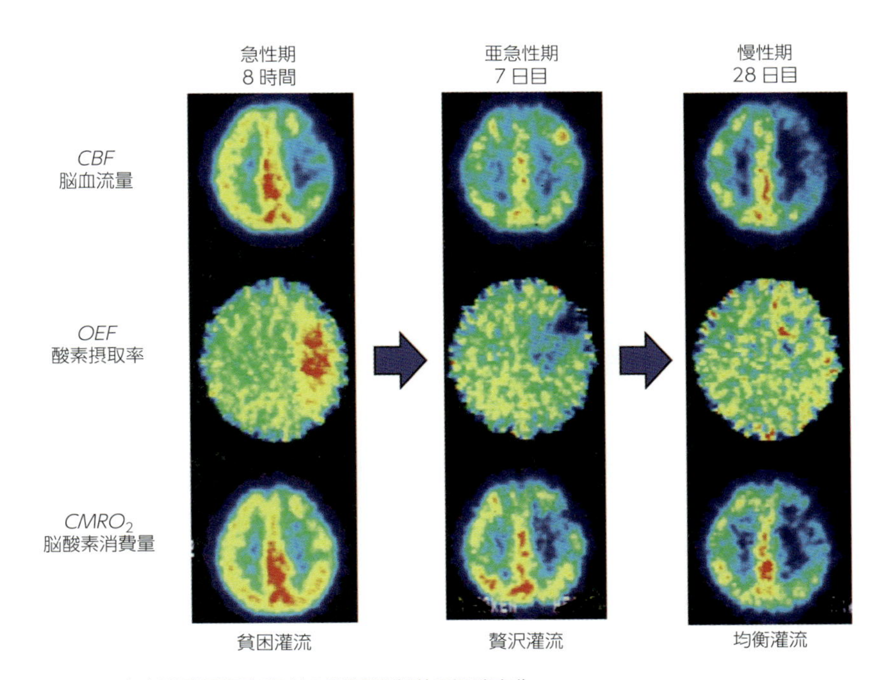

図 8.23　中大脳動脈梗塞患者の脳循環代謝の経時変化
発症から 8 時間，7 日，28 日の脳血流量，酸素消費量時間，酸素摂取率（OEF）．OEF が急性期に上昇，亜急性期に下降，慢性期に平坦化するのがわかります．

多くの神経細胞が壊死に至り，脳血流による酸素供給が酸素消費を上回って供給されるため贅沢灌流と呼ばれる時期になります．さらに約 1 ヶ月後の慢性期になると，脳血流と脳酸素消費ともに，低下した酸素の供給と消費が低めにバランスする均衡灌流状態に落ち着きます（図 8.23）．この時，酸素の需要と供給のバランスは酸素摂取率（OEF）と呼ばれ，脳組織の虚血の程度を示す重要な指標となります．OEF は正常脳組織では約 0.4 ですが，貧困灌流では 0.6 ～ 0.7 に上昇し，贅沢灌流では 0.2 ～ 0.3 に低下します．^{15}O-PET により脳血管障害の病態が経時的に評価できることで，脳組織保護剤の薬物治療効果などが定量的に評価可能となり，核医学的な循環代謝測定が重要な役割を果たすようになりました．

$H_2{}^{15}O$-PET では，約 10 分間隔で脳血流量を反復定量測定できるため，Acetazolamide（商品名 Diamox）や CO_2 による脳血管拡張負荷時の脳血流量を測定し，脳血管の拡張能力を評価できます．したがって，脳血管再建術が脳局所の灌流圧を回復させているかどうかが評価可能になります（図 8.24）．脳血栓溶解療法や脳外科的な治療を評価する時も，脳血管の拡張能力

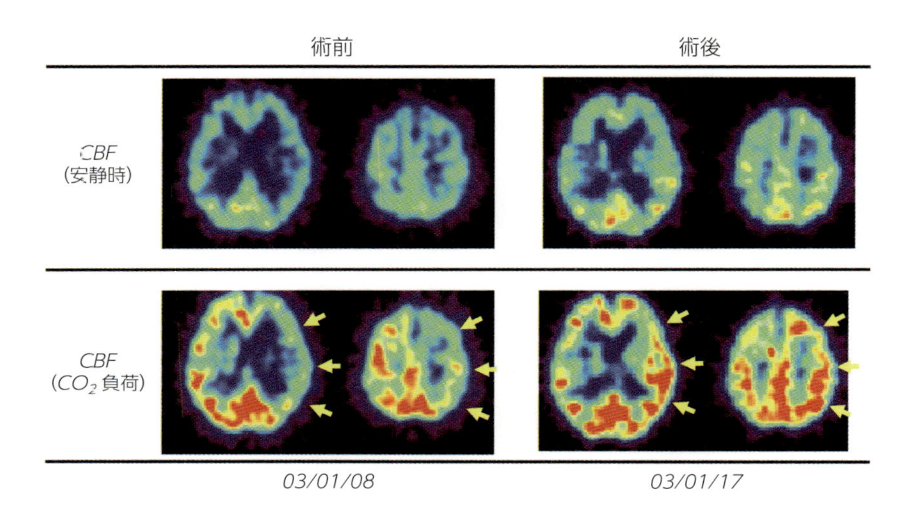

図 8.24　左頸動脈拡張術の前後での脳循環予備能の改善
左頸動脈拡張術前に低下していた左半球（矢印）部分の CO_2 負荷反応性が，術後に反対側と同程度に回復しています．

の評価に $H_2{}^{15}O$-PET は必須の方法です．SPECT では，^{123}I-IMP による脳血流量が比較的短時間での反復測定が可能で，定量性にも優れるため，多施設共同研究などでよく用いられます．

8.7.2　神経伝達機能トレーサーと精神神経疾患

精神疾患や変性疾患では，脳血流代謝に先行して神経伝達機能（解説「神経伝達機能」参照）に異常をきたすため，これを検出する方法として核医学診断が期待されています．神経細胞は，シナプスで神経伝達物質を介して化学的に信号を伝達します．神経伝達物質に類似のリガンドを用いることで，前シナプス神経細胞での生成や再吸収のトランスポーター機能，後シナプス神経細胞における受容体への結合能力や受容体密度を定量的に測定することができます．神経受容体のイメージングは，1983 年 Johns Hopkins 大学の Wagner らがドーパミン D2 受容体と結合するリガンド ^{11}C-NMSP を開発して，初めて成功しました．

神経受容体には作用機序が異なるいくつかのサブタイプが知られ，それぞれに特異的な放射性リガンドが多く開発されています．D2 受容体については，結合力の弱い ^{11}C-raclopride が開発され，内因性のドーパミンとの競合を測定できるようになりました．また，前シナプス細胞のドーパミン生成能を調べる ^{18}F-fluorodopa の開発も進められています．セロトニン系はうつ病と関連すると考えられており，受容体マーカーの ^{11}C-WAY やトランスポーターマーカーの ^{11}C-DASB が用いられています．精神疾患については，統合失調症や

解説｜神経伝達機能

神経細胞間の信号伝達は，シナプス間隙での神経伝達物質の移動で行われます．このステップは，シナプス前細胞で生成された神経伝達物質がシナプス間隙に放出された後に，シナプス後細胞の神経受容体に結合して信号伝達が行われます．また，シナプス間隙で余剰の神経伝達物質はシナプス前細胞にあるトランスポーターに回収されます．PET や SPECT では，神経伝達物質自身やその類似化合物に RI を標識した放射性トレーサーの挙動から，神経受容体やトランスポーターの密度や親和性，あるいは，神経伝達物質の生成率などを測定し，神経伝達機能を評価します．

うつ病の精神疾患を対象にしたドーパミンやセロトニン，ノルアドレナリンのモノアミン系の神経伝達物質やその他の GABA，アセチルコリン，ヒスタミン，オピオイドなどの神経伝達物質について，シナプス前細胞での生成量，トランスポーター密度，シナプス後細胞の受容体密度のそれぞれの機能評価が行われています．これらの PET 測定により，現在臨床的に使用されている抗精神薬が作用するには 70 ～ 80％の占有率で十分とされていますが，その占有率に相当する適正な投与量の評価なども PET により可能になってきています．また，大脳皮質の健常細胞に取り込まれる放射性トレーサーに，中枢性ベンゾジアゼピン受容体結合リガンドとしててんかん診断の目的に開発された ^{11}C-flumazenile（FMZ）があります．これは，脳虚血後の生存神経細胞を評価するに時にも使用されます．

最近，SPECT による神経伝達機能測定用の放射性トレーサーが市販され，神経伝達系イメージングの臨床応用が広く展開されようとしています．SPECT は PET に比べ，その普及率は 1 桁以上高く，臨床的な位置づけは PET より重要です．^{123}I 標識トレーサーがその中心になります．中枢性ベンゾジアゼピン受容体に親和性がある ^{123}I-iomazenil（IMZ）は，てんかん焦点の検出と外科的治療に応用できると期待されています．さらに，虚血梗塞部位における生存神経細胞の密度を見る指標としても臨床利用されています．また，ドーパミン・トランスポーターに親和性のある ^{123}I-ioflupane（FP-CIT）が最近になって市販され，血流代謝やドーパミン受容体の変化に先行して，前シナプス細胞に障害が生じるとされるパーキンソン症候群やパーキンソン病の早期診断，レビー小体型認知症の鑑別診断への期待が高くなっています．また，ニコチン性アセチルコリン受容体親和性薬剤である ^{123}I-5IA は，アルツハイマー病への応用の期待が高まっています．

8.7.3 異常蛋白トレーサーと認知症

2000 年代になると，PET 核医学の役割は脳血管障害の病態生理の解明から，加齢に伴う認知症などの脳組織変性の早期診断法や治療法の開発へ移行します．アルツハイマー病に代表される認知症は，病因となる異常蛋白が脳内に集積して，神経細胞機能を低下させると考えられています．特に，βアミロイド

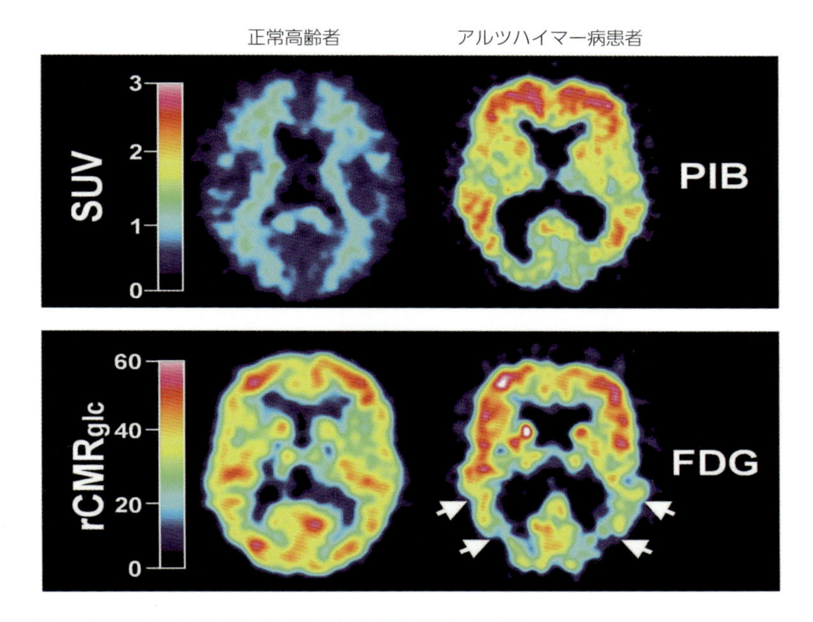

図 8.25 βアミロイド集積（上段）と脳糖代謝量（下段）
βアミロイド集積を示す PIB が正常高齢者でほとんど集積しない一方，アルツハイマー患者では顕著に集積しています．一方，脳糖代謝量を示す FDG は逆に後者で低下しています（Klunk *et al.*, 2004）.

はアルツハイマー病患者の脳に集積しているため，それをイメージングする放射性トレーサーを開発する激しい競争が行われた結果，2000 年代初めに Pittsburgh 大学で ^{11}C-PIB（Pittsburgh compound B）が開発されました（Klunk *et al.*, 2004；図 8.25）．その後，βアミロイドイメージングのためのいくつかのトレーサーが開発され，サイクロトロンのない施設でも使用できる ^{18}F 標識の ^{18}F-florbetapir が製薬会社で市販用に開発されています．しかし，βアミロイドがイメージングできるようになり，さまざまな認知症の病期で追跡測定され剖検まで行われている症例を重ねていくうちに，βアミロイドの集積濃度が認知症の重症度や，MCI（mild cognitive impairment：軽度認知障害）からアルツハイマー病への進行と必ずしも対応しないことがわかってきました．そこで，認知症の重症度により直接対応するといわれるタウ蛋白をイメージングする放射性トレーサーの開発競争が始まりました．タウ蛋白イメ

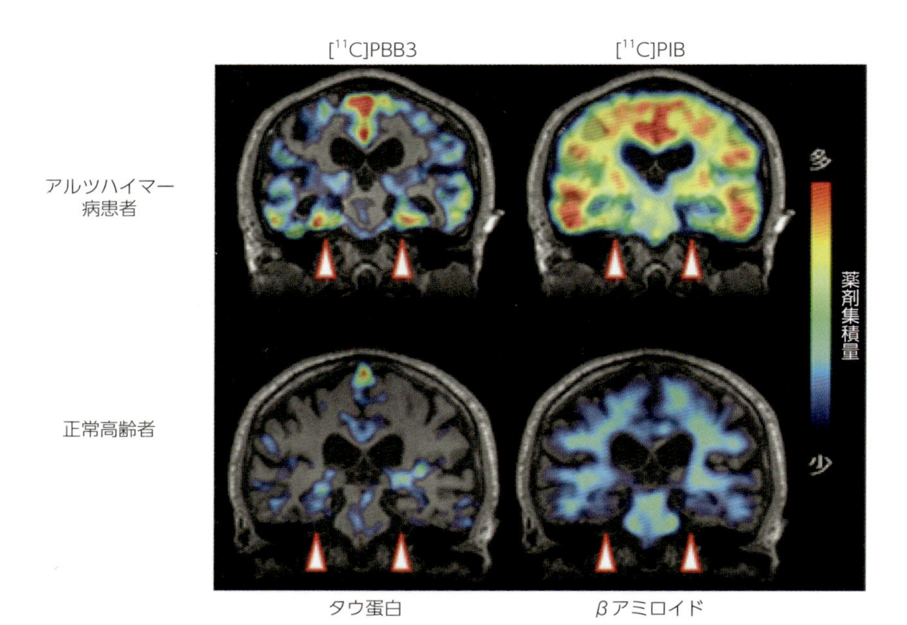

図 8.26　タウ蛋白集積（左）とβアミロイド集積（右）
アルツハイマー病患者では海馬領域にタウ蛋白が集積していますが，βアミロイドは集積していません．正常高齢者の海馬領域は両トレーサーとも集積していません（Maruyama *et al.*, 2013）.

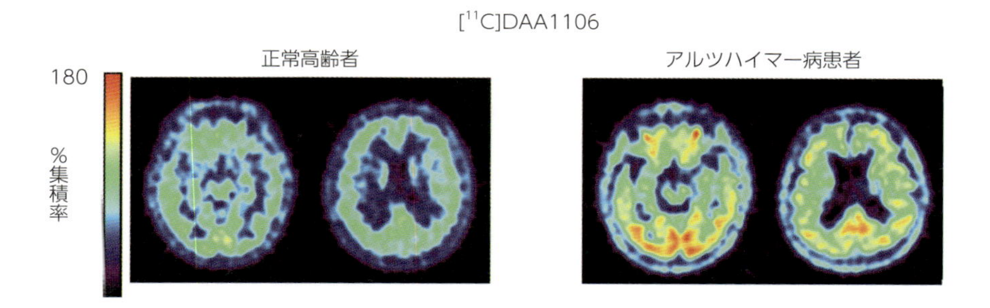

図 8.27　アルツハイマー病患者の TSPO 集積の増加
神経炎症を反映する TSPO のマーカーである DAA1106 の集積が，アルツハイマー病患者では正常高齢者に比べて高くなっています．これはアルツハイマー患者で神経変性の進行が起こっていることを示唆します（Yasuno *et al.*, 2008）.

ージングでは放射線医学総合研究所が世界に先駆けて ^{11}C-PBB3 を開発し，いろいろな認知症疾患での臨床測定を始めています（Maruyama *et al.*, 2013；図 8.26）．東北大学でも類似の放射性トレーサー ^{18}F-THK523 を開発し，競い合っています．

また，認知症発症前における神経外傷や脳梗塞等の神経変性時に，ミクログリア活性化と同時に発現する末梢性ベンゾジアゼピン受容体（トランスロケータ蛋白，translocator protein: TSPO）に結合するリガンドが開発されています．^{11}C-PK11195 は最初に心筋炎症イメージング剤として開発され，その後，脳へ応用された放射性トレーサーです．さらに，脳への集積がより高い ^{11}C-DAA1106 や ^{11}C-PBR28 などのリガンドも開発されています．TSPO の発現は炎症時のミクログリアの活性化に伴って見られ，β アミロイド集積などによる神経変性に先立って起こる可能性が考えられています（Yasuno *et al.*, 2012；図 8.27）．

8.7.4　糖代謝，アミノ酸代謝用トレーサーと悪性腫瘍

^{18}F-FDG は，動物において脳の糖代謝量を測定するために開発された ^{14}C-Deoxyglucose（DG）脳糖代謝量測定法（Sokoloff *et al.*, 1977）を PET に応用するべく，Brookhaven 国立研究所の Ido らが ^{18}F で標識した放射性トレーサーです．脳の糖代謝量を定量的に測定できる方法として，正常脳やさまざまな病態における脳糖代謝量が測定されてきました．その開発当初から，脳だけでなく，あらゆる部位の腫瘍や炎症のように脳糖代謝量の亢進している領域で高集積を示すことが知られています．最近では，悪性腫瘍を検出するマーカーとして PET の検診センターで普及しており，医療的観点では最も有用な放射性トレーサーになっています．

しかし，脳腫瘍では，脳の灰白質は安静時でも脳糖代謝量が高いため，脳腫瘍のイメージングには FDG の代わりに腫瘍でのみ高集積になるアミノ酸を標識した放射性トレーサーが開発されています．^{11}C-methionine はその 1 つです（Ogawa *et al.*, 1996；図 8.28）．また，細胞分裂時に関与する DNA を標識した放射性トレーサーも開発され，^{11}C-tyrocine や ^{18}F-FLT，^{11}C-4DST などは，腫瘍細胞増殖を特異的に示す放射性トレーサーとして今後の発展が期

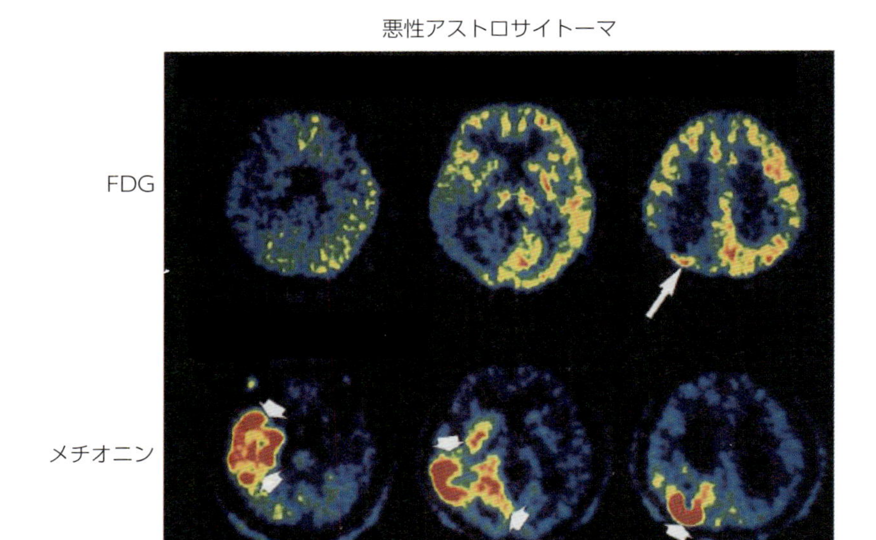

図 8.28　脳腫瘍患者の PET 検査
アストロサイトーマ脳腫瘍は，FDG では集積が低下しその浸潤範囲が明瞭でありませんが（上段），メチオニンでは強い集積を示し，その浸潤範囲も明瞭に示します（下段）．Ogawa *et al.*（1996）より．

待できます．また，細胞膜代謝特異性トレーサーとして ^{11}C-choline も腫瘍マーカーとして使用されています．腫瘍では治療抵抗性が高いとされる低酸素領域を特異的に示すマーカーが最近注目され，^{18}F-FMISO や ^{64}Cu-ATSM は治療法の発展とともに，治療効果や腫瘍悪性度の評価にも重要度が高まっています．さらに，放射線障害と再発腫瘍との判別など，腫瘍イメージングの目的の多様化に伴って PET の重要性が加速化し，その需要の増加から PET 検査件数の中心は脳から腫瘍イメージングへ移行してきています．

8.7.5　統計学的解析による画像診断

2000 年代以降，SPECT や PET による脳血流代謝，脳神経伝達機能，異常蛋白集積画像などは，さまざまな脳疾患の臨床診断や病態解明に不可欠となりつつあります．核医学施設の普及によって脳血流量は今や多くの施設で測定可能になり，それを脳疾患の臨床診断に利用することが急務でした．しかし，画像データはこれまでの通常の医療データに比べ，その解釈に習熟を要します．一方，1990 年代頃から PET による脳機能測定での賦活焦点を検出するための画像解析法として，SPM（statistic parametric mapping; Friston *et al.*, 1991）や，SSP（sterotactic surface projections; Minoshima *et al.*, 1994）が開発され始めました．これらは，複数の脳機能画像を三次元的に位置を合わせる技術，標準的な脳形状テンプレートに変形する技術，画像グループ間を比較して統計学的に有意な差異を抽出するソフトウェアの一連の画像処理ソフトウェアとして発展してきました．

これまで保険診療が認められている脳血流量トレーサー（^{99m}Tc-HMPAO, ^{99m}Tc-ECD，^{123}I-IMP）や脳糖代謝量トレーサー（^{18}F-FDG），また，神経伝達機能トレーサー（^{123}I-IMZ）については，正常コントロールのデータベースがつくられつつあります．統計的解析結果で得られた正常データベースと比較した統計学的に有意な異常領域は，平均的な MRI（テンプレート）に重ね合わせて表示され，画像を見慣れていない神経内科医や精神科医にもわかりやすく表示できるようになっています．特に，認知症の病型分類や精神疾患の補助診断の手段として臨床現場に普及しています．なお，標準となる脳形状のテンプレートには，多数の正常脳からつくられ，SPM などでも使用されている MNI（モントリオール神経学研究所）で作製された脳テンプレートが用いられています．

これらの統計解析法が利用できるのは，あくまでも正常データベースと患者画像を測定している PET 装置や SPECT 装置が同じ測定誤差をもつということが前提になっています．そのため，データベースの利用にはあらかじめ標準ファントムを用い，測定装置の物理的性質が一致することを確認しなければなりません．8.6.3 項で述べたように SPECT については，QSPECT（Iida *et al.*, 1994）により物理的な性能が統一されやすいものの，PET はメーカーや装置ごとにさまざまなブラックボックスが隠れていて，施設間で統合するのが難しい状態です．そこで，装置間の差異も測定データの標準偏差の一部とする利用が行われています．

正常コントロールのデータベースは施設ごと，放射性トレーサーごと，また，測定対象となる年齢ごとに正常被験者を募って作成するのが理想的ですが，これらを個々の施設で作成することは不可能なので，施設間でデータを持ち寄り，まとめて作成することになります．多数の正常被験者の平均画像は，その放射性トレーサーに関する正常者の分布と標準偏差を備えた母集団データベースになります．脳疾患患者に同じ放射性トレーサーの画像を測定して，すでにあるデータベースとその患者の正常コントロールからの差異が統計量として得られます．

これらの一連の解析はソフトウェアパッケージとして用意されています．代表的なソフトウエアはSPM，eZIS（easy Z-score imaging system），3D-SSP（3-dimensional SSP）がありますが，それぞれのソフトウエアは歴史的な背景からさまざまな特徴があります．SPM は毎年更新されますが，使用に習熟を要するため，主に PET や fMRI による脳賦活焦点の抽出や，脳科学の専門家に利用されています．これに対し，eZIS は SPECT 脳血流量トレーサー（HMPAO，ECD，IMP）の患者の測定画像を用意すれば，その名のとおり比較的簡単に異常部位の表示まで行います．3D-SSP は脳血流量以外にも PET-FDG の認知症診断や IMP のほかに，IMZ で多様な脳変性疾患に用いられています．現在では，これらは広く臨床現場に行き渡っていて，統計画像があたかも患者の病態を反映するかのように判定される場合もあります．しかし，得られる統計学的な画像には患者の画像測定時のアーチファクトが反映される場合もあるため，もし患者の症状や病態と異なる統計画像が出てきた場合には，最初の生の画像に立ち返って疾患診断に使用するように，ソフトウェアの開発者は警告しています．

近年，注目すべきソフトウェアが臨床現場に普及しています．PET や SPECT による脳機能画像ではありませんが，MRI による脳の形態画像をもとに軽度認知障害（MCI）やアルツハイマー認知症の画像診断ソフトウェアが開発されているので紹介します．それは，松田らの監修のもとで開発された VSRAD（volume-based specific regional analysis system for Alzheimer's disease）という認知症の診断支援システムです（Nakatsuka *et al.*, 2013）．PET や SPECT のような核医学施設が不要で，MRI 画像があれば診断が可能であるということもあり爆発的に普及しています．早期アルツハイマー型認知症に見られる海馬傍回の萎縮の程度を，正常者のデータベースと比較して数値化することで，認知症の診断を支援する統計解析のソフトウエアです．

8.8 おわりに

本章では，PET および SPECT に関して，歴史，ハードウェア，ソフトウェア，解析法，施設状況，臨床応用などをまとめました．この分野が始まって 50 年以上経過して裾野が広がり，そのすべてをここで総括するのは困難です．この分野についてはよい教科書がない状況ですが，『核医学検査技術学』（佐々木・桑原，2008）は核医学の全容をカバーしてあり，参考になります．また，インターネットで公開されている「ミスター PET の核医学教室」（千田）もコンパクトにまとまっていますので，引用文献にその URL を載せました．

Q & A

Q　コスト，施設面などを除いて，純粋に測定法として CT や MR に比べて核医学である PET や SPECT の有利な点を教えてください．

A　放射性トレーサーが生体内のさまざまな分子や細胞と結合する様子を測定できるため，生体の分子レベルの疾患や，生理現象の測定が可能になります．したがって，最近は分子イメージングとも呼ばれています．さらに，生体分子の検出感度としてはトレーサー濃度が 10^{-12} ～ 10^{-9} の密度まで測定可能であり，この点でも，CT や MRI より，7 ～ 8 桁感度が高く，生体分子機能の測定で PET/SPECT を超える方法はありません．さらにいえば，生化学的な生体機能を非侵襲的に *in vivo* で，しかも，定量的に測定できるという点では，他のモダリティに追従を許しません．

Q　PET, SPECT それぞれの国内の可動施設数はどのくらいでしょうか．

A　PET 施設は国内で約 360 施設あり，このうち，サイクロトロンを備えている施設は約 150 施設です．サイクロトロンのない施設では，製薬会社から ^{18}F 標識（半減期＝約 2 時間）の FDG などの限られた放射性トレーサーを購入して診療しています．サイクロトロンのある施設では，放射性トレーサーを自由に自前で合成製造して診療しています．

これに対して，SPECT 施設は 3,000 を超えています．SPECT 施設ではSPECT 用の放射性トレーサーの半減期が比較的長いため，原則，製薬会社から購入します．

Q　大きな装置があるとなんとなく緊張してしまう被験者もいるのではと思うのですが，対処したりはするのですか．

A　現在は CT や MRI が普通に検査装置として使用されており，これらの装置と比べ，PET や SPECT が特に「大きな装置」であるということはありません．検査する時に放射能を注射投与されるという点で，放射能被曝を心配する患者さんや被験者もいますが，その必要性を十分理解してもらってから検査するようにしています．

Q　PET を用いた研究を行いたいけれども身近に機器がない場合，どこかの施設で借りて実験するというようなことはできるのですか．

A　数多くはありませんが PET 共同利用施設が全国に数カ所あります．しかし，PET の使用には多くの準備と現場スタッフの動員が必要になるため，ユーザーがそれらの高度な知識を理解した上で，施設側と研究目的や使用する放射性トレーサー，動物について具体的に協議し，多くは共同研究として実現します．動物を対象とする研究はこのような段取りになりますが，これに対して，ヒトを対象とする臨床 PET の研究は，その施設の倫理委員会の承認が必要になり一段とハードルが高くなります．

Q　生の画像に立ち返るように，とありますが，すべての医師がそういった技術をもつのはたいへんだと思いました．画像診断を専門とするような医師はいないのですか．

A　放射線科診断医がその役割を担います．現在の放射線科診断医は画像のハンドリング技術を十分に備えています．さらに，PET 検査に関しては画像読影だけでなく，その背景にある放射性トレーサーの機能，解析モデル，画像測定上の物理的特性などの知識が必要になるため，これらの知識と能力を備えている PET 専門医制度ができています．

引用文献

Anger HO (1964) Scintillation camera with multichannel collimators. *J Nucl Med*, **5**: 515-531

Chang LT (1978) A method for attenuation correction in radionuclide computed tomography. *IEEE Trans Nucl-Sci*, **25**: 638-643

Frackowiak RS, Lenzi GL, Jones T, Heather JD (1980) Quantitative measurement of regional cerebral blood flow and oxygen metabolism in man using 15O and positron emission tomography: theory, procedure, and normal values. *J Comput Assist Tomogr*, **4**(6): 727-36

Friston KJ, Frith CD, Liddle PF, Frackowiak RS (1991) Comparing functional (PET) images: the assessment of significant change. *J Cereb Blood Flow Metab*, **11**(4): 690-699

Iida H, Itoh H, Nakazawa M, Hatazawa J, Nishimura H, Onishi Y *et al.* (1994) Quantitative mapping of regional cerebral blood flow using iodine-123-IMP and SPECT. *J Nucl Med*, **35**: 2019-2030

Ito H, Kanno I, Kato C, Sasaki T, Ishii K, Ouchi Y, *et al.* (2004) Database of normal human cerebral blood flow, cerebral blood volume, cerebral oxygen extraction fraction and cerebral metabolic rate of oxygen measured by positron emission tomography with 15O-labelled carbon dioxide or water, carbon monoxide and oxygen: a multicentre study in Japan. *Eur J Nucl Med Mol Imaging*, **31**(5): 635-643

Kanno I, Lassen NA (1979) Two methods for calculating regional cerebral blood flow from emission computed tomography of inert gas concentrations. *J Comput Assist Tomogr*, **3**(1): 71-76

Kanno I, Uemura K, Miura S, Miura Y (1981) HEADTOME: a hybrid emission tomograph for single photon and positron emission imaging of the brain. *J Comput Assist Tomogr*, **5**(2): 216-226

Kety SS, Schmidt CF (1948) The nitrous oxide method for the quantitative determination of cerebral blood flow in man: theory, procedure and normal values. *J Clin Invest*, **27**(4): 476-483

Klunk WE, Engler H, Nordberg A, Wang Y, Blomqvist G, Holt DP, *et al.* (2004) Imaging brain amyloid in Alzheimer's disease with Pittsburgh Compound-B. *Ann Neurol*, **55**(3): 306-319

Kuhl DE, Edwards RQ (1968) Reorganization data from transverse section scans of the brain using digital processing. *Radiology*, **91**: 975-983

Kuhl DE, Edwards RQ, Ricci AR, Yacob RJ, Mich TJ, Alavi A (1976) The Mark IV system for radionuclide computed tomography of the brain. *Radiology*, **121**(2): 405-413

Logan J, Fowler JS, Volkow ND, Wolf AP, Dewey SL, Schlyer DJ, *et al.* (1990) Graphical analysis of reversible radioligand binding from time-activity measurements applied to [N-11C-methyl]-(-)-cocaine PET studies in human subjects. *J Cereb Blood Flow Metab*,

10(5): 740-747

Maruyama M, Suhara T, Zhang MR, Okauchi T, Yasuno F, Ikoma Y, *et al.* (2013) Imaging of tau pathology in a tauopathy mouse model and in Alzheimer patients compared to normal controls. *Neuron*, **79**(6): 1094-1108

Matsuda H, Mizumura S, Nagao T, Ota T, Iizuka T, Nemoto K, *et al.* (2007) Automated discrimination between very early Alzheimer disease and controls using an easy Z-score imaging system for multicenter brain perfusion single-photon emission tomography. *AJNR Am J Neuroradiol*, **28**(4): 731-736

Minoshima S, Koeppe RA, Frey KA, Kuhl DE (1994) Anatomic standardization: linear scaling and nonlinear warping of functional brain images. *J Nucl Med*, **35**(9): 1528-1537

Mintun MA, Raichle ME, Martin WR, Herscovitch P (1984) Brain oxygen utilization measured with O-15 radiotracers and positron emission tomography. *J Nucl Med*, **25**(2): 177-187

Naganawa M, Kimura Y, Nariai T, Ishii K, Oda K, Manabe Y, *et al.* (2005) Omission of serial arterial blood sampling in neuroreceptor imaging with independent component analysis. *NeuroImage*, **26**(3): 885-890

Nakatsuka T, Imabayashi E, Matsuda H, Sakakibara R, Inaoka T, Terada H (2013) Discrimination of dementia with Lewy bodies from Alzheimer's disease using voxel-based morphometry of white matter by statistical parametric mapping 8 plus diffeomorphic anatomic registration through exponentiated Lie algebra. *Neuroradiology*, **55**(5): 559-566

Neirinckx RD, Canning LR, Piper IM, Nowotnik DP, Pickett RD, Holmes RA, *et al.* (1987) Technetium-99md,l-HM-PAO: a new radiopharmaceutical for SPECT imaging of regional cerebral blood perfusion. *J Nucl Med*, **28**(2): 191-202

Ogawa T, Inugami A, Hatazawa J, Kanno I, Murakami M, Yasui N, *et al.* (1996) Clinical positron emission tomography for brain tumors: comparison of fludeoxyglucose F 18 and L-methyl-11C-methionine. *AJNR Am J Neuroradiol*, **17**(2): 345-353

Patlak CS, Blasberg RG, Fenstermacher JD (1983) Graphical evaluation of blood-to-brain transfer constants from multiple-time uptake data. *J Cereb Blood Flow Metab*, **3**(1): 1-7

Phelps ME, Hoffman EJ, Huang SC, Kuhl DE (1978) ECAT: a new computerized tomographic maging system for positron-emitting radiopharmaceuticals. *J Nucl Med*, **19**(6): 635-647

佐々木雅之・桑原康雄 編 (2008)『診療放射線技術選書シリーズ：核医学検査技術学 (改訂第 2 版)』南山堂

千田道雄．ミスター PET の核医学教室 (http://www.asca-co.com/nuclear/2011/04/pet-1.html)

Sokoloff L, Reivich M, Kennedy C, Des Rosiers MH, Patlak CS, Pettigrew KD, *et al.* (1977) The [14C]deoxyglucose method for the measurement of local cerebral glucose utilization: theory, procedure, and normal values in the conscious and anesthetized albino rat. *J Neurochem*, **28**(5): 897-916

Stokely EM, Sveinsdottir E, Lassen NA, Rommer P (1980) A single photon dynamic computer assisted tomograph (DCAT) for imaging brain function in multiple cross sections. *J Comput Assist Tomogr*, **4**(2): 230-240

Ter-Pogossian MM, Phelps ME, Hoffman EJ, Mullani NA (1975) A positron-emission transaxial tomograph for nuclear imaging (PETT). *Radiology*, **114**(1): 89-98

Yasuno F, Kosaka J, Ota M, Higuchi M, Ito H, Fujimura Y, *et al.* (2012) Increased binding of peripheral benzodiazepine receptor in mild cognitive impairment-dementia converters measured by positron emission tomography with [^{11}C]DAA1106. *Psychiatry Res*, **203**(1): 67-74

経頭蓋磁気刺激 (Transcranial Magnetic Stimulation: TMS)

9.1 経頭蓋磁気刺激の原理

経頭蓋磁気刺激（TMS）は，その名のとおり，本来は脳を刺激するために開発されたもので，脳活動の計測法ではありません．構造は簡単で大きさもデスクトップパソコンと同じくらいです（図 9.1a）．大容量のコンデンサ（図 9.1b）に電荷を蓄積し，頭部に置いたコイルに瞬間的（100 ～数百 μs）に大電流を流して急激な変動磁場（1.5 ～ 2.5 テスラ程度）を発生させます．その結果，変動磁場とは逆方向の磁場を生じるような渦電流がコイル直下の脳に誘導されます．この渦電流が皮質の錐体細胞・介在細胞や軸索を刺激すると考えられています（図 9.2）．磁気刺激といっても，磁気で刺激するわけではなく

a

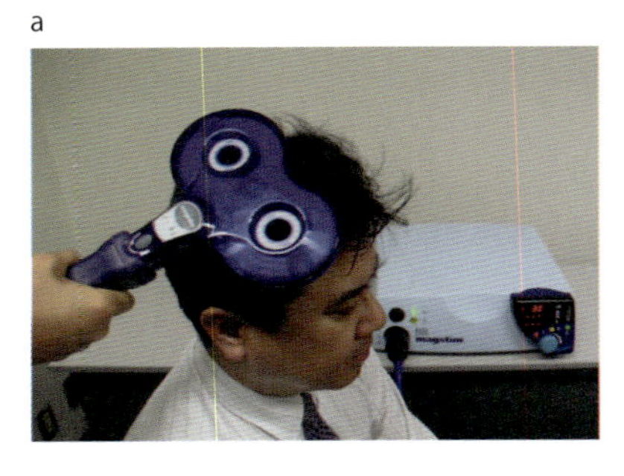

b

図 9.1　a：磁気刺激装置と刺激用の 8 の字コイル，b：カバーを外して後ろ側から見た磁気刺激装置
手前右側に巨大なコンデンサが見えます（危険ですので，絶対にカバーを開けてはいけません）．

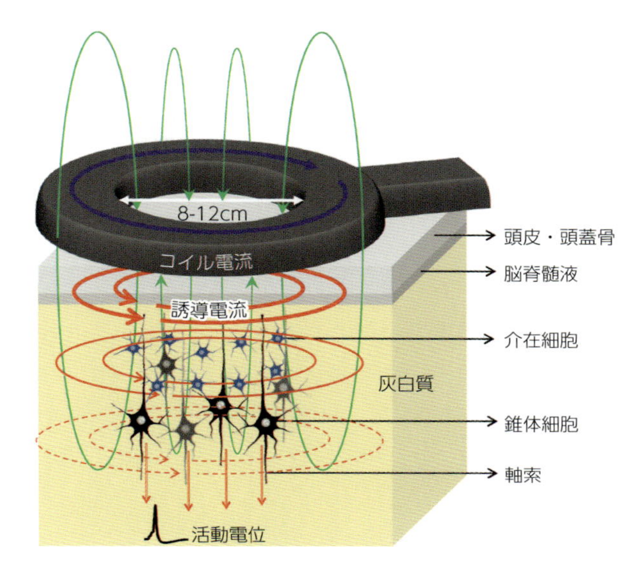

図 9.2　磁気刺激の原理

磁気によって誘導される電流による刺激です．

TMS に先行して，頭部に正負の電極を置いて電流を流す経頭蓋電気刺激装置（transcranial electric stimulation: TES）が開発されましたが（Merton and Morton, 1980），電流が頭皮を通過する際に皮膚の中にある痛覚受容器を刺激するために痛みを伴い，あまり普及しませんでした．磁気刺激では，磁束が電気的抵抗の高い頭蓋骨を通過し，主に抵抗の低い脳で誘導電流が流れるために痛みがありません．TES と TMS では大脳皮質を流れる電流の向きが異なり，TES では大脳皮質に垂直方向に流れるのに対し，TMS で生じる渦電流は大脳皮質の浅層部に平行な方向に流れます．また，一次運動野の刺激による誘発筋電図（motor evoked potential: MEP）を計測すると，特定の刺激強度では，TES による MEP の潜時は，TMS による MEP より 1.5 ～ 3 ms 程度短くなります．これらのことから，TES は直接錐体細胞や軸索を刺激しているのに対して，TMS は渦電流によって皮質のⅡ／Ⅲ層にある介在ニューロンが刺激される結果，Ⅴ層にある錐体細胞が興奮すると考えられています（Day *et al.*, 1989; Di Lazzaro and Ziemann, 2013）．

TMSは，当初は四肢あるいは脳の運動野を直接刺激して誘発される運動反応，あるいは運動誘発電位（motor evoked potentials: MEP）を記録して，運動神経の機能を検査するために開発されました（Barker *et al.,* 1985）．開発された時点でのコイルは内径が8～12 cmの円形でした．コイルに流れる電流によって発生する磁束密度は，コイルの縁に近づくほど大きくなるため，局所的な刺激は困難でした．その後，コイルを8の字形にして2つのコイルに対して同時に逆方向へ電流を流し，2つのコイルがつくる逆方向の渦電流によってコイルの接合部直下が最も強く刺激されるコイル（figure-8 coils）が発明されて，より局所的な刺激が可能になりました（Ueno *et al.,* 1988）．また，変動磁場による誘導電流によって脳を刺激するので，コイルから離れた脳深部の刺激は困難でしたが，近年になって多数のコイルを組み合わせて誘導電流を空間的に加重し，頭皮から数cmの深さまで刺激できるコイル（h-coil, Hesede coil）も開発されています（Roth, 2002）．

1950年代に脳外科医のペンフィールド（Wilder Penfield, 1891-1976）は，脳外科の手術の際に患者の脳のさまざまな部位を直接電気刺激し，刺激している最中の患者の運動反応や言語報告を調べ，体部位局在を明らかにしました．ペンフィールドの研究はヒトの脳機能研究の草分けとなり，後にノーベル賞を授与されました．TMSはペンフィールドが行った実験を健常者で非侵襲的に行うことを可能にしたのです．臨床医学では，運動野と頸部の脊髄神経根への刺激による誘発筋電図の潜時の差から，皮質内での伝達時間が算出でき（中枢運動神経伝導時間，central motor conduction time: CMCT），多発性硬化症（multiple sclerosis）等の診断に用いられています．

さらに運動を誘発するだけでなく，種々の感覚刺激の呈示直後やタスクの遂行中に磁気刺激を与えると，刺激した部位やタイミングに応じて特定の知覚や運動が抑制されることがわかりました（Amassian *et al.,* 1989; Priori *et al.,* 1993; Muri *et al.,* 1996）．神経心理学では，脳の損傷部位によってどのような機能が損なわれるかを心理実験によって調べます．磁気刺激では，皮質のニューロンを人工的に発火させて通常の脳の情報処理を一過性にブロックすることによって，あたかも健常者の脳に可逆的な障害（virtual lesion）をつくり，その部位の機能を調べる，いわば実験的な神経心理学的方法として神経科学領域でも使われるようになりました（Walsh and Cowey, 2000; Pascual-Leone *et al.*, 2000）.

磁気刺激は基礎研究，臨床研究の両面で有効な方法ですが，問題点としては，以下の点が挙げられます.

①誘導電流はコイルがつくる変動磁場によっています．したがって，コイルに近い脳表がより強く刺激され，脳の深部だけを選択的に刺激することはできません.

②８の字形コイルによって局所的な刺激が可能になったとはいえ，脳をピンポイントに刺激することはできず，ある程度広い領域が刺激されます.

③健常者でも磁気刺激によってけいれん発作が誘発された例が報告されており，使用には細心の注意が必要です．後述の経頭蓋直流電気刺激・経頭蓋交流電気刺激とともに安全性に関するガイドラインが設けられています（Rossi *et al.*, 2009；松本ら，2011；臨床神経生理学会脳刺激法に関する委員会，2011）.

9.2　脳機能計測法としての TMS の特徴

非侵襲的脳機能計測法としての TMS の重要な特徴は，第一に他の計測法が特定の精神活動・行動と脳活動との相関関係を示すに留まるのに対して，TMS では因果関係にまで踏み込めることです（Kosslyn *et al.*, 1999; Walsh and Cowey, 2000）．たとえば，被験者にある刺激を見せたり，あるタスクをしている時の脳活動を fMRI で計測して特定の脳領域が活動していたとしても，それだけでその領域の活動が刺激の認知やタスクの遂行に必要不可欠であるとは断言できません．これに対し，TMS である脳領域を刺激して特定の刺激の認知やタスクの遂行が妨害されれば，その領域は刺激の認知やタスクの遂行にとって必要不可欠な領域であるということができます.

第二に，TMS では末梢の感覚器官を経由せずに特定の大脳皮質を直接刺激できるので，実験的に知覚を引き起こすことが可能です．たとえば，視覚野がある後頭にコイルを当てて磁気刺激すると，網膜の時間的特性や残像とは関係なく，一瞬視野の中に光（phosphen）が見えます．眼が動いている間は，網膜上の視覚像は眼の動きとは逆方向に動いていますが，私たちはその動きを感じません．眼球運動に伴って網膜からの視覚入力を抑制するメカニズムがある

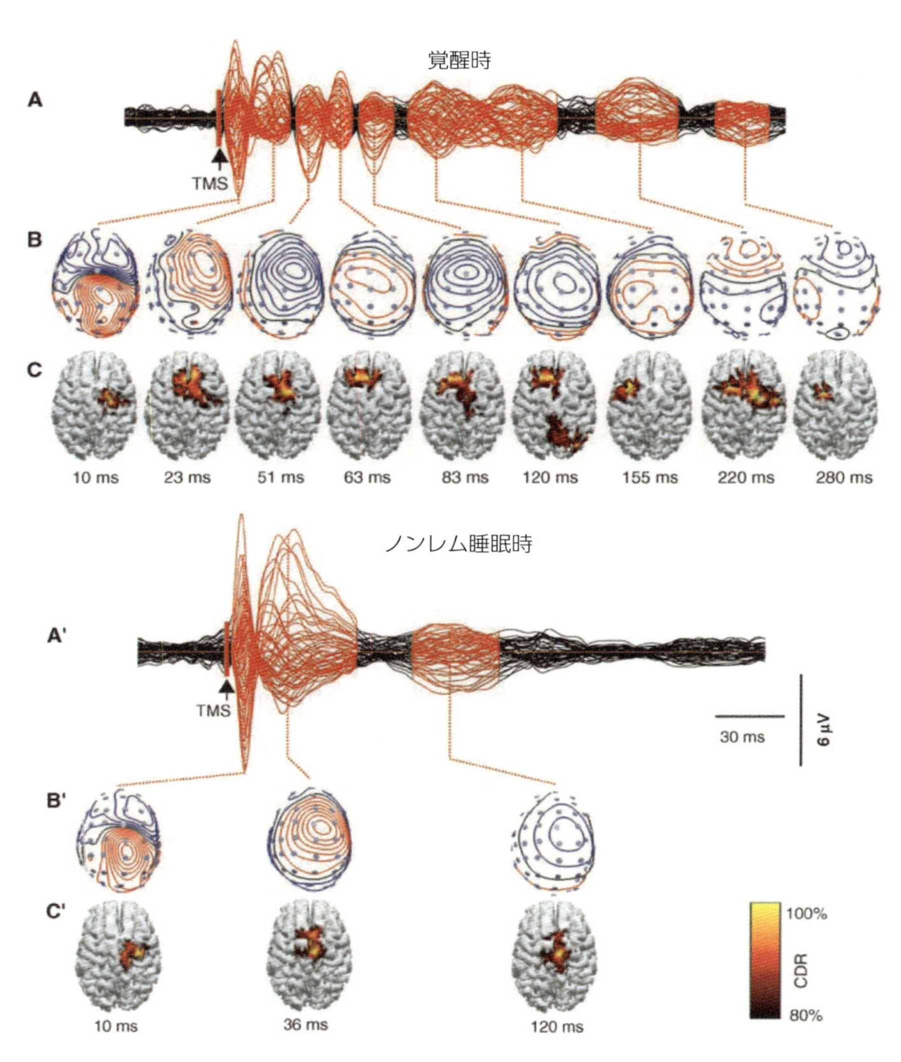

図 9.3　覚醒時（上段）と睡眠時（ノンレム睡眠，下段）の右運動前野への磁気刺激に対する誘発脳波の比較
Massimini *et al.*（2005）より．

からです．これをサッケード抑制（saccadic suppression）と呼んでいます．網膜への電気刺激によって生じる閃光に対してはsaccadic suppressionが起こるのに対して，視覚野への磁気刺激によって生じる閃光に対してはsaccadic suppressionが起きないことから，saccadic suppressionのメカニズムが視床から第一次視覚野の間にあることが報告されています（Thilo *et al.*, 2004）．さらに大脳皮質が直接刺激されるので，通常の感覚刺激が感覚器から脳に到達する経路である脳幹網様体や，視床を含む他の領域の活動水準を変えることはありません（実際には刺激の際に騒音が発生しますが）．このことは，特に睡眠時の脳活動に関する研究において意味をもちます．Massimini *et al.*（2005）は，覚醒時とノンレム睡眠時に運動前野を磁気刺激し，磁気刺激による誘発脳波が，覚醒時では300 msほど持続して数cm離れた皮質部位まで活動が伝播するのに対し（図9.3上段），ノンレム睡眠では120 msほどで減衰し（図9.3下段），伝播も観察されませんでした．このような覚醒時と睡眠時における皮質間の機能的結合性の相違を，睡眠に伴う意識の消失と関連づけて考察しています．

9.3　反復磁気刺激（repetitive Transcranial Magnetic Stimulation: rTMS）

最初の磁気刺激装置が開発された時点では，磁気刺激後にコンデンサに充電する時間が必要となるため，数秒に1回しか刺激できませんでした．現在では複数の磁気刺激装置を組み合わせることにより，1～100 Hzの高頻度で連続磁気刺激が可能な装置も開発されています（反復経頭蓋磁気刺激，repetitive transcranial magnetic stimulation: rTMS）．単発の磁気刺激では，運動野や視覚野への刺激から単純な運動や閃光の誘発はできても，連合野への刺激では明確な効果が得られないことが多かったのに対して，たとえば頭頂葉への連続磁気刺激によって，健常者に一過性に消去現象や半側空間無視を実験的に引き起こすことが可能です（Bjoertomt *et al.*, 2002; Battelli *et al.*, 2009）．さらに，数分間のrTMSによって皮質の興奮性が変化し，その変化が刺激中だけでなく刺激後も持続することが報告されてからは（Pascual-Leone *et al.*, 1994, 2000），うつ病を中心とする神経精神疾患や片麻痺の治

解説 **長期増強と長期抑制**

神経細胞はシナプスを介して信号を送っています．シナプスより前にある細胞をシナプス全細胞，後ろにある細胞をシナプス後細胞と呼びます．シナプス前細胞が高頻度に発火すると長期間にわたりシナプス後細胞が発火しやすくなってシナプスの伝達効率が上がる現象を長期増強（long term potentiation），逆に，シナプス前細胞が低頻度で発火すると長期間にわたってシナプス後細胞が発火しにくくなる現象を長期抑制（long term inhibition）と呼んでいます．このようなシナプスでの伝達効率の長期的な変化が，記憶や学習の獲得などの神経細胞・神経回路レベルでの基礎的な過程と考えられています．

療にも用いられるようになりました．特に，うつ病患者の左前頭前野へのrTMSによってうつ症状の改善が認められることから（George *et al.*, 1995），電気けいれん療法（electroconvulsive therapy: ECT）のような，けいれんや健忘などの副作用がない治療法として期待されています（O' Reardon *et al.*, 2007; Gross *et al.*, 2007）．作用機序として，反復磁気刺激によるニューロンの発火が長期増強（long-term potentiation: LTP）および長期抑圧（long-term depression: LTD, 解説「長期増強と長期抑制」参照）と同様のシナプス伝達効率の変化を引き起こすと考えられています．rTMSによって電気けいれん療法と同様に神経活動に依存して発現する最初期遺伝子（c-fos）の発現や神経成長因子（brain-derived neurotrophic factor: BDNF）の増加が動物実験で報告されてはいますが（Fujiki and Steward, 1997），その神経生理学的・神経化学的な作用機序は未だ不明な点が多く，今後の研究が必要です．

9.4 経頭蓋電気刺激（Transcranial Electric Stimulation: TES）

近年rTMSと同様の目的で，上述のMerton and Morton（1980）による経頭蓋電気刺激とは異なる微弱な電気刺激が用いられるようになりました．刺激電流の性質やタイミングにより経頭蓋直流／交流電流刺激（transcranial direct/alternating current stimulation: tDCS/tACS），transcranial

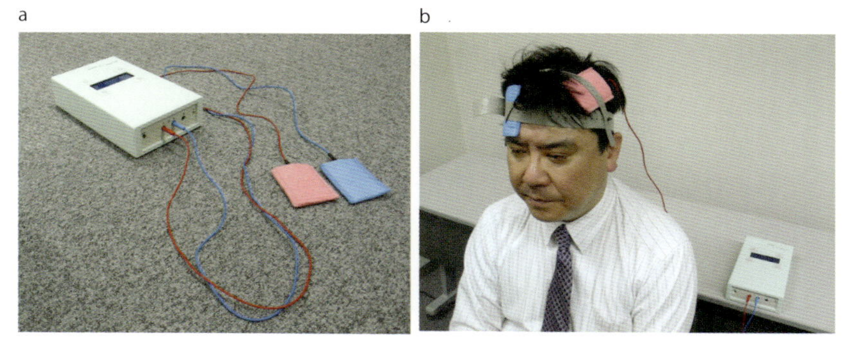

図 9.4　a：経頭蓋電気刺激装置，b：経頭蓋電気刺激装置の電極を頭部に装着した状態

random noise stimulation（tRNS）などの種類があります（Nitsche and Paulus, 2000；田中・渡邊，2009; Fertonani *et al.*, 2011）．脳に直流の電気を流すと極性に応じてニューロンの発火頻度が変化することは以前から知られており，この原理を非侵襲的に応用して 2000 年前後から使われるようになりました（Priori *et al.*, 1998; Nitsche and Paulus, 2000）．頭部に正負のパッド状の電極を装着し，数百 μA ～ 3mA 程度の直流あるいは 1 ～数百 Hz の交流を数分～十数分流します（図 9.4）．これにより，ニューロンの静止膜電位がプラスあるいはマイナス方向に変化し，活動電位の生じやすさが変わると考えられています．基本的には陽極（anode）の電極直下の皮質に増強効果が，陰極（cathode）の電極直下の皮質には抑制性の効果が現れます．精神科で使われる電気けいれん療法で流す電流の数百分の 1 であり，また TMS のように電流によって直接ニューロンを発火させる訳ではないので，現在までのところ明確な副作用は報告されていません（ただし電極の抵抗を十分に下げないと火傷の危険性があります）．

TES は rTMS と同様に，刺激中だけでなく刺激後まで効果が持続することが知られ，刺激による運動誘発電位の振幅の変化，視覚・触覚の感覚閾値，弁別閾値の変化，ワーキングメモリへの影響，意志決定に及ぼす影響などが調べられています（Nitsche *et al.*, 2008；田中・渡邊，2009）．さらに TMS のように刺激に伴う騒音がなく（刺激電極を置いた頭皮にピリピリした感覚は生じます），刺激コイルを固定する必要がないので，TMS より簡単に睡眠中の刺激として使うことができます．睡眠前に学習した単語の対連合学習が，前頭葉への徐波睡眠時の 0.75 Hz の交流電流刺激によって，睡眠後の再生が有意に高くなること（Marshall *et al.,* 2006）や，知覚運動学習への効果（Fertonani *et al.,* 2011）が報告されています．

しかし rTMS 同様，その神経生理学的・神経化学的な作用機序は未だにわかっていません．また，磁気刺激装置と比べて簡便で安価ですが，磁気刺激の場合は刺激部位が変動磁場によって電流が誘導される領域に限局しているのに対し，電気刺激の場合は電流が陽極と陰極の間で，脳内をどのような経路で流れているかは不明です．特に tACS によって生じる閃光は（Kanai *et al.,* 2008），電流によって視覚野ではなく網膜が刺激され生じている可能性が高いと指摘されています（Kar and Krekelberg, 2012）．さらに電子回路としては極めて簡単で，電池・抵抗と数本のケーブルで自作することも可能です．すでにスマートフォンで刺激の強さやタイミングを制御できる製品が市販されていますが，電流による火傷，倫理的な問題や長期間使用した場合に副作用を引き起こす可能性も指摘され（Fox, 2011）．使用にあたっては十分な注意が必要です．

▶▶▶ Q & A ◀◀◀

Q　**磁気刺激によって健常者でもけいれん発作が誘発されたとありますが，原因は何だと考えられますか．**

A　本文で説明したように，磁気刺激によって脳内に電流が流れ，電流によって神経細胞が人工的に興奮させられます．てんかんの診断を受けていない人でも潜在的にてんかん性の異常があると，磁気刺激による興奮がきっかけとなってけいれん発作が誘発される可能性があります．使用にあたっては十分な注意が必要です．

Q　**刺激にあたって騒音が発生するとのことですが，どういう原理で発生するのでしょうか．支障は起きないのですか．**

A　磁気刺激では，刺激の際に大電流が刺激用のコイルとケーブルに流れます．この電流によって発生する磁界が刺激用のコイルやケーブルを振動させて音が発生します（原理は磁気共鳴装置の撮像時の騒音と同じです）．磁気刺激の強さによっては耳の近くでかなり大きな音が発生するので，必要に応じて被験者に耳栓をしてもらいます．また磁気刺激による効果を調べる研究では，磁気刺激自体（すなわち変動磁場によって脳内に誘導される電流による刺激）の効果なのか，騒音による効果なのかを明らかにするために，磁気刺激用のコイルを頭部からわずかに離した状態で刺激する（数 cm 離すと脳は刺激されません）対照条件を設定するなどの工夫が必要になります．

この本で解説があった脳の計測法と，この章で出てきた TMS を組み合わせた研究はあるのでしょうか．

私たちが感じる視覚，聴覚，体性感覚などの刺激は，それぞれの感覚器官（視覚ならば網膜）から大脳の各感覚野に送られますが，同時に脳幹にも伝わって覚醒水準（眠気）を変化させます．ウトウトしている時に大きな刺激が入ると，ハッと目が覚めるのはこのためです．TMS は感覚器官を通さずに特定の脳の領域を刺激できるため，覚醒水準の変化に伴う二次的な脳活動の影響を排除することができます．この特徴を活かして，TMS と脳波，fMRI を組み合わせた研究が行われています．

引用文献

Amassian VE, Cracco RQ, Maccabee PJ, Cracco JB, Rundell A, Eberle L（1989）Suppression of visual perception by magnetic coil stimulation of human occipital cortex. *Electroencephalogr Clin Neurophysiol*, **74**: 458-462

Barker AT, Jalinous R, Freeston IL（1985）Non-invasive magnetic stimulation of human motor cortex. *Lancet*, **8437**: 1106-1107

Battelli L, Alvarez GA, Carlson T, Pascual-Leone A（2009）The role of the parietal lobe in visual extinction studied with transcranial magnetic stimulation. *J Cogn Neurosci*, **21**: 1946-1955

Bjoertomt O, Cowey A, Walsh V（2002）Spatial neglect in near and far space investigated by repetitive transcranial magnetic stimulation. *Brain*, **125**: 2012-2022

Day BL, Dressler D, Maertens de Noordhout A, Marsden CD, Nakashima K, Rothwell JC, Thompson PD（1989）Electric and magnetic stimulation of human motor cortex: surface EMG and single motor unit responses. *Journal of Physiology*, **412**: 449-473

Di Lazzaro V, Ziemann U（2013）The contribution of transcranial magnetic stimulation in the functional evaluation of microcircuits in human motor cortex. *Front Neural Circuits*, **7**: 18

Fertonani A, Pirulli C, Miniussi C（2011）Random noise stimulation improves neuroplasticity in perceptual learning. *Journal of Neuroscience*, **31**: 15416-15423

Fox D（2011）Brain Buzz. *Nature*, **472**: 156-158

Fujiki M, Steward O（1997）High frequency transcranial magnetic stimulation mimics the effects of ECS in upregulating astroglial gene expression in the murine CNS. *Molecular Brain Research*, **44**: 301-308

George MS, Wassermann EM, Williams WA, Callahan A, Ketter TA, Basser P, *et al.*（1995）Daily repetitive transcranial magnetic stimulation (rTMS) improves mood in depression. *Neuroreport*, **6**: 1853-1856

Gross M, Nakamura L, Pascual-Leone A, Fregni F（2007）Has repetitive transcranial magnetic stimulation (rTMS) treatment for depression improved? a systematic review and meta-analysis comparing the recent vs. the earlier rTMS studies. *Acta Psychiatrica Scandinavica*, **116**: 165-173

Kanai R, Chaieb L, Antal A, Walsh V, Paulus W（2008）Frequency-dependent electrical stimulation of the visual cortex. *Current Biology*, **18**: 1839-1843

Kar K, Krekelberg B（2012）Transcranial electrical stimulation over visual cortex evokes phosphenes with a retinal origin. *Journal of Neurophysiology*, **108**: 2173-2178

Kosslyn SM, Pascual-Leone A, Felician O, Camposano S., Keenan JP, Thompson WL, *et al.*（1999）The role of area 17 in visual imagery: convergent evidence from PET and rTMS. *Science*, **284**: 167-170

Marshall L, Helgadóttir H, Mölle M, Born J（2006）Boosting slow oscillations during sleep potentiates memory. *Nature*, **444**: 610-613

Massimini M, Ferrarelli F, Huber R, Esser SK., Singh H, Tononi G（2005）Breakdown of cortical effective connectivity during sleep. *Science*, **309**: 2228-2232

松本英之・宇川義一・臨床神経生理学会脳刺激の安全性に関する委員会（2011）磁気刺激法の安全性に関するガイドライン．臨床神経生理学，**39**: 34-45

Merton PA, Morton HB（1980）Stimulation of the cerebral cortex in the intact human subject. *Nature*, **285**: 227-227

Muri RM, Vermersch AI, Rivaud S, Gaymard B, Pierrot-Deseilligny C（1996）Effects of single-pulse transcranial magnetic stimulation over the prefrontal and posterior parietal cortices during memory-guided saccades in humans. *Journal of Neurophysiology*, **76**: 2102-2106

Nitsche MA, Paulus W（2000）Excitability changes induced in the human motor cortex by weak transcranial direct current stimulation. *Journal of Physiology*, **527**: 633-639

Nitsche MA, Cohen LG, Wassermann EM, Priori A, Lang N, Antal A, *et al.*（2008）Transcranial direct current stimulation: State of the art 2008. *Brain Stimulation*, **1**: 206-223

O'Reardon JP, Solvason HB, Janicak PG, Sampson S, Isenberg KE, Nahas Z, *et al.*（2007）Efficacy and safety of transcranial magnetic stimulation in the acute treatment of major depression: a multisite randomized controlled trial. *Biological Psychiatry*, **62**: 1208-1216

Pascual-Leone A, Valls-Sole J, Wassermann EM, Hallett M (1994) Responses to rapid-rate transcranial magnetic stimulation of the human motor cortex. *Brain*, **117**: 847-858

Pascual-Leone A, Walsh V, Rothwell J (2000) Transcranial magnetic stimulation in cognitive neuroscience - virtual lesion, chronometry, and functional connectivity. *Curr Opin Neurobiol*, **10**: 232-237

Priori A, Bertolasi L, Rothwell JC, Day BL, Marsden CD (1993) Some saccadic eye movements can be delayed by transcranial magnetic stimulation of the cerebral cortex in man. *Brain*, **116**: 355-367

Priori A, Berardelli A, Rona S, Accornero N, Manfredi M (1998) Polarization of the human motor cortex through the scalp. *NeuroReport*, **9**: 2257-2260

臨床神経生理学会脳刺激法に関する委員会（2011）経頭蓋直流電気刺激(transcranial direct current stimulation, tDCS）の安全性について．臨床神経生理学，**39**: 59-60.

Rossi S, Hallett M, Rossini PM, Pascual-Leone A (2009) Safety of TMS consensus group. Safety, ethical considerations, and application guidelines for the use of transcranial magnetic stimulation in clinical practice and research. *Clinical Neurophysiology*, **120**: 2008-2039

Roth Y, Zangen A, Hallett M. (2002) A coil design for transcranial magnetic stimulation of deep brain regions. *J Clin Neurophysiol*, **19**: 361-370

田中悟志・渡邊克己（2009）経頭蓋直流電気刺激法―ヒト認知神経科学への応用．脳と神経，**61**: 53-64

Thilo KV, Santoro L, Walsh V, Blakemore C (2004) The site of saccadic suppression. *Nature Neuroscience*, **7**: 13-14

Ueno S, Tashiro T, Harada K (1998) Localized stimulation of neural tissues in the brain by means of a paired configuration of time-varying magnetic fields. *J Appl Phys*, **64**: 5862-5862

Walsh V, Cowey A (2000) Transcranial magnetic stimulation and cognitive neuroscience. *Nat Rev Neurosci*, **1**: 73-79

10 脳機能イメージングの今後の展望

EEG/MEG，fMRI，PET，NIRS，TMS について，歴史的背景から最新の情報まで紹介してきました．本章では，これまでの脳機能イメージング法に共通にかかわる課題と新しく台頭している潮流と技術をまとめ，脳機能計測の現状と今後の展望について述べます．

10.1 脳機能イメージングは何のために？

10.1.1 脳の発達と加齢に関する研究

Organization of Human Brain Mapping（OHBM）は，神経機能イメージング研究の主要な国際組織（http://www.humanbrainmapping.org）の1つですが，10 年以上も前の年次総会で，神経機能イメージングで研究が進んでいない領域は，新生児を含む小児の脳機能と感情の神経メカニズムであることが指摘されました．その後，計測技術・データ解析法の進歩により，これらの領域の研究は増加していますが，他の領域と比較するとまだ少ない状態です．小児の場合は，大人と違って fMRI や MEG などによる計測自体が難しい上に，健常発達児が研究に被験者として参加することに特にメリットがあるわけでないため研究協力を得られにくく，これらが研究のボトルネックとなっています．しかし，脳の発達の仕組みを明らかにすることは，医学的な面だけでなく，適切な子育て・教育法の開発につながることを理解してもらえれば，協力が得やすくなり研究を進展させることができると考えられています．

一方，超高齢化時代を迎えて，加齢に伴う脳の機能的変化を明らかにすることが重要です．脳血流の加齢変化は，定量的な測定を基本にしてきたPET/SPECTで古くから研究課題とされてきました．最近では，SPECT/PETにより異常蛋白集積などの病理学的情報や，神経受容体密度などの神経化学的情報が測定可能になりつつあり，これらは認知症や精神疾患の超早期診断としての役割と同時に，加齢変化の指標としても有用になると考えられています．さらに，fMRI，NIRS，MEGなどの定性的な神経機能イメージング法はそれらの空間パターンによる脳機能解明を目的としているため，加齢変化は系統的に研究されてきませんでした．最近，fMRIを用いたresting state network解析で加齢変化が研究されていますが，fMRI信号は脳血流を介する信号のため，加齢に伴う変化が脳循環代謝起源なのか，神経細胞やグリア細胞など神経回路起源なのか，あるいは両者がかかわっているのかについてはまだ結論が出ていません．加齢に伴う脳機能変化のメカニズム解明は，これからの神経機能イメージング法の主要な研究課題になると考えられます．

10.1.2 機能局在研究への応用

神経機能イメージングによって，脳の機能局在と脳領域間の機能連関を明らかにすることは，さまざまな機能的・構造的脳障害の病態解明，さらに疾患の予防・治療法の開発につながります．たとえば，うつ病では外側前頭前野の機能低下が見出され，反復磁気刺激（rTMS）によって外側前頭前野を活性化させるという治療が行われています（Padberg and George, 2009）．しかし，X線CTやMRIなどの解剖学的形態画像に比較すると，神経機能画像の臨床応用は少ないのが現状です．その中で，言語野を特定するために行うECoG検査は脳の表面に電極を設置するため非侵襲とは言いがたいものの，1930年代に始まるPenfieldの研究（Penfield and Jasper, 1954）に基礎を置く，脳外科手術中の機能マッピング検査です．非侵襲イメージングでは，MEGやfMRIを用いた手術前評価（中心溝の同定など；Gallen *et al.*, 1993; Kamada *et al.*, 1993; Lüttich *et al.*, 2012）やMEGによる部分てんかんの焦点局在の推定（高倉・大久保，1997）は代表的な臨床応用の例です．

10.1.3 疾患診断研究への応用

神経機能イメージングでは，安静時の脳血流や脳代謝のパターンが，認知症・脳神経変性疾患などの進行程度や鑑別診断の有力な手段として使われています．これまでも各章で述べてきたSPMやSSP（Minoshima *et al.*, 1994）をもとに，疾患患者のSPECTやPETの機能画像に簡単に応用できる統計解析ソフトが開発されています．これらは脳疾患ごとにあらかじめ準備しているデータベースからのズレ（差異）をもとにzスコアの全脳パターンから，統計学的にアルツハイマー病やレビー小体形認知症（DLB）などの変性疾患の診断情報を得ることができます．それぞれの変性疾患が特異的な領域の機能低下によることに基づいています．また，軽度認知障害（mild cognitive impairement: MCI）の患者がアルツハイマー病へ進行する過程の経時的な追跡も可能になっています．最近では，MRIの形態画像をもとにした海馬の萎縮指標に基づいて，アルツハイマー病の鑑別診断が可能なVSRADが開発されています（8.7.5項参照）．これは，脳の機能と形態の変化が連動していることに基づいていますが，生体ゆらぎ（生体ノイズ）のある脳血流画像に対して，海馬萎縮の形態画像のほうがよりS/Nの高い診断情報として，臨床現場では認知症における鑑別診断の強力な手段になっています．一方，PETやSPECTにより，βアミロイドやタウ蛋白など異常蛋白の蓄積を積極的に測定することで認知症の超早期診断が可能になるとともに，ドーパミンやセロトニンの神経受容体，トランスポータ密度などを測定して，神経変性疾患や精神疾患を診断する方法が臨床的に確立しつつあります．このように，超高齢化社会の到来に向けて，認知症とその予備群の加速度的な増加が予想される中で，それらの超早期発見・早期診断と発症の抑制や遅延，症状の軽減，さらには，認知症の発症予防を目指す先制医療の研究が急速に進んでおり，特に病理学的な情報が非侵襲的に測定できるPET/SPECTはその中心技術として期待されています．

10.2 神経機能イメージングの新しい潮流

10.2.1 default mode network

神経機能イメージング研究は activation study（脳賦活試験）とも呼ばれるように，課題などの負荷によって変化する脳活動を計測してきました．近年，安静状態（ここでは外界から負荷をかけていない状態と定義します）の脳活動にも注意が向けられ，安静時脳活動に対する研究が進められるようになったことはパラダイムシフトの１つです．負荷のない状態でも神経細胞は自発的に活動していますし，fMRI 信号や NIRS 信号では安静状態で遅い周期の変動が認められていて，安静時状態の神経活動を反映していると推測されていたものの，以前はそのような神経活動はノイズとして取り扱われることが多く，生理学的意味づけは行われてきませんでした．しかし，目標指向行動によって中断される安静時特有の脳活動があり，このような基底状態における脳活動に対して脳機能の“default mode”という概念が PET 研究から提唱され（Raichle *et al.,* 2001），それ以降，安静状態における脳活動にも生理的および機能的な意味があると見なされて解析の対象となりました．また，安静時に fMRI 信号が特異的に相関して変動する脳領域が見つかり（Biswal *et al.,* 1995），加えて認知活動時よりも安静時に活動増加を示した後帯状回と腹側前帯状回の間に機能的つながりが認められ，“default mode network”と名づけられました（Greicius *et al.,* 2003）．その後，安静時に複数のネットワークが報告されて“resting state network”と呼ばれるようになり（Beckmann *et al.,* 2005; Fox *et al.,* 2006），それらのネットワークと脳発達（Supekar *et al.,* 2010），加齢（Andrews-Hanna *et al.,* 2007），アルツハイマー病など，さまざまな精神神経疾患（Buckner *et al.,* 2005; Zhou *et al,,* 2010; Washington *et al.,* 2014）との関係が研究されています．さらに，神経回路の解明を目指してアメリカで始められた，Human Connectome Project（HCP, http://www.neuroscienceblueprint.nih.gov/connectome/）においても，resting state network の解析は有用な手法です．connectome（コネクトーム）とは神経回路の地図のことで，2010 年からアメリカ・ヨーロッパの研究機関が協力し，種々の神経機能イメージング法を駆使してHCPを進めています（Van Essen *et al.,* 2012）.

10.2.2 Brain Machine Interface/Brain Computer Interface

脳科学の領域で神経機能イメージングが盛んに行われるようになり，その目的は多彩ですが，神経機能イメージング研究そのものにパラダイムシフトが認められます．従来は刺激を与えてそれに反応する脳活動部位の同定を行ってきましたが，近年は必要な脳活動を引き出し，その情報を処理して機械やコンピュータを操作するブレイン―マシン・インタフェース（brain-machine interface: BMI）またはブレイン―コンピュータ・インタフェース（brain-computer interface: BCI）やBirbaumer and Cohen（2007）の研究が盛んです．これらの研究で，計測した脳活動からその活動を引き起こしている情報を解読する技術はデコーディング（decoding；たとえば，ある物体を見ている時の脳活動から，見ている物体を特定します）といわれ，いろいろな方法が試みられています（Miyawaki *et al.,* 2008）．デコーディングによるBMI，BCIは，新しい意思伝達法として注目される一方，心を読み取って人をコントロールする技術への発展を懸念する声もあり，倫理面に配慮した研究が必要と思われます．

BMI，BCIの精度を高めるためには，脳活動を計測される被験者（臨床の場では患者さん）の学習が必要です．たとえば，麻痺した左または右の指タッピングをイメージする課題で，被験者はリアルタイムでフィードバックされる自身の脳信号（タッピングした時に生じる脳活動の表示）を見ながらその信号を安定に出せるよう繰り返しイメージングを行います．このようなフィードバックは，脳血管障害の患者さんのリハビリテーションなどに応用され，ニューロフィードバックと呼ばれています．一般にニューロフィードバックでは，運動や認知機能の回復に有効と思われる脳の特定部位の活動を取り出して，被験者が認知可能なフィードバック信号（一般には視覚信号）として提示します．被験者は呈示されたフィードバック信号を望ましい方向に変化させることで，結果的に，本来自分でコントロールできない脳の状態を制御できる可能性があります．この学習の結果，神経回路網に可塑的な変化が生じれば，治療やリハビリテーションとして有効です．特に fMRI は空間分解能が高く，辺縁系（情動や注意，記憶機能が関連する）や大脳基底核（運動調節，動機づけや学習にかかわる）などの深部構造の活動が検出できます．このため，さまざまな部位での脳活動を制御するニューロフィードバックに適したイメージング法として，近年研究が活発になっています（Sulzer *et al.*, 2013）．また，fMRI に時間分解能の優れた EEG を併用する方法や（Gruzelier, 2014）高い時間・空間分解能をもつ MEG を使うニューロフィードバック（Soekadar *et al.*, 2011; Ora *et al.*, 2013）も試行されています．臨床応用を目指した対象疾患としては，パーキンソン病，慢性痛，うつ病，統合失調症，自閉症などがあります．ニューロフィードバックは，まだその効果が確実なものとはされていませんが，疾患の治療だけではなく，日常生活における内面的な健康状態をモニターし，偏った状態（たとえば持続的なストレス）を是正するのに役立つ可能性があります．fMRI，MEG，EEG 以外にも，NIRS など他の神経機能イメージング法の導入が期待されます．

10.3　神経機能イメージングの新しい技術の台頭

10.3.1　神経機能イメージング解析法

神経機能イメージングは，使用する解析法にかなり依存していると思われます．現在，fMRI による脳賦活データの解析法として最も広く使われている SPM（statistical parametric mapping, http://www.fil.ion.ucl.ac.uk/spm/）は，当初は PET の脳機能賦活測定における賦活焦点を検出するためのソフトとして開発されましたが，fMRI の普及に伴い，fMRI 解析のための機能が加わってきています．機能局在の同定だけでなく，脳局所間の機能的関係も明らかにすることができます．神経機能イメージング研究では，個人のデータの解析（"individual analysis"）より，複数個人のグループをまとめて解析（"group analysis"）し，個人間のばらつき（広義のノイズ）を平均化して共通の所見を検出するほうが信頼性が高くなります．具体的には標準脳を用意し，個人の脳をこの標準脳に変換した後に画像の統計解析が行われています．最初につくられた標準脳のタライラッハ脳図譜（Talairach and Tournoux,

1998）は，60 歳のフランス女性 1 名の死後脳から作成されたために，標準脳としての妥当性を問う意見もありましたが，これまで広く用いられてきました．SPM は数年ごとにバージョンアップが行われており，SPM96 以降は，モントリオール神経学研究所（Montreal Neurological Institute: MNI）が若者 152 人の MRI データを平均して得た画像（MNI template）を標準脳として用いています．通常，脳賦活イメージングのデータ量は膨大で，SPM のように半自動的に解析してくれる解析ソフトはユーザーにとっては有用です．しかし，解析ソフトは，いくつかの仮定のもとに成り立ち，たとえば，SPM では，刺激に対する BOLD 信号の変化を血行動態反応関数（hemodynamic response function: HRF）でモデル化しているものの，HRF は刺激の種類や脳部位によって異なることが予想されます．いくつか異なるパターンの HRF がオプションとして用意されていますが，解析結果は HRF によって異なります．どの HRF を用いるのかという選択はユーザーの判断に任されています．また，脳の大きさと形状は小児，成人，高齢者などでは異なり，たとえ同じ年齢層であっても個人差があります．さらに脳に器質的病変（形態上の病変）がある場合には，標準脳との間に個人差以上の大きな誤差が生じることは避けられず，これらを考慮したさまざまな標準脳への変換法が提案されています（Ashburner, 2007; Andersen *et al.*, 2010）．しかし，正確に標準脳に変換できない場合もあり，どの変換方法を用いるかによってもイメージング結果が異なることを知っておく必要があります．また，Minoshima らにより SSP という SPM と同様の解析ソフトも開発されています．前述の疾患診断研究で触れたように，これらはグループ間の解析だけではなく，疾患データベースに基づいた疾患診断に応用できるようになっています．最近では，SPECT や PET を対象とし，膨大な臨床データから疾患ごとの画像データベースを作成しています．これにより，前述の認知症診断や変性疾患診断に応用できる eZIS や 3D-SSP などのソフトウエアが開発され，神経内科や精神科の臨床現場で広く普及しています．これらのソフトウエアは，画像の測定原理を知らなくても可能性のある診断名が打ち出されるためユーザーである臨床医師には便利ですが，いずれの脳機能イメージング解析法でも，解析結果に疑問をもつ場合はその解析結果を鵜呑みにせず，被験者／患者から測定された生の画像に立ち戻ることが肝心であり，最終的には被験者／患者の個人情報／症状に基づいて担当する医師が診断する必要があります．

10.3.2　*in vivo* ミクロイメージング法と光遺伝学

ここまで，ヒトを対象とした非侵襲的脳機能イメージング法を中心に述べてきましたが，1990 年頃から神経とグリアと血管の三次元的な構築を *in vivo* で観察できる 2 光子走査顕微鏡が開発され，急速に発展して細胞レベルでの形態と生化学的機能が測定できるミクロイメージング技術を用いた新しい研究が可能になってきました（Denk *et al.*, 1990）．脳表から約 1 mm 厚に限られますが，数ミクロンレベルの空間分解能をもち，数 10 フレーム／秒の速度で測定でき，慢性的な頭窓法を介することで（Tomita *et al.*, 2005），数ヶ月にわたり経時的に脳組織の発達と老化の観察が可能になります．さらに，マウスが中心になりますが，GFP（green fluorescent protein）に代表されるさまざまな蛍光蛋白を任意の細胞に発現できる遺伝子工学により，任意の蛍光蛋白を神経細胞，グリア細胞，内皮細胞に発現させた遺伝子改変マウスが開発され，2 光子顕微鏡とともに新しい技術が展開しています（正本ら，2012；鍋倉・江藤，2010）．たとえば NVC については，ミクロイメージングで得られる詳細な時空間的情報とマクロイメージングで得られる定量的情報を統合することでより完全なメカニズムの理解に近づくと考えられます．従来のヒトを対象とした非侵襲的なマクロイメージング法では，未解決の懸案に新しい観察技術をもたらしています．

さらに，2005 年以来，光学的に制御できる分子をさまざまな細胞に発現させる光遺伝子工学（光遺伝学）が急速に発展しています（Deisseroth *et al.*, 2006）．たとえば，光学的に開閉する膜チャンネルを神経細胞やグリア細胞などに発現させると，青色光でチャンネルが開放し Na や K イオンが通過するようになり，オレンジ色でチャンネルが閉じるチャンネルロドプシン（ChR2）がすでに実用化されています．また，ChR2 をアストログリアに発現する改変マウスに光刺激を与えて，脳血流の増減を繰り返すことができるようになっています．ChR2 を発現したマウスを用い，光制御による脳血流応答と実際の NVC での脳血流応答を比較することで，NVC のメカニズムを解明する有力な技術になると考えられています．また，光遺伝学では細胞内の構成分子を光制御することも可能になっており，さらには細胞内シグナル伝達の光制御も可能になると考えられます．その適用範囲はほぼすべての組織の制御に及ぶと見られ，神経科学への広い応用が期待されています．

このような新しい *in vivo* ミクロイメージング技術や光遺伝学の台頭は，従来の非侵襲的な神経機能マクロイメージングでは及ばなかった神経機能のメカニズムを可視化する有力な手段になると期待されています．

10.4 神経機能イメージングの今後の展望

動物では恐怖など負の感情が身を守るのに重要であることから，特に負の感情に関する神経メカニズムの解明が進んでいます（LeDoux, 2000）．一方，ヒトでは心理学の領域で研究が進められてきましたが，感情の神経基盤は十分に明らかにされていません．神経機能イメージング法を駆使し，感情の生成制御の神経メカニズムを解明することによって，メンタルヘルス不全や行動異常に対して脳科学的エビデンスに基づく介入法の提案を行うことができます．また，言語・表情などによるコミュニケーションがとれなくなった重症 ALS（筋萎縮性側索硬化症：amyotrophic lateral sclerosis）の患者さんなどの感情を脳活動から汲み取ることができる，BMI のようなシステムの開発につなげられます．小児の脳機能や感情の神経メカニズムを調べる上で fMRI は最良の計測法とは言いがたいため，以前から使われている EEG や大脳皮質レベルの情報しか得られませんが NIRS を活用することが望まれます．

ヒトの脳の仕組みを理解するために，分子，細胞，組織，個体レベルのイメージング研究が進められています．しかし，それぞれは異なる計測条件（動物とヒト，*in vitro*/*in vivo* と *in situ* など；第 1 章，解説「*in vivo* と *in vitro*」参照）のもとで行われ，条件が異なれば結果・解釈も異なるため，必ずしもヒト脳の理解につながっていないのが現状です．一方，ヒトを対象とした分子から個体レベルのマルチレベルイメージングが可能になれば，レベル間のギャップを埋めることができます．しかも時々刻々と変化していく脳活動をリアルタイムで可視化するライブイメージングであれば，究極のイメージング技術といえます．fMRI, PET/SPECT, NIRS, MEG/EEG, TMSはハード面，ソフト面でこれからも改良が進み，時間分解能と空間分解能を高められれば，将来的にダイナミックマルチレベルイメージングが可能になるだろうと考えています．

しかしながらこれまで述べたように，測定テクノロジーの長足の進歩で時間分解能や空間分解能が向上し，神経回路ネットワーク，脳血管網ネットワーク，神経受容体ネットワークなどの各階層の脳イメージング技術が発展したことで，各階層の理解が深まりました．一方で，脳科学者，心理学者，脳外科医，神経内科医，生理学者などでは，それぞれの専門の立場で脳を理解しようとするゴールが異なります．現時点ではそれぞれの立場のゴール（モデル or 理論）に応じて，必要とする階層を組み上げげた脳の理解が進んでいるのが現状です．いくら各階層の理解が進んでも，まだまだ「群盲象を撫でる」状態にあり，すべてを統合した脳の理解は，宇宙像の理解に匹敵するはるかな彼方にあるということを念頭に置いて，脳機能イメージングという技術を使用することが肝心です．

引用文献

Andersen SM, Rapcsak SZ, Beeson PM（2010）Cost function masking during normalization of brains with focal lesions: still a necessity? *NeuroImage*, **53**: 78-84

Andrew-Hanna JR, Synder AZ, Vincent JL, Lustig C, Head D, Raichle ME, Buckner RL（2007）Disruption of large-scale brain systems in advanced aging. *Cell*, **56**: 924-935

Ashburner J（2007）A fast diffeomorphic image registration algorithm. *NeuroImage*, **38**: 95-113

Beckmann CF, DeLuca M, Devlin JT, Smith SM（2005）Investigations into resting-state connectivity using independent component analysis. *Phil Trans R Soc B*, **360**: 1001-1013

Birbaumer N, Cohen LG（2007）Brain-computer interface: communication and restoration of movement in paralysis. *J Physiol*, **579**: 621-636

Biswal B, Yetkin FZ, Haughton VM, Hyde JS（1995）Functional connectivity in the motor cortex of resting human brain using echo-planar MRI. *Magn Reson Med*, **34**: 537-541

Buckner RL, Snyder AZ, Shannon BJ, LaRossa G, Sachs R, Fotenos AF, *et al.*（2005）Molecular, structural, and functional characterization of Alzheimer's disease: evidence for a relationship between default activity, amyloid, and memory. *Journal of Neuroscience*, **25**: 7709-7717

Buckner RL, Snyder AZ, Shannon BJ, LaRossa G, Sachs R, Fotenos AF, *et al.*（2005）

Molecular, structural, and functional characterization of Alzheimer's disease: evidence for a relationship between default activity, amyloid, and memory. *Journal of Neuroscience*, **25**: 7709-7717

Deisseroth K, Feng G, Majewska AK, Miesenbo G,Ting A,Schnitzer MJ (2006) Next-generation optical technologies for illuminating genetically targeted brain circuits. *Journal of Neuroscience*, **26**: 10380-10386

Denk W, Strickler JH, Webb WW (1990) Two-photon laser scanning fluorescence microscopy. *Science*, **248**: 73-76

Fox MD, Corbetta M, Synder AZ, Vincent JL, Raichle ME (2006) Spontaneous neuronal activity distinguishes human dorsal and ventral attention system. *Proc Natl Acad Sci USA*, **103**: 10046-10051

Gallen CC, Sobel DF, Waltz T, Aung M, Copeland B, Schwartz BJ, *et al.* (1993) Noninvasive presurgical neuromagnetic mapping of somatosensory cortex. *Neurosurgery*, **33**: 260-268

Greicius MD, Krasnow B, Reiss AL, Menon V (2003) Functional connectivity in the resting brain: a network analysis of the default mode hypothesis. *Proc Natl Acad Sci USA*, **100**: 253-258

Gruzelier JH (2014) EEG-neurofeedback for optimising performance IIII. A review of methodological and theoretical considerations. *Neurosci Biobehav Rev*, **44**: 159-182

Kamada K, Takeuchi F, Kuriki S, Oshiro O, Houkin K, Abe H (1993) Functional neurosurgical simulation with brain surface magnetic resonance images and magneto-encephalography. *Neurosurgery*, **33**: 269-272

LeDoux JE (2000) Emotion circuits in the brain. *Annu Rev Neurosci*, **23**: 155-184

Lüttich A, Parrilla G, Espinosa M, Zamarro J, Larrea JA, Moreno A (2012) Presugical identification of the central sulcus using GE EPI sequence in combination with 3D reconstruction is a useful and easy technique for functional identification of the sensorimotor cortex. *Neuroradiol J*, **25**: 121-129

正本和人・冨田　裕・鳥海春樹・畝川美悠紀・田桑弘之・谷口順子 他 (2012) 脳虚血・低酸素モデルマウスにおける血管新生ライブイメージング．脳循環代謝，**23**: 84-89

Minoshima S, Koeppe RA, Frey KA, Kuhl DE (1994) Anatomic standardization: linear scaling and nonlinear warping of functional brain images. *J Nucl Med.*, **35** (9): 1528-1537

Miyawaki Y, Uchida H, Yamashita O, Sato MA, Morito Y, Tanabe HC, *et al.* (2008) Visual image reconstruction from human brain activity using a combination of multiscale local image decoders. *Neuron*, **60**: 915-929

鍋倉淳一・江藤　圭 (2010) 二光子顕微鏡を用いた脳の in vivo イメージング．日薬理誌 (Folia Pharmacol Jpn) **135**: 104-108

Ora H, Takano K, Kawase T, Iwaki S, Parkkonen L, Kansaku K (2013) Implementation of a beam forming technique in real-time magnetoencephalography. *J Integr Neurosci*, **12**: 331-341

Padenberg F, George MS (2009) Repetitive transcranial magnetic stimulation of the prefrontal cortex in depression. *Exp Neurol*, **219**: 2-13

Penfield W, Jasper HH (1954) *Epilepsy and the functional anatomy of the human brain*. Little, Brown & Co., Boston

Raichle ME, MacLeod AM, Snyder AZ, Powers WJ, Ǵusnard DA, Shulman GL (2001) A default mode of brain functior. *Proc Natl Acad Sci USA*, **98**: 676-682

Soekadar SR, Witkowski M, Mell nger J, Ramos A, Birbaumer N, Cohen LG (2011) ERD-based online brain-machine interfaces (BMI) in the context of neurorehabilitation: optimizing BMI learning and performance. *IEEE Trans Neural Syst Rehabil Eng*, **19**: 542-549

Sulzer J, Haller S, Scharnowski F, Weiskopf N, Birbaumer N, Blefari ML, *et al.* (2013) Real-time fMRI neurofeedback: progress and challenges. *NeuroImage*, **76**: 386-399

Supekar K, Uddin LQ, Prater K, Amin H, Greicius MD, Menon V (2010) Development of functional and structural connectivity within the default mode network in young children. *NeuroImage*, **52**: 290-301

高倉公朋・大久保昭行 編 (1994)『MEG—脳磁図—基礎と臨床』朝倉書店

Talairach J, Tournoux P (1998) *Co-planar Stereotaxic Atlas of the Human Brain: 3-Dimensional Proportional System - an Approach to Cerebral Imaging*. Thieme Medical Publishers, New York

Tomita Y, Kubis N, Calando Y, Tran Dinh A, Méric P, Seylaz J, Pinard E (2005) Long-term in vivo investigation of mouse cerebral microcirculation by fluorescence confocal microscopy in the area of focal ischemia. *J Cereb Blood Flow Metab*, **25**(7): 858-867

Van Essen DC, Ugurbil K, Auerbach E, barch D, Behrens TEJ, Bucholz R, *et al.* (2012) The Human connectome project: a data acquisition perspective. *NeuroImage*, **62**: 2222-2231

Washington SD, Gordon EM, Brar J, Warburton S, Sawyer AT, Wolfe A, *et al.* (2014) Dysmaturation of the default mode network in autism. *Hum Brain Mapp*, **35**: 1284-1296

Zhou J, Greicius MD, Gennatas ED, Growdon ME, Jang JY, Ravinovici GD, *et al.* (2010) Divergent network connectivity changes in behavioral variant frontotemporal dementia and Alzheimer's disease. *Brain*, **133**: 1352-1367

11 おわりに

11.1 脳機能計測をどのように使うのか？

第４～９章まで，さまざまな脳活動の計測法を解説しました．最後に，これらの計測法を使って何を研究しているのか，あるいはどのように使うのかという点について書こうと思います．

「ツバメが低く飛ぶと雨が降る」という諺があります．なぜ雨が近づくとツバメは低く飛ぶのでしょうか？　ツバメは飛びながら小さな羽虫を補食しています．小さな羽虫は雨が近づいて湿度が上がると高く飛べなくなり，それを捕食するツバメも低空を飛ぶからだと考えられています．この場合，「ツバメが低く飛ぶ」（現象 A）と「雨が降る」（現象 B）は観察可能な現象ですが，羽虫は観察不可能・困難な現象（現象 C）です．現象 A と現象 B の間に相関を見つければ，現象 C がわからなくても，「ツバメを観察すれば，雨を予測できる」ということができます．しかし，雨が降らない時でもツバメが低空を飛ぶこともあるでしょう．「ツバメが低く飛ぶ」という現象と「雨が降る」という現象の相関を生み出している羽虫の存在に気がつき，それを捕食するためにツバメが飛んでいるという生態を観察しない限り，２つの現象の相関を生み出しているメカニズムはわかりません．第４～９章で解説した脳機能計測法で研究をしている研究者が往々にして陥りやすいのは，観察可能な２つの現象の一方を脳活動に置き換えて，行動（心理学的変数）と脳活動（生理学的変数）の相関を指摘するだけで，その現象を説明したつもりになることです．「このようなタスクをしている時には，脳のこの部位が活動します」といっても，それはただの現象記述であって,それだけではメカニズムの説明にはなっていません．重要なのは，その相関を生み出している脳のメカニズム（観察不可能・観察困難な現象C）を明らかにすることです．私たちは行動を観察するだけでは発見が難しい小さな羽虫を見つけるために脳活動を計測しているのです．観察・計測に基づいて行動と脳活動の間に相関を見出すことは，研究の出発点として非常に重要ですが，それは研究のゴールではありません．私たちの行動と脳活動との多様な相関関係を生み出している脳のメカニズム，法則を洞察し，仮説を立て，それを脳機能計測によって検証する過程こそが脳科学の本質です．そしてその法則の先に演繹としての応用があります．

1つ例を挙げましょう．明治時代に井上達二（1881-1976）という眼科医がいました（図11.1）．井上は1900年代初頭に，日露戦争（1904-1905）でロシア軍に頭部を銃で撃たれた日本兵を治療しました．ロシアの新型の銃は銃弾が小さく速かったために，頭部を撃たれても銃弾が貫通し，死に至らない兵士が続出しました．その中で銃弾が後頭部を貫通した兵士は，視覚に障害をきたしました．視力を失う者，視野を大きく損なう者など視野欠損の形もさまざまでした．井上はこれに注目し，後頭葉の損傷部位と視野の障害位置の関係を調べました（仲泊，2012）．亡くなった兵士の脳を取り出して脳の溝の位

図11.1　井上達二
Glickstein and Fahrl（2000）より引用.

置を正確に計測し，死亡後の脳の萎縮の程度まで計算に入れて，当時の日本人男性の標準的な頭部模型を石膏でつくっています（図11.2）．さらに巻き尺と，自作の計測装置（図11.3）を用いて生存している兵士の貫通銃創の銃弾の射入部と射出部の位置を測り（図11.4），頭部模型に基づいて脳内損傷部位を推定し，視野計測の結果と照合することにより，視野と第一次視覚野の対応関係

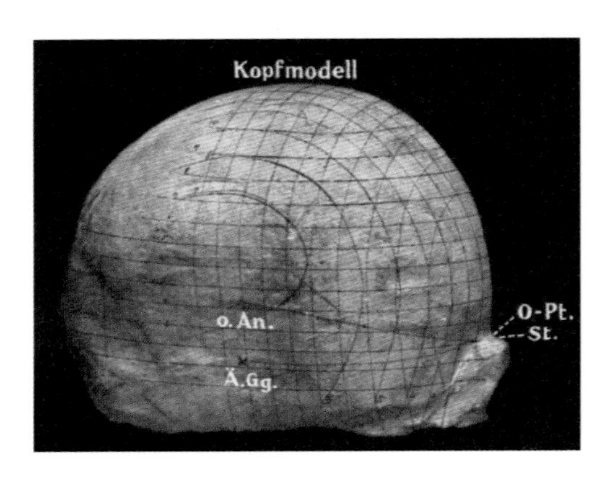

図11.2　井上達二が石膏で作った，日本人男性の頭部モデル
Glickstein and Fahrl（2000）より引用．

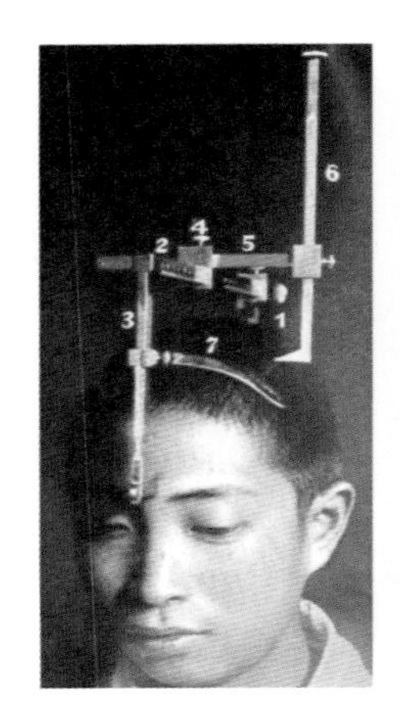

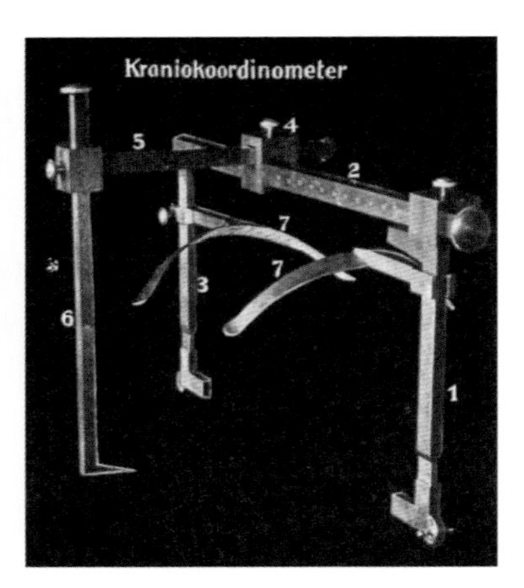

図11.3　井上達二が頭部の計測用に自作した計測器
Glickstein and Fahrl（2000）より引用．

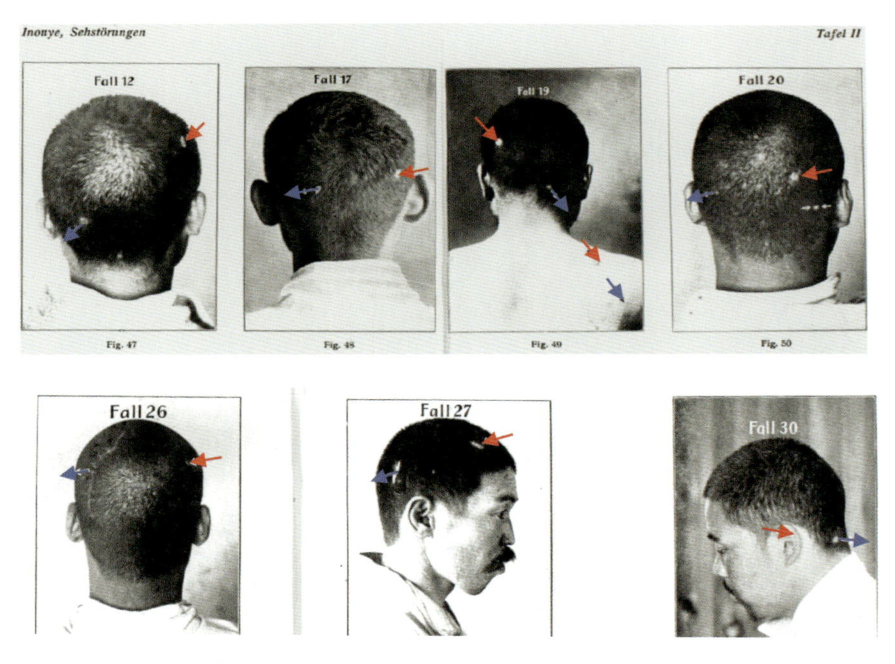

図 11.4　井上達二が銃創の位置を計測した被験者
Glickstein and Fahrl（2000）より引用.

を明らかにしています（網膜部位対応；第 6 章 解説「網膜部位対応」参照；Inoue, 1909; Glickstein and Whitteridge, 1987; Glickstein, 1988）．レントゲンによる X 線の発見が 1895 年，日本で最初の医療用 X 線装置の製造が 1909 年，第 4 章で説明したヒトの脳波もまだ発見されていない時代でした．

一方，ほぼ同時期にアメリカで開発された（1905 年にアメリカで特許取得），psycograph という装置があります（図 11.5）．機械的なセンサで頭部の 32 ヵ所の隆起の程度を 5 段階で計測し，Gall の骨相学（第 6 章 解説「Gall の骨相学」参照）に基づいて性格や職業適性を推定するための装置でした．「頭の形で性格がわかる？」と不思議に思うかもしれませんが，1920 ～ 30 年代のアメリカで，「科学的に」性格を計測する装置として一世を風靡しました（図 11.6）．研究用の計測装置というよりは，デパートや映画館での人寄せのため

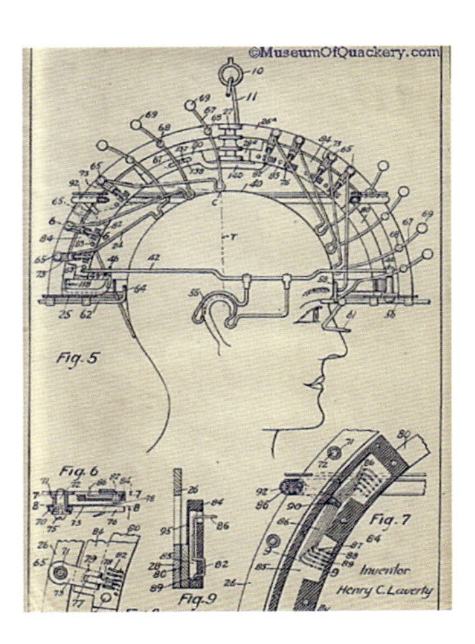

図 11.5　psycograph と psycograph の設計図
MUSEUM OF QUACKERY.COM（http://www.museumofquackery.com/devices/psycogrf.htm）より．

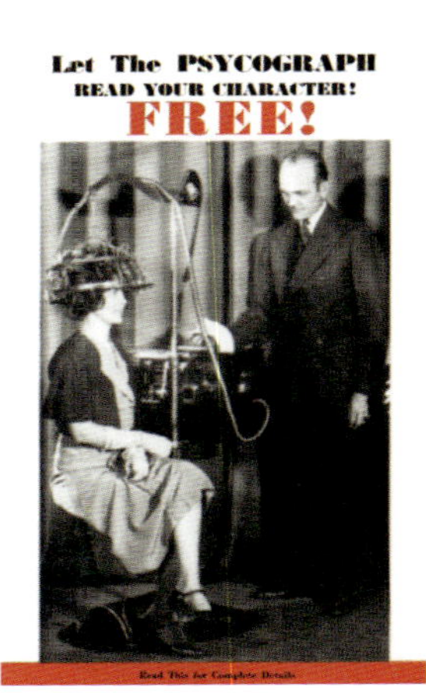

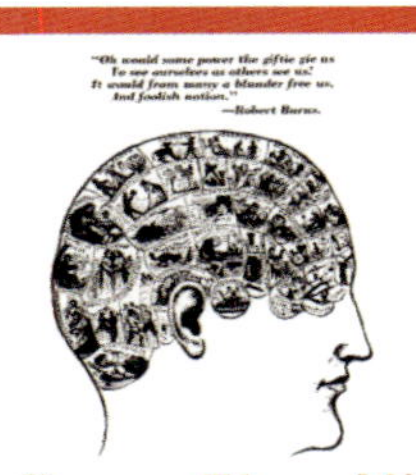

図 11.6　1930 年代のアメリカでの psycograph の宣伝
MUSEUM OF QUACKERY.COM（http://www.museumofquackery.com/devices/psycogrf.htm）より．

の科学を装った占星術，日本でいえば手相のようなものと考えればよいでしょう．同時期に同じようなヒトの頭部の計測を行ったにもかかわらず，井上の研究は 100 年近く後に，現在の脳神経科学の基本的概念の 1 つである網膜部位対応の先駆的研究として評価されています（"Inouye's work represents a major milestone in the discovery of the central mechanisms of vision.", Glickstein and Whitterridge, 1987）．これに対して Psycograh は似非科学の代表例として紹介されています（たとえば，MUSEUM OF QUACKERY.COM, http://www.museumofquackery.com/devices/psychist.htm）．これらの違いとは何でしょうか？　視野の欠損部位と頭部銃創の位置との相関から網膜部位対応という脳の法則性，すなわち一歩脳内のメカニズムに踏み込んだか，当時のヨーロッパですでに否定されていた骨相学を無批判に受け入れ，それに基づく性格と頭部形状との相関から安易な応用に走ったかの違いだと思います．

21 世紀になってからも，psycograph と同じような例は枚挙に暇がありません．2007 年の New York Times には，脳科学を用いたアメリカ大統領予備選に関する記事が掲載されました．この記事では，20 名の有権者に大統領候補の写真や演説の動画を見せた際の fMRI の賦活画像から，各候補に対する投票動向を予想しました．わずか 20 名の計測結果をアメリカ国民全体の動向のように拡大解釈した表現も問題でしたが，それ以上に，計測を行った研究者による解説では「不安と嫌悪感に関連した脳の領域，扁桃体と島……」，「ミラーニューロン，すなわち共感する時に活動する神経細胞を含む領域が活動した」などの表現が頻繁に使われていました．頭蓋骨の凸凹を脳内の領域に置き換えただけの「21 世紀の骨相学」に過ぎず，他の研究者から強い批判を浴びました．日本でも，NIRS を用いて簡単なタスクをしている時の脳活動を数分間測ると，うつ病，双極性障害，統合失調症に特異的な脳活動パタンが出現し，各精神疾患の診断ができるという研究が話題になりました．ところが，なぜそれぞれの精神疾患に特徴的なパタンが出現するかという説明が欠如しています．まさに上述の行動と脳活動の表面的な相関関係にすぎません．その相関関係の原因となる脳のメカニズムについて仮説を立て，それを検証していくのが脳科学であり，本書で解説した脳機能計測法はそのための手段なのです．

11.2 科学と技術

前節で述べたことは，「基礎科学と応用科学」，あるいは「科学と技術」の問題でもあります．脳研究に限らず，最近はすべての科学分野で「科学」と「技術」が同一視され，「その研究は何に役立つのか？」と問われます．多くの研究が公的な費用で行われている以上，それは当然のことですが，もう少し「科学」と「技術」を切り分けて考えてもいいと考えます．その違いを明確に述べているのが劇作家・評論家の山崎正和氏の次の文章です（読売新聞 2012 年 4 月 22 日朝刊，1 ～ 2 面）．

「振り返れば科学と技術は近代でこそ結合されたが，歴史的には両者はまったく別の営みであり，本質的には正反対の文明要素でさえあった．技術は人間が世界を利用し改造する方法だったのにたいして，科学は世界をただ解釈し受容する方法だったからである．たとえば『真空』の研究は，およそ白熱電球や真空管の発明の基礎として始まったものではなかった．それは古代ギリシャで哲学的な観念として見いだされ，17 世紀の西洋で自然現象の解釈のために探求された概念にすぎなかった．実験も盛んにおこなわれたが，それも純粋に知的な好奇心を満たすために，一種の遊びとして企てられた．二つの半球を合わせて内部を真空にし，馬で引いても離れないことを見せた，いわゆる『マクデブルクの半球』の実験などは好例と言うべきだろう．（中略）西洋起源の科学はこうして人間の好奇心の自発性を促し，功利的な必要がなくても，知的な革新を心の内部から引き起こす仕掛けとして働いてきた．これと正反対なのがたとえば古代中国の技術文明であって，紙や火薬や磁石など，偉大な発明はすべて帝国を統治するための必要から生まれたものだった．」

たとえば「意識」という概念があります．未だに定義することすら困難ですが，誰もが「意識」をもっています．仮にその「意識」が脳科学で解明されたとして，何かいいことはあるでしょうか？　意識の研究は，まさに「純粋に知的好奇心を満たし」，私たちが私たち自身を「解釈し受容する」ための営みです．ところが，「本質的には正反対の文明要素」が同じ杯の中で同一のものとして扱われることにより，さまざまな弊害が出ています．2014 年の STAP 細胞事件は，脳を研究している私たちにとっても衝撃的な事件でしたが，2005年にも非常によく似た事件がありました．韓国の大学教授がES細胞（ヒト胚性幹細胞）の画期的な研究成果を次々に国際学術誌に発表したものの，その大半が違法な研究手法やデータの捏造に基づくものでした．この事件に対して生命倫理研究者の橳島（ぬで）次郎氏が鋭い発言をしています（読売新聞 2006年2月3日朝刊，2面）．

「日本の科学技術政策では近年，有用性が最重視されています．科学が産業や医療の役に立つ限りにおいて，国として推進するという考え方です．しかし科学の必要性は，有用性では計れません．ある現象について，なぜ，どのようにそうなるか知りたいのが科学です．（中略）社会が科学に望むことは，実利や倫理だけではないはずです．ただ知りたいということを究明するという，科学本来の営みを一般人も価値あるものとし，支持することができます．国の科学予算も，そうした真摯な営みなら認めよういう観点で考慮されていいと思います．科学に携わる側も目先の有用性ばかりを言うのは慎まねばなりません．役立つかどうかだけが科学の価値ではないことを社会に規明すべきです．ES（ヒト胚性幹）細胞研究は，再生医療のため，と強調されますが，生物の発生，分化のしくみを究める地道な基礎研究こそが科学の必要性です．有用性に引きずられると，科学は本来の道を外れ，科学政策は産業政策，経済政策と化してしまう．科学を公共事業にするなということです．」[1)]

10年近く前の発言ですが，現状は変わっていません．そして現在でも「脳トレ」を契機とした脳ブームが続いています．「○○脳」,「○○が脳にいい」,「○○で脳を活性化！」といった表現が新聞やテレビを賑わせています．そこでは必ずといっていいほど，この本で解説したさまざまな計測法で計測した結果に基づいて，前頭葉などを赤く光らせた脳の三次元の図が添えられています．美しいコンピュータグラフィックスで脳が活動しているさまを見せられると，半信半疑ではあっても「記憶力がよくなるかもしれない」,「子供の学校の成績が

1) 科学技術と倫理については，橳島氏の近著，橳島次郎『生命科学の欲望と倫理』（青土社，2014）が参考になります．

上がるかも……」と思いがちです．実際には，それらの多くは最初に述べた脳活動と行動との表面的な相関から安易な応用に走った研究で，限られた条件での計測結果を一般向けに拡大解釈しているにすぎません．功を焦る研究者と，それを社会に伝えるマスメディアに責任の大半がありますが，その情報を受け取る側も冷徹に判断するだけの知識をもつことが必要でしょう．この本が，これから脳研究を目指そうとする若い人達だけでなく，このような脳と脳研究の正しい理解に少しでもつながれば本望です．

引用文献

Glickstein M, Whitteridge D（1987）Tatsuji Inouye and the mapping of the visual fields on the human cerebral cortex. *Trends in Neurosciences*, **10**: 350-353

Glickstein M（1988）The Discovery of the Visual Cortex. *Scientific American*, **259**: 84-91

Glickstein M, Fahrl M（2000）Visual disturbance following gunshot wounds of the cortical visual area.Based on observations of the wounded in the recent Japanese wars: 1900, 1904-1905, Dr.Tatsuji Inouye. *Brain*（Special supplement）, **123**

仲泊聡（2012）視覚皮質の機能局在とADL．日本視能訓練士協会誌，**41**: 7-17

徳野博信氏を偲んで

ブレインサイエンス・レクチャーのシリーズ編者である徳野博信氏は，2015 年 8 月 27 日に亡くなった．私が愛知県岡崎市にある自然科学研究機構生理学研究所の助手だった頃（1990 ～ 1993 年），徳野氏も同じフロアの隣の研究室の助手だった．助手同士という気軽さもあって，世間話から研究の話まで，夜遅くまで話したのを覚えている．競馬が好きで，そしてそれ以上に研究が好きだった．

2012 年にメールで，
宮内：「非侵襲脳機能計測に関する総説を書いているのだけれど，そこに載せるヒトかサルの大脳皮質の顕微鏡写真で，多数の錐体細胞から尖樹状突起が真っ直ぐに伸びているようなのもっていませんか？」
徳野：「こんな感じ？　マーモセット，側頭葉皮質，SMI-32 免疫染色標本．こちらで作った標本です」
この時に徳野氏から提供された顕微鏡写真は，本書でも使われている（図 1.5，p.9）．このやりとりがきっかけとなって，徳野氏から本書の執筆を依頼された．

2015 年の年明けに，徳野氏が体調を崩したこと，しかもそれが重篤な疾患によるものであることを耳にし，執筆を急いだが間に合わなかった．徳野氏に初稿を送ったのが 2015 年 5 月．この頃には病状が進んでいて，おそらく死期も悟っていたのだろうが，第 1 章から最終章まで詳細なコメントやアドバイスをもらった．

少しは闘病の励みになるかと思い，
宮内：「出版されたら，徳野さんと 4 人で集まって盛大な？出版記念パーティーをしましょう」

徳野：「いいですね．では，それを目指して，もうひと踏ん張りお願いします」
これが最後のやりとりとなった．

徳野氏にも「もうひと踏ん張り」してほしかった．

著者一同を代表して，謹んでご冥福をお祈りします．

2015年11月27日
宮内　哲

索　引

【人名】

【欧文】

【和文】

あ

か

さ

た

な

は

[著者紹介]

宮内 哲（みやうち　さとる）

1990年　早稲田大学大学院文学研究科博士後期課程単位取得退学

現　在　関西医科大学生理学講座非常勤講師 医学博士

専　門　生理心理学・脳神経科学

主　著　『新編 感覚・知覚心理学ハンドブック Part2』（分担執筆）誠信書房（2007）

星 詳子（ほし　ようこ）

1981年　秋田大学医学部医学科卒業

現　在　浜松医科大学メディカルフォトニクス研究センター生体医用光学研究室・教授
医学博士

専　門　生体医用光学・認知脳科学・小児神経学

主　著　*Neuroimaging Part A: International Review of Neurobiology*（分担執筆）
Elsevier Academic Press（2005）

菅野 巖（かんの　いわお）

1970年　東北大学工学部電気工学科卒業

現　在　放射線医学総合研究所・客員協力研究員 医学博士

専　門　核医学・脳循環代謝学

主　著　『脳虚血の病態学』（分担執筆）中外医学社（2003）

栗城 眞也（くりき　しんや）

1970年　北海道大学大学院工学研究科修士課程修了

現　在　東京電機大学・特任教授 工学博士

専　門　生体工学・脳機能計測

主　著　『脳磁気科学』（編著）オーム社（1997）

編集委員

徳野 博信（とくの ひろのぶ）

東京都医学総合研究所・脳構造研究室長

2015年8月　病没

ブレインサイエンス・レクチャー 3
Brain Science Lecture 3

脳のイメージング
Brain Imaging

2016 年 1 月 30 日　初版 1 刷発行
2021 年 4 月 30 日　初版 2 刷発行

検印廃止
NDC 492.16, 493.7, 491.371
ISBN 978-4-320-05793-7

著　者　宮内　哲・星　詳子
　　　　菅野　巖・栗城眞也

発行者　南條光章
発行所　**共立出版株式会社**
〒 112–0006
東京都文京区小日向 4 丁目 6 番 19 号
電話　(03) 3947–2511 (代表)
振替口座　00110–2–57035
URL　www.kyoritsu-pub.co.jp

印　刷
製　本　錦明印刷

一般社団法人
自然科学書協会
会員

Printed in Japan